はじめに

本書は、企業ビジネスにおけるインターネットを用いるあらゆるシーン～「企画」「広告・広報」「集客・販売」「開発・制作」「調達」など～で活用される基礎知識や理論を解説しています。サイト制作やウェブ広告などの伝統的なトピックスに加えて、Facebook や Instagram などの SNS、VR などの各種先端デバイス、AI などの最新技術など、先端的なトピックスについても可能な限り触れています。これ 1 冊で、インターネットを用いたマーケティング全般の基礎を網羅することを目指しています。

全世界でのインターネットの利用者数は 2020 年時点で 45 億人を超え（Digital 2020 Global Overview Report）、わが国においても、人口の 8 割以上がインターネットを利用しています（令和 4 年版情報通信白書）。多くの人々にとってインターネットは日常生活における必須のツールになり、その生[illegible] BtoC を業務としている企業においてはインターネットを用い[illegible]おり、BtoB を業務としている企業においても、リク[illegible]ネットを用いることが一般的になってきています。加[illegible]ョン対策やブランディング対策などは、業種業態を問[illegible]てきています。現代企業はこれらの多種多様なインターネット対策を[illegible]らないのですが、1 つの部署だけですべてを対応するのは困難で、複数の部署間で効率的にコラボレーションしていくことが必要です。そしてコラボレーションをしっかりと機能させていくには、前提として、基礎理論（ナレッジともいえます）が組織内で共有されていることが求められます。この共有が不完全であると、組織間での意思の統一が図れず部分的な方法論に陥ってしまい、その結果、小手先の方法論が先行し、戦略性の高い行動が取れず、投入しているリソースに比べて成果が見合わないという状態に陥りがちです。企業内でインターネットマーケティングに関する基礎理論を共有することは大切なテーマといえます。

本書は、これらを鑑み、インターネットマーケティング全般についての本質的な基礎理論や知識についてできうる限り網羅しつつ、業種や部署にかかわらずすべてのビジネスパーソンの方々にご理解いただきたい事柄をまとめております。本書が、日本企業の『インターネットマーケティングにおけるベーシックナレッジ』としてお役に立つことができれば、これに勝る喜びはありません。

最後になりましたが、本書の制作におきましては、多数の方々から本当に温かいご支援を頂き、深く感謝申し上げております。特にサーティファイ諸氏、インプレス編集部には大変なご厚情を賜りました。この場をお借りして深く御礼を申し上げたいと思います。

2023 年 2 月　藤井裕之

目次

INTERNET
MARKETING

ネットマーケティング検定 公式テキスト
[インターネットマーケティング 基礎編] 第4版

株式会社ワールドエンブレム
藤井裕之[著]
サーティファイWeb利用・技術認定委員会[監修]

インプレス

インプレスの書籍ホームページ

書籍の新刊や正誤表など最新情報を随時更新しております。

https://book.impress.co.jp/

「ネットマーケティング検定」について

ネットマーケティング検定の実施要項について解説します。

ネットマーケティング検定は、サーティファイWeb利用・技術認定委員会が提供している試験で、本書『**ネットマーケティング検定 公式テキスト インターネットマーケティング 基礎編**』の内容をベースにした問題により、企業のWeb担当者としての基本知識や方法論の習得状況を判定するものです。

実施要項

ネットマーケティング検定の実施要項は、次のとおりです。

主催	サーティファイWeb利用・技術認定委員会
試験目的	自社と市場との関係を構築するために必要となるインターネットマーケティング全般の基本知識・方法論などの保有度を測定します。
認定基準	企業のWeb担当者に求められる「ファシリテート能力」、「Webに関する知識や技術」、「ネットマーケティングに関する知識」、「経営戦略と連動したWebブランディング能力」を有すること。
問題数	40問（基本問題30問＋事例問題10問）
解答形式	択一選択式（4択）
試験時間	80分
受験料（税込）	6,000円
試験日程	全国一斉試験／2月、8月　　法人単位での受験／1名から随時

※実施要項は、変更される場合がございますので、詳しくはサーティファイWebサイトをご確認ください。
https://www.sikaku.gr.jp/nm/

無料サンプルテスト配信中！

https://www.sikaku.gr.jp/nm/about/sample.html

上記サイトで、ネットマーケティング検定のサンプル問題にチャレンジできます。

試験実施概要についてのお問い合わせ先

サーティファイ認定試験事務局

電話：0120-031-749

E-mail：info@certify.jp

URL：https://www.sikaku.gr.jp

第 1 章

インターネットマーケティングを行うにあたって

1. 本書の構成と利用法

本書では、第1章が総論、第2章がマーケティングを行う上で必要となる技術的分野について、第3章から第8章までがマーケティング各論、第9章から第12章までがマーケティングを行う上で必要となるその他の分野について、という構成になっています。

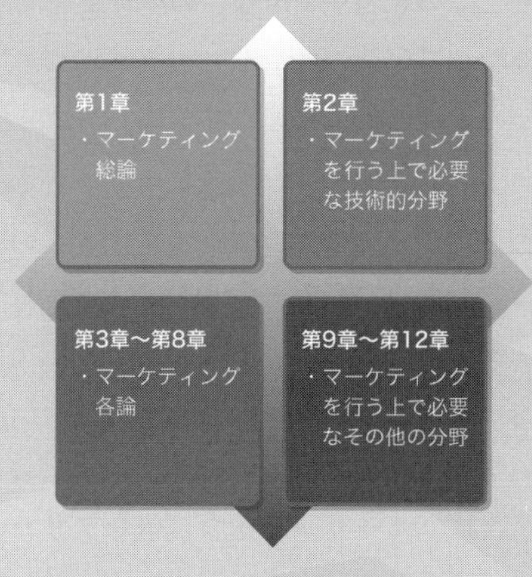

読む順番としては、第1章から順次読み進めることをお勧めします。ただし第2章についてだけは、後回しにして最後に読んでも構いませんし、すぐにすべてが理解できなくても問題はありません。分からない部分が出てきても気にせず、どんどん先に読み進めることをお勧めします。

2. まずは全体像の把握を

インターネットマーケティングでは様々な手法や方法論が多層的に絡み合っているため、立体的に全体像を把握することが重要です。個別の手法や方法論の細かい点にとらわれ過ぎてしまうと、全体を理解することから遠ざかってしまうおそれがあります。

まずは本書を一読し、インターネットマーケティングの全体像についての骨太なイメージをつかみ取ってください。その後、細かい知識を適宜補充していくというスタイルが、効率良く勉強を進めていくコツといえます。

序論
インターネットマーケティングの特徴

インターネットマーケティングには大きな特徴が３点あります。これらはインターネットマーケティングの原点ともいえる重要なポイントです。

①企業がインターネット上で消費者にコンタクトできる機会は、より狭く、より深くなってきている

⇒インターネットマーケティングでは、『量から質へ』『露出機会から成功率へ』と変化してきている

企業がインターネット上での広告やPRなどの販促活動を行う場合に、ターゲットとしている消費者に接触して自社の商品やサービスについて知ってもらえる機会は、一般的に想像されているほど多くはありません。

現在のインターネット上には多種多様な集客サービスが提供されており、即効性の高いサービスも多くあります。これらを用いると自社のWebサイトへのアクセス数が一時的に増加することも多いので、多くの消費者に接触できているように見えます。しかし、真にターゲットとしている消費者に接触できている回数は意外に少ないことがよくあります。たとえば、Googleのリスティング広告（Googleの検索ページに広告を出稿するサービス）で『システム開発会社　東京』というキーワードに広告を出した場合に、ユーザーがその広告をクリックしてくれる確率の予想値は、3.0%です。同様に『投資』というキーワードに広告を出した場合で5.5%、『英会話』というキーワードに広告を出した場合では5.7%です（2022年11月現在）。いずれも、100回広告が表示されてクリックして一瞬でも広告の中身を見てもらえる回数は6回未満ということになります。

この100回中6回未満という回数は、マーケティング上どの程度の数字なのでしょうか。たとえば、ダイレクトメールのリアクション率（ダイレクトメールを受け取った人が実際に問い合わせや申し込みなどの行為を行う確率）は0.3～0.5%、開封率（ダイレクトメールを開封し、少しでも中身を見る確率）は3～5%と一般に推測されています。つまり、広告を見てもらえる確率だけで考えれば、インター

ネット広告もダイレクトメールでも、あまり変わらない場合があり得る、ということになります。もちろんこれはリスティング広告における数値でしかありませんし、口コミ系の情報であればもっと閲覧率は上昇するという側面もあるでしょう。また、たとえば『英会話』というキーワードは、Google 単独で考えても月間で 200,000 回近く検索される人気キーワードですので、5.7%でも相当な露出になるという考えもあります。

しかしながら、それでもリスティング広告のクリック率が低いという事実は重要です。この事実こそがインターネットにおけるプロモーションの本質を表しているからです。

リスティング広告のクリック率があまり高くならない最大の要因はユーザーの広告離れです。多くの人がインターネットを使いこなすようになった結果、インターネット上には多数の広告コンテンツが存在することを理解している人が増加しました。広告は有益な情報ではない、できるだけ広告は見たくないと考え、広告を避けるユーザーが増加しているのです。その結果、最近のユーザーはよほどの関心がない限り、企業の広告や PR などプロモーションに関するサイトやコーナーを見ようとはしません。ユーザーのインターネットリテラシーが上がり、インターネットを上手に使いこなすようになればなるほど、ユーザーは、インターネット上の企業プロモーションに関心を示さなくなってきているのです。 この点、一昔前は逆のことがいわれていました。「インターネットマーケティングでは、広告や PR、SEO※にどんどんコストをかけて、インターネット上での露出機会を増やせば、ユーザーの目に触れる機会も増え、その結果販売などの成果も自然に増加する」という考えが主流でした。しかし今日では、そもそもユーザーがインターネット上の各種企業プロモーションに対して興味を示さない以上、露出機会をいくら増加させても、自動的に効果が上がるとはいえなくなっています。露出機会に重点を置いた発想では対応ができなくなっているのです。インターネットマーケティングにおいては、「消費者（ユーザー）との接触機会はそもそも少ない」という前提に立った上で、この少ない接触機会をいかに効率的に成果につなげるかといった、質や成功率に対する発想が重要になってきています。

では、少ない接触機会を活かすため（成功率を上げるため）のポイントとは何で

SEO：Search Engine Optimization
検索エンジンにおいて、自社の WEB サイトの表示順位を上位にあげるための各種の対策。

しょうか。それはユーザーに強いインパクトを与える、いわゆるクリティカルなアピールができるかどうかにあります。ユーザーの属性ごとのニーズを詳細に調べ、彼らが一目で、かつ直感的に「これは自分にぴったりだ」と感じるような表現が求められます。『自分専用にカスタマイズ化されている』と実感させられるかが重要になってきています。

現在のユーザーはインターネット上で常時膨大な情報に接しています。‘便利である’、‘お得である’といった類のフレーズやコメントにはもはや慣れてしまっており、そこからさらにもう一歩進んで『これは自分用にカスタマイズされている』と感じてもらうことが、重要になってきます。

このように思考してもらうために重要なポイントはストーリー性です。自分と同じ状態の人が、何らかの商品やサービスを用いることによってポジティブな変化を遂げていく、ユーザー自身にとって、より身近でより現実的で、同化しやすいストーリーが求められます。インターネット上の広告やPRなど各種プロモーション用のコンテンツ上では、ターゲットにしている特定の属性のユーザーに寄り添ったストーリーを掲載することがポイントといえます。ここで企業側の「万人に興味を持ってもらいたい」という欲求が強すぎると、このような魅力のあるストーリーを表現できなくなることもあります。あえてターゲットを絞り込み、余計な部分をそぎ落とし、成功率にこだわる考えも必要です。インターネットマーケティングでは、量から質へ、露出機会から成功率へと、発想を変えることが求められているのです。

②インターネット上では、消費者（ユーザー）の購入意思の持続時間は短い

⇒インターネットではユーザーの購入意思は移ろいやすい。速やかにクロージングに移行してもらうための仕組みが重要

最近のインターネット上での消費者（ユーザー）の行動の特徴として、『ある商品やサービスの購入を決断したとしても、その購入意思が持続され得る時間が短い』という点が挙げられます。

消費者が看板や雑誌、テレビCMなどリアルの広告媒体によって商品の購入を決意した場合、消費者は、購入という行為が終了するまでに複数の煩雑な行為を行うことになります（たとえば、店舗に行って説明を受けたり、申込書を書いて郵送したり、予約の電話をしたり、レジで長い時間を並んだり、などです）。消費者は

そのことをよく理解した上で購入を決意しています。言い換えれば、このような労力を割いてでも、購入を完了させるという比較的強い決意が、心の中で自然と形成されているといえます。その結果､購入意思は一定時間継続されることになります。

一方インターネット上では、消費者は、場合によってはクリック１つで購入できてしまいます。それほどの労力を割かずとも購入という行為を完了できるため、同じ消費者であっても、インターネット上においては、購入という行為に対して強い意思を形成しないことが多いのです。そのため、ある商品の購入を決意した後であっても、些細な原因で購入を中止してしまうケースが頻繁に発生します。よくあるのは、インターネット上である商品についてのネガティブな情報や他の商品のよりポジティブな情報に接した場合です。これらの情報を発見すると、購入意思が消滅してしまうことがよく発生するのです。購入意思の持続時間が短いということがいえます。

もっとも、これは同時にチャンスでもあります。なぜなら、他社の商品やサービスの購入を決意している消費者であっても、その意思を翻し、自社の商品やサービスに関心を持ってくれる可能性が十分にある、ということでもあるからです。

インターネットマーケティングでは、購入意思を少しでも持ったすべての消費者に対して、余すことなく、速やかに、クロージングをしてもらうための各種の施策が必要となってきます。そして、インターネットの世界は技術革新が極めて速く、クロージングを消費者に提供するための仕組みやシステムも、日々新しいものが提供され続けています。クロージング技術への関心を日常から持ち続けることも重要です。

③ブランディングの影響が極めて大きい

⇒各種の口コミ系のサービスにおいて、“自社の商品やサービスに関するポジティブな情報が常時流通している状況”を作り上げることが、インターネットマーケティングにおけるゴールの１つ

ブランディングとは、企業、ブランド、商品、サービスに対して、消費者（インターネット上であればユーザー）が抱くイメージをマネジメントすることです。インターネット上では、商品やサービスに関する情報量が膨大なため、消費者には常に複数の商品やサービスを比較検討する習慣が自然に生じています。

しかし、たくさんの情報を取捨選択し、どの商品やサービスが自分にとって最適であるかを判断することは、実はかなり面倒で厄介な行為でもあります。そこで消費者にとって大変頼りになるのが、いわゆる口コミ系といわれるインターネット上の情報源です。

Twitter、Facebook、ブログ、掲示板、ECサイト※の評価項目、これらの口コミ系の情報は‘他の消費者が自分の代わりに体験したこと’と思える部分があるため、消費者にとっては代えがたい情報源の1つなのです。

これら口コミ系のサービス上で、自社商品やサービスに関するネガティブな意見が一定数掲載されるようになってしまうと、インターネットマーケティングとしては厳しい状態に陥っているといえます。反対にポジティブな情報が氾濫するようになると、インターネットマーケティングは成功につながっていくでしょう。

ターゲットとなる消費者が利用するであろう各種の口コミ系のサイトやサービスを特定し、それらのいたるところに、自社商品やサービスに対するポジティブな意見が溢れている状態、そしてネガティブな情報がない状態を作り上げることがブランディングです。インターネットマーケティングでは、このブランディングの持つ影響力が非常に強いのです。

インターネット上のブランディングには地道な作業が多く、またその効果も短期間では表れづらいのですが、是非粘り強く、継続的に行っていってもらいたいと思います。

ECサイト：Electronic Commerce Site
インターネット上で物品の販売、購入が可能なサイト。

1-1 インターネットマーケティングにおける基礎理論

インターネットマーケティングは、論理、実践、検証の繰り返しにより蓄積された、科学的で客観的な理論から成り立っています。これらの基礎となっている理論や知識について説明します。

1-1-1　4P理論

マーケティングにおけるスタンダードな理論の1つに、4P理論と呼ばれるものがあります。これは、マーケティングを、Product＝製品戦略、Price＝価格、Place＝流通経路（場所）、Promotion＝販売促進の4つのステージに分類する考え方であり、インターネットマーケティングにおいても有効です。以下、この4つの分類に従って、インターネットマーケティングをステージごとに考察していきます。

Product
・製品戦略

Price
・価格

Place
・流通経路

Promotion
・販売促進

1-01　4P理論とは

(1) Product（製品戦略）

まず、どのような商品、サービスが消費者に求められているか調査することが重要です。この調査のフェーズから、インターネットを積極的に活用するという方法が有効です。他社などの類似商品の情報が、どのようなインターネット上の情報経路を経て流通しているのかを調査することにより、後に自社商品の情報が流通するであろうインターネット上の経路を予測、把握することが可能になるからです。

インターネットは、一見無秩序で予測不可能な世界に見えますが、多くの人々の生の感情や感想、意識で構築されているため、巨視的に捉えれば、むしろ統計的な予測を行いやすい環境でもあります。全体を見ずに部分ごとに観察した企業が人々の感覚に振り回され、右往左往してしまうケースがよく見受けられますが、俯瞰的に捉えて観察を行えば、そこには明確な規則性やロジックが自ずと浮かび上がってきます。

具体的には、まずは以下の諸要素について、インターネット上でリサーチを行うのが良いでしょう。

① 類似商品についての情報が最初にインターネットに投入された時期、媒体、内容（初期投入メディア）
② その後、その類似商品の情報が拡散していく主なインターネット上の経路（主要な情報経路）
③ 商品情報が拡散していく中で、商品に対して、特に大きなポジティブまたはネガティブなイメージを付加したと思われるメディアや記事、コメント、動画（ポジティブインパクト、ネガティブインパクト）
④ ②③の、マスメディアとの連動性。たとえば、『いつどのような雑誌でどのような記事が掲載されたとき、インターネット上では、どの情報経路でどのような反応が見られたか』といった類のデータ

これらを把握することにより、どのような商品を、どのような方法でインターネット上に投入することで、どのような結果が得られるかについてのデータを得ることができます。これは、ユーザーのニーズと効果的な販売促進方法の双方を同時に把握することにつながります。この結果と、対人でのマーケティングリサーチの結果などを組み合わせることで、現実的で客観的なデータを得ることができます。

(2) Price（価格）

これまで価格決定のプロセスにおいては、企業が消費者に提示をし、次いで消費者が、その価格を受け入れるかどうかを判断する、というステップが取られていました。つまり最初に企業が価格を提示し、その後消費者が考えて、消費者に受け入れられればそのままであるし、受け入れられなければ、改めて企業が値下げなどを行うことで価格を再提示し、消費者がさらに判断する、といったサイクルを繰り返していたといえます。

しかしインターネット上の消費者（ユーザー）に対しては、このようなサイクルが十分に機能しないケースがあります。ECサイト、口コミサイト、共同購入サイト※、インターネットオークションなどの普及により、消費者（ユーザー）は、価格や商品の品質を比較した上で、ある商品に対する自分にとっての適正価格（マイプライス）を判断することが容易に行える環境が整っているからです。その結果として、現在の消費者（ユーザー）は企業が値段を提示すると同時に、機能やデザインなどの内容も合わせて考え、それがマイプライスのレンジ内かどうかを判断し、レンジ外と判断すれば、即座に別の企業の類似商品の購入やオークションでの中古品購入などに移行してしまう可能性が高くなります。以前のように、企業と消費者の間で、ある程度の手間暇をかけながら価格を調整する時間的余裕がないといえます。

インターネットマーケティングにおいては、企業が「最初に」提示する価格が極めて重要です。最初の価格提示で失敗をし、一度離れてしまった消費者（ユーザー）に対しては、価格の再提示を行う機会自体が消滅してしまうリスクが生じ得るからです。

価格表示のチャンスは1回限りと考え、企業は、これまでより一層シビアに、価格に対する考察を行う必要性があります。

(3) Place（流通経路）

流通経路は、インターネットの普及によって大きな影響を受けているステージです。ECサイトやオークションサイトの出現によって、消費者が直接お店に足を運ぶ必要は減りました。また、ソフトウェア、音楽、チケットなど電子データでやり

共同購入サイト
顧客は特別のサービスを受けることができ、お店も広報や新たな顧客獲得になるWin-Winの関係であるとして、注目を集めています。

取りできるものについてはダウンロード形式で販売することができるので、商品を運ぶ手間も省けます。

特に重要な要素として、現在はインターネット上で購入した物品の流通経路が非常に整備されていることです。たとえばある運輸会社は専門の倉庫群を用意し、インターネット上で購入された物品をユーザーに届けるための専門の法人向けサービスを行っており、類似のサービスは他にも複数存在しています。またインターネット上の物品の購入システムについても、いわゆる決済代行サービスと呼ばれる、安価で利便性の高いサービスが複数存在しています。

商品を販売する企業側は、流通経路については、いかに既存のサービスを上手に組み合わせて使用できるかがポイントとなっています。各種運送サービス、決済代行サービスを仔細にリサーチし、自社にとって最も効果的な組み合わせを構築する企画力と交渉力が求められています。

(4) Promotion（販売促進）

このステージでも、インターネットマーケティング特有の事柄が多数存在します。詳しい各論は第４章、第５章、第６章で述べますが、ポイントは‘客観的なデータの収集、論理的な分析と、それに基づいた予測’にあります。

たとえば、ある商品の情報について‘どの様な情報経路を辿る可能性が高いのか’、‘どの様な情報経路を辿ると良い結果を生む可能性が高いのか’を把握した上で、最適な情報経路を確保するために広告などを行うという思考が必要です。

その上、インターネットマーケティングでは、一般のマーケティングに比して情報経路を把握しやすいので、データに基づいた、より客観的かつ論理的なアプローチが可能です。

(5) プロモーションの内訳　―PR、広告、ブランディングの違い―

従来のスタンダードなマーケティング理論では、広告とPRを分けて考えます。広告もPRも4P理論のプロモーション（訴求方法）の一環として定義されるのですが、広告とは‘プロモーションの視聴者に対して、特定の行動を起こさせること―多くの場合は特定の商品やサービスの購買を起こさせること―’であり、PRとは‘プロモーションの視聴者に対して、ある事柄についての説明を行うこと’と考えます。

つまり、『広告は、ダイレクトに商品やサービスの購入を促す行為』であるのに対して、『PRは、商品やサービス、企業について説明をすること』と、両者をまったく異なるものとして定義しています。

たとえば、エコカーのプロモーションについて考えてみましょう。「何月何日までにご購入頂いたお客様には、当社で次回の車検費用を負担します」というテレビCMを流すのは、広告キャンペーン（advertising campaign）で、もちろん広告の一種です。それに対して、‘エコカーが、なぜ、そして、どれほど地球環境に優しいのか’についての説明が掲載されているパンフレットを街頭で配布するのは、PRということになります。またここで、エコカーを開発、販売している当該企業が、いかに最先端の技術力と社会貢献への崇高な理念を有している企業であるのか（そして、そのために車は少しばかり高価ではあるが、乗っている人のステイタスを感じさせるものだ、ということ）についての説明やアピールがなされていれば、それはPRの一環としての、企業ブランディングともいえるでしょう。

消費者は広告によってエコカーの購入に至るケースもあれば、PRによって心が動いているときに広告を目にしたことによって、エコカーの購入に至るケースもあるでしょう。従来のマーケティングでは、このように広告、PR、ブランディングは行為として明確に区別されており、その中でも特に広告とPRは、そもそも目的からして異なるものと考えられているのが原則です。

そしてインターネットマーケティングにおいても、プロモーション（訴求方法）の中に広告とPRがあり、ブランディングはPRに含まれるという考え方は有効であり、かつ重要です。

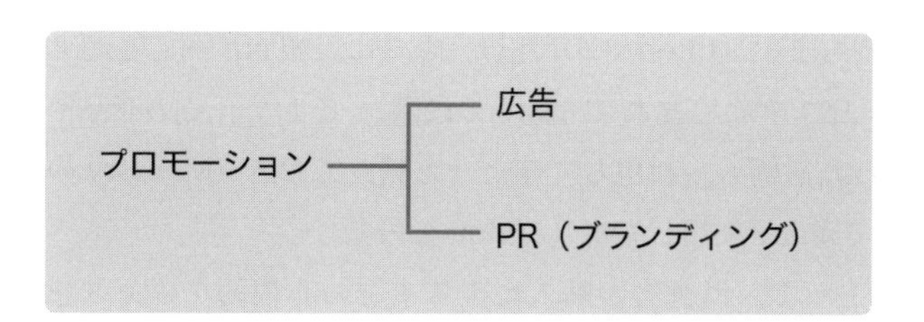

しかしインターネットマーケティングでは、1つのプロモーション活動が、広告、PR、ブランディングといった従来の枠組みを超えて、多角的に、かつ増幅効果を生みながら、次々と波状的に匿名多数のユーザーに及んでいくケースがよくあります。たった1つのPR文章が、SNSや掲示板などを経て、ユーザーからユーザー

へと形や表現を少しずつ変えながら伝わっていくので、思いもよらない表現で、思いもよらないユーザー層へ伝播していることがあります。そのため、インターネットマーケティングにおける情報発信の際には、商品の販売、宣伝からブランドイメージ、企業イメージの創造まで、すべてをトータルに俯瞰的に捉えながら考察するという、高い戦略性が求められるのです。

1-1-2　消費者行動理論

マーケティングを考える上で、消費者がどのような行動をとるのかを心理的な側面から分析・予測することも重要です。消費者の行動パターンを分析・予測することができれば、それに合わせたマーケティングを行うことも可能になります。先ほど説明した4P理論を基に販売戦略を練る際にも、消費者行動理論にのっとって戦略を立てていくことができれば、より大きなマーケティング上の効果が得られるでしょう。

ここでは、まず、インターネットに限らない、スタンダードな行動理論を見た上で、インターネットマーケティングにおける行動理論を見ていきましょう。

(1) スタンダードな行動理論　—AIDMAモデル—

消費者が商品やサービスを知ってから、購入に至るまでの心理的なプロセスを表したモデルの1つがAIDMA（アイドマ）モデルです。

消費者は、何らかのきっかけで、ある商品やサービスの存在を知ります。この過程を注意（Attention）の段階と位置付けます。次に、消費者はその商品やサービスについて興味、関心を持ちます（Interestの段階）。さらに、興味、関心を超えて消費者はその商品やサービスを欲します（Desireの段階）。そして、その商品やサービスを今度お店に行ったら購入、利用してみようと覚えておき（Memoryの段階）、その後実際にお店で購入、利用します（Actionの段階）。

この各過程の頭文字をとって、消費者が購入に至るまでの心理的プロセスをAIDMAモデルと名づけられました。AIDMAモデルは、1920年代にアメリカ合衆国の販売・広告の実務書の著作者であったサミュエル・ローランド・ホールが著作中で発表したものです。

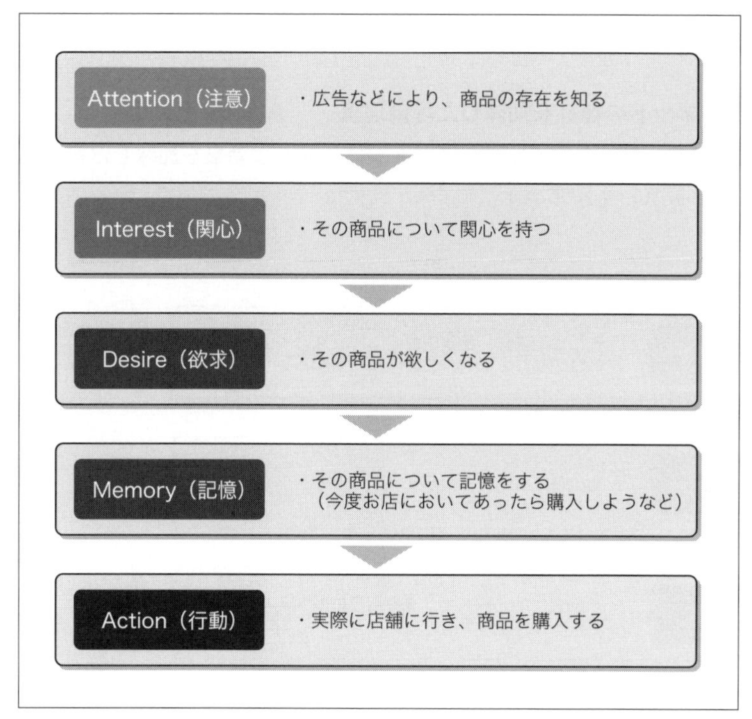

1-02 AIDMA モデルにおける心理過程

販売促進活動を進める際には、その活動が消費者の購買心理のどの段階に向けて行っているのかを意識しなければ、望んだ効果はなかなか得られません。

たとえば、広告は「Attention」の段階に与える影響は強いものの、「Interest」、「Desire」の段階に進むにつれて、広告が与える影響力は弱まります。なぜなら、消費者が1つの広告を見る時間は比較的少ない上に、広告の発信者は消費者にとって商品の売り主である場合が多く、一歩引いた目線で広告を見る場合が多いからです。つまり消費者は、広告に触れてその商品を知ることはあっても、その商品に興味を持ったり欲しいと思ったりまではいかない場合もあり得るということなのです。

他方、口コミは広告と違って、情報元が自分の身近な人であったり、信頼できる人、また実際に商品を使った人（消費者）であったりするので、広告よりも熱心に情報に耳を傾け、興味を持ちやすくなる傾向があります。したがって、口コミは「Interest」、「Desire」の段階で、広告より強い影響力を発揮するといえます。

プロモーションにおいては、広告と口コミは、効果を発揮するステージが異なるということになります。

(2) インターネットの存在を加味した行動理論　―AISASモデル―

前述したAIDMAモデルに、インターネットが持つ様々な効果を加味した行動理論がAISAS（アイサス）モデルです。

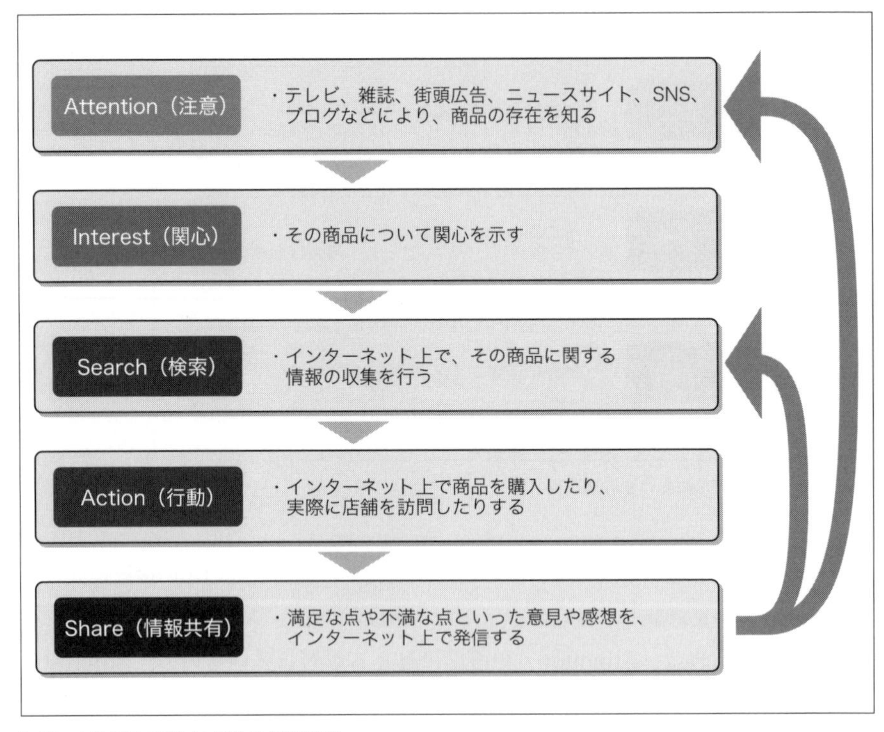

1-03　AISASモデルにおける心理過程

消費者は、インターネットの記事や広告によって商品やサービスの存在を知り、関心を持ちます（Attention＝注意＆Interest＝関心）。ここまでの消費者の心理過程はAIDMAと同じですが、次からは異なる過程を辿ります。

次はインターネットでその商品やサービスに関する情報を収集します（Search＝検索）。収集して得られた情報から、消費者は商品を購入するかどうか決定します。購入を決定した場合は、消費者は実際に店舗に足を運ぶ場合もありますが、そのままインターネット上で購入するケースもあります（Action＝行動）。そして、商品やサービスを利用した後、消費者はその感想などの情報をインターネット上で他の消費者と共有します（Share＝情報共有）。

そしてShareの段階で発信された情報は、SearchやAttentionのステージにフィードバックされます。つまり循環するのです。

この‘循環’というフローが、インターネット上の行動モデルの最大の特徴です。ここで良いサイクルを形成できれば、ユーザーが新たなユーザーを呼び込んでくれることになり、雪だるま式に売上は上昇します。その一方で、このサイクルが失敗すると、ネガティブな評判が次々と新たなユーザーを排除していくことになり、非常に厳しい状況に追い込まれます。インターネットマーケティングでは、この‘循環’を上手に活用できるかどうかが、重要なポイントとなってくるのです。

なお、インターネットの存在を加味した行動理論には、これらAISASの他にも以下のようなモデルも存在します。

・AIDEES（アイデス）

Attention（注目）→ Interest（関心）→ Desire（欲求）→ Experience（購入・体験）→ Enthusiasm（顧客の心酔）→ Share（情報共有）

・AISCEAS（アイセアス / アイシーズ）

Attention（注意）→ Interest（関心）→ Search（検索）→ Comparison（比較）→ Examination（検討）→ Action（購入）→ Share（情報共有）

いずれも、‘共有’というフェーズにまで到達することが重要視されています。

(3) SIPS理論

これら網羅的な行動理論に加えて、近年では特定の状況にフォーカスした行動理論も注目されるようになってきています。適用できるケースは限定されてきますが、その代わりにより実践的なアプローチが可能と考えられています。一例として、ソーシャルメディアに特化した行動理論である「SIPS」を見てみましょう。

SIPSとは、

S：Sympathize（共感する）
I：Identify（確認する）

P：Participate（参加する）
S：Share & Spread（共有・拡散する）

を表します。

一例として、インフルエンサーが自身のSNSに投稿した旅行先の写真や動画（インフルエンサーが実際に旅行に赴き、特定のツアーなどに参加しているようなケースを想定してください）に、ユーザーが心を動かされた場合を考察してみましょう。

・投稿された写真や動画を見て、「自分も赴いてみたい」、「自分も同じような体験をしてみたい」と感じる。つまり共感の気持ちが生まれます(Sympathize)。
・旅行に行くために、旅行代理店のサイトや他のインフルエンサーのページ、口コミサイト、レビューサイトを調べます（Identify）。
・実際に現地に赴き、同じツアーに参加します（Participate）。
・現地で撮った写真や動画を自身のSNSに投稿します（Share & Spread）。

この一連の循環行動によって、話題が広がっていくことが目標です。

SIPSの活用事例を紹介します。

日本コカ・コーラ株式会社は、2018年に発売された新フレーバーのPRとして、①広報活動にTwitterを活用、②発売前にフレーバーの内容を明かさず、ユーザーの興味を掻き立てる、③リツイートと応募フォーム入力で発売前に商品をプレゼントする、といった内容のキャンペーンを行いました。

「新しいフレーバーっていったい何だろう？」とユーザーの興味を喚起し(Sympathize）→商品やキャンペーン内容について、自分に有益かどうか判断し(Identify）→公式アカウントに対してリツイートやいいねしたり、応募することでキャンペーンに参加したり（Participate）→もしキャンペーンに当選したら結果をツイートする（Share & Spread）となります。

(4) カスタマージャーニー型とパルス型

今まで見てきたように、長らく消費者行動理論においては、消費者の思考は論理的・段階的に変化していくことを前提として研究されてきました。このように、論理的・段階的に思考を進める消費者の行動パターンをカスタマージャーニー型と表現することがあります。顧客はある商品の購入を決心するまでに、まさに旅行するかのように様々な商品やサービスを比較したり検討したりすると考えます。

これに対して最近では、「消費者はもっと感覚的・直線的に思考する場合も多くあるのではないか」という視点に立つ考えが登場してきています。これをパルス型と呼びます。パルス型では、顧客は瞬間的に購買意欲が湧き上がり、その瞬間に買い物を終わらせる、と考えます。偶然見たECサイトで、ピンときた商品をパッと購入するようなケースがこれにあたります。

たとえばGoogleは、2019年頃から、ユーザーの購買行動がこれまでのカスタマージャーニー型からパルス型へと変化してきているという説を提唱しています。Googleはパルス型の消費行動が発生する要因として以下の6つのポイントを挙げています。6種類の直感センサーとも表現しています。

1. セーフティ　　：「より安心安全なもの」に反応する直感センサー
2. フォーミー　　：「より自分にぴったりだと思うもの」に反応する直感センサー
3. コストセーブ　：「お得なもの」に反応する直感センサー
4. フォロー　　　：「売れているもの」、「第三者が推奨するもの」に反応する直感センサー
5. アドベンチャー：「知らなかったもの」、「興味をそそるもの」に反応する直感センサー
6. パワーセーブ　：「買い物の労力を減らせること」に反応する直感センサー

6つのポイントを見ていると、パルス型ではユーザーは完全な気まぐれで行動しているわけではなく、直感という名前の、個人の経験則に基づいた論理性で行動していることがわかります。ユーザーを属性ごとに細かく分類した上で、自社のサービスを当てはめていき、パルス型の行動を分析、推測していくことが大切です。

消費者の行動パターンは幾通りもあり、またその時の消費者個人の心理状況や周囲の状況、さらには社会状況まで影響してくるので、すべてを完全に理論化することは困難でしょう。しかし理論を一切無視してしまうと、消費者の行動を主観や決めつけで予測してしまう可能性があります。これら消費者行動理論を基礎理論とし

て頭に入れながら実践での経験則を積み上げていくと、消費者を正しく理解することにつながっていくでしょう。

この項目のPOINT

・インターネットマーケティングの工程を、販売者（企業）の行動を基準に分類したものが4P理論。
・インターネットマーケティングの工程を、購入者（ユーザー）の行動を基準に分類したものが消費者行動理論。

1-2 端末別理論

インターネットで利用される端末は、パソコン、携帯電話、スマートフォンなどと様々ですが、これら端末の種類によって、ユーザー層や利用目的などが大きく異なってきます。端末の特徴を理解することは、インターネットマーケティングにおいて重要な事柄です。

1-2-1 パソコン（PC）でのインターネット

（1）特徴と利用状況

まず最初に、パソコンによるインターネット利用の特徴を見ていきましょう。表1-04は世帯別の各種デバイスの保有状況を示しています。パソコンの保有率は低下を続けており、平成29年にはスマートフォンの保有率を下回っています。パソコンは、一般的に保有率の低下が強調されることが多いのですが、実は依然として7割程度の保有率を維持しており、家庭における主要なデバイスであることには変わりません。パソコンはいまだに相当多くのユーザーに支持されていることがわかります。多くのユーザーは、パソコン、スマートフォンやタブレットなど複数のデバイスを所持するようになりつつあり、利用シーンごとに使い分けていると考えられます。

それでは、パソコンを主に用いる利用シーンとはどのような状況なのでしょうか。表1-05は、個人がインターネットを利用する際の目的を示しています。利用目的として多いのは、『電子メールの送受信』、『地図・交通情報の提供サービス』、『天気予報の利用』、『ニュースサイトの利用』、『ソーシャルネットワーキングサービスの利用』、『無料通話アプリやボイスチャットの利用』、『動画投稿・共有サイトの利用』、『各種商品・サービスの購入・取引』です。

この中で、『地図・交通情報の提供サービス』、『天気予報の利用』については、比較的、即時性やポータビリティが求められやすいサービス内容なので、スマートフォンがよく用いられていることが推測されます。また『無料通話アプリやボイスチャットの利用』については、LINEなどのサービスを見てもわかるように、スマー

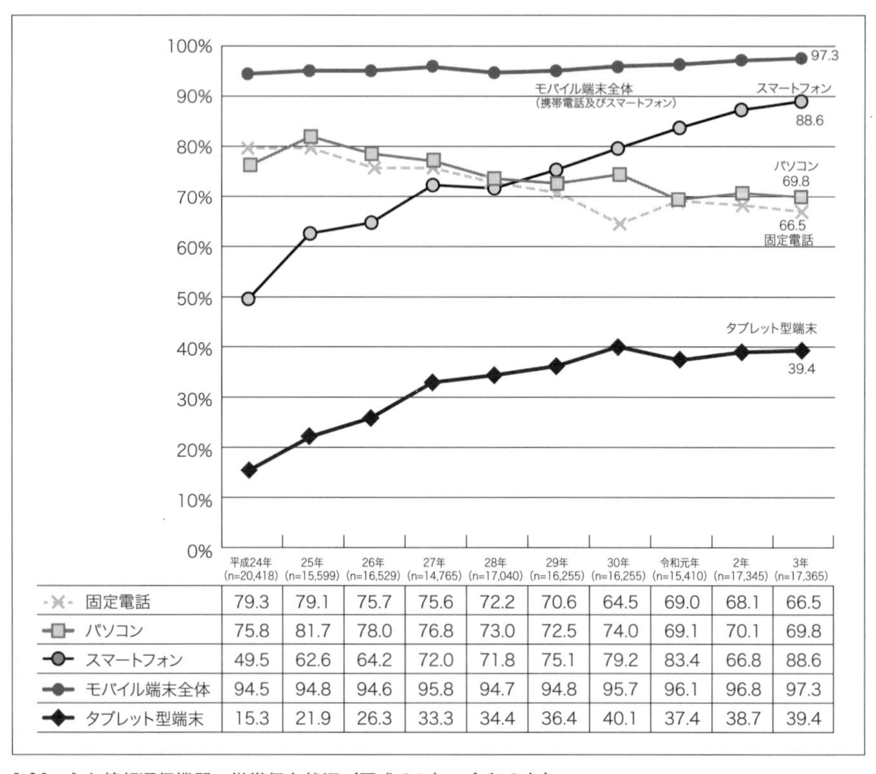

	平成24年 (n=20,418)	25年 (n=15,599)	26年 (n=16,529)	27年 (n=14,765)	28年 (n=17,040)	29年 (n=16,255)	30年 (n=16,255)	令和元年 (n=15,410)	2年 (n=17,345)	3年 (n=17,365)
固定電話	79.3	79.1	75.7	75.6	72.2	70.6	64.5	69.0	68.1	66.5
パソコン	75.8	81.7	78.0	76.8	73.0	72.5	74.0	69.1	70.1	69.8
スマートフォン	49.5	62.6	64.2	72.0	71.8	75.1	79.2	83.4	66.8	88.6
モバイル端末全体	94.5	94.8	94.6	95.8	94.7	94.8	95.7	96.1	96.8	97.3
タブレット型端末	15.3	21.9	26.3	33.3	34.4	36.4	40.1	37.4	38.7	39.4

1-04　主な情報通信機器の世帯保有状況（平成 24 年～令和 3 年）

トフォンが優位なサービスであるといえます。

一方で、『電子メールの送受信』、『各種商品・サービスの購入・取引』については、パソコンが好んで用いられやすいサービスといえるでしょう。『電子メールの送受信』においては、比較的長い文章のやり取りや、容量の大きいデータを添付する場合、また仕事に近いオフィシャルな文章を送る場合などには、パソコンがよく用いられると考えられます。『各種商品・サービスの購入・取引』においては、株式やFX取引のように、高額で、じっくりと観察や検討をすることが要求される商品においては、パソコンが好んで用いられるでしょう。同じ利用目的でも、シーンによって、使用するデバイスが異なる可能性があるということです。パソコンが好んで用いられる利用シーンの特徴としては以下のようなものがあります。

①じっくりと観察、検討することが求められる状況（特に椅子に座った状況）

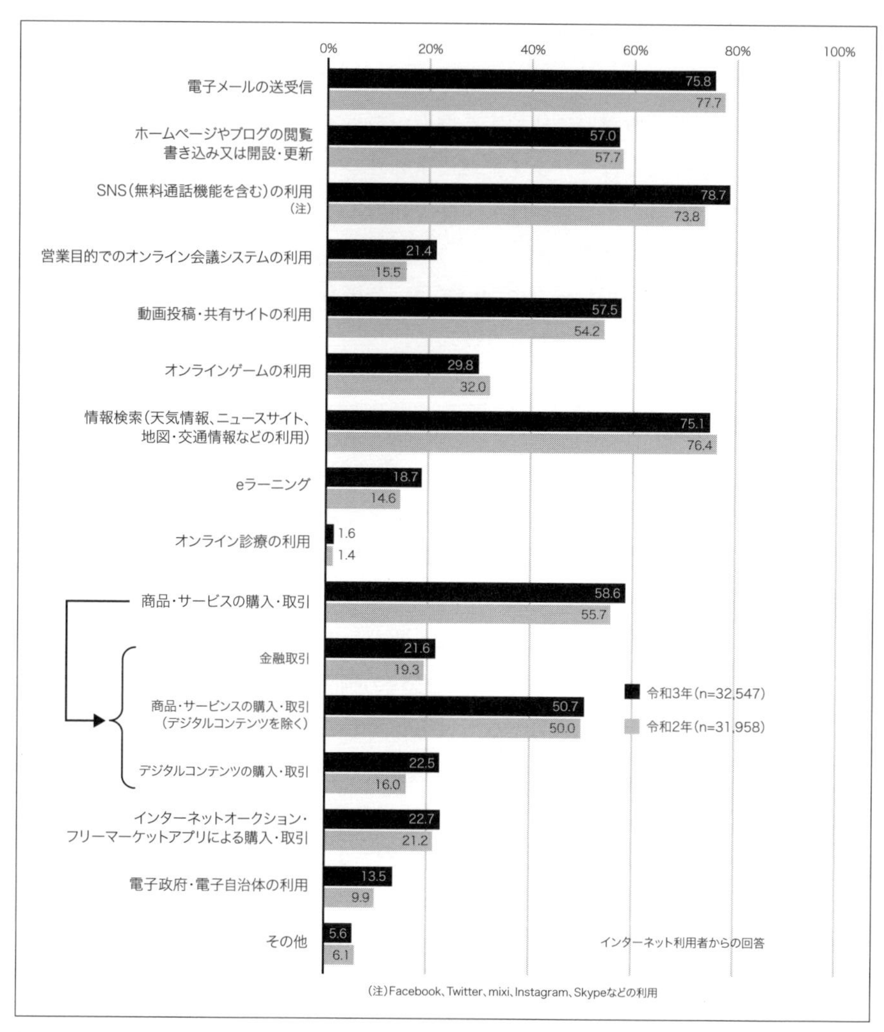

1-05 家庭内・家庭外からのインターネットの利用目的・用途（個人）（複数回答）（令和３年８月末）

②キーボードを使用し、比較的長い文章を作成する状況
③容量の大きいデータをやり取りする状況

パソコンがスマートフォンやタブレット、携帯電話と比べて機能的に有利な点は、画面の大きさと通信能力の高さにあり、上記３つの利用シーンは、このようなパソコンの有利な点が端的に発揮されるシーンともいえます。限定された利用シーン

ではありますが、今後もパソコンの優位性は維持されていくでしょう。

パソコンの特徴としてもう1つ、家庭における優位性が挙げられます。家庭では椅子などに座って落ち着いて作業する環境が整っていることから、自然とパソコンがよく利用されることになります。逆に家庭外のとき、つまり、移動中や、会社、学校にいるときなどは、小さい画面で手早く利用できるスマートフォンなどの方が利用に適しているといえます。

パソコンは、特定の利用シーンにおいては、今後も当分の間、インターネットの主要なデバイスであり続けるでしょう。

(2) 機能的側面とユーザー属性

既述のように、パソコンの機能的な特徴は、画面の大きさと通信能力にあります。しかし通信能力という点においては、スマートフォンやタブレットの通信環境が急速に発達していることから、パソコンの優位性はゆるやかに低下していくことが予想されます。

一方で画面の大きさという点については、当分の間はパソコンの優位性が続くでしょう。スマートフォンもタブレットも、現状の画面サイズをこれ以上大きくすると、持ち運びが容易という優位性を失ってしまうからです。しかし、今後長い目で見た場合、パソコンの画面の大きさという機能的な特徴を脅かすかもしれないデバイスが存在します。それはインターネットテレビやスマートテレビといわれるものです。インターネットテレビやスマートテレビについては1-2-3で詳しく述べますが、これらはテレビとパソコンを融合させたものといえます。インターネットテレビやスマートテレビにキーボードをつなげて使用することで、パソコンに代わる存在になる可能性があります。

次にパソコンのユーザー層について詳しく見ていきます。図1-06は、年代別のデバイス利用状況です。パソコンの利用者は各世代に万遍なく分布しており、20代、30代、40代、50代ではすべて60%以上の使用率となっています。また、今の40代の中には、はじめてのゲームがパソコンでのゲームだったという層が一定数います。その流れで、今の40代以降には、ブラウザゲームと呼ばれるパソコンで行うゲームの愛好家が一定数います。

パソコンのユーザー層は、意外にバラエティに富んでいるともいえます。

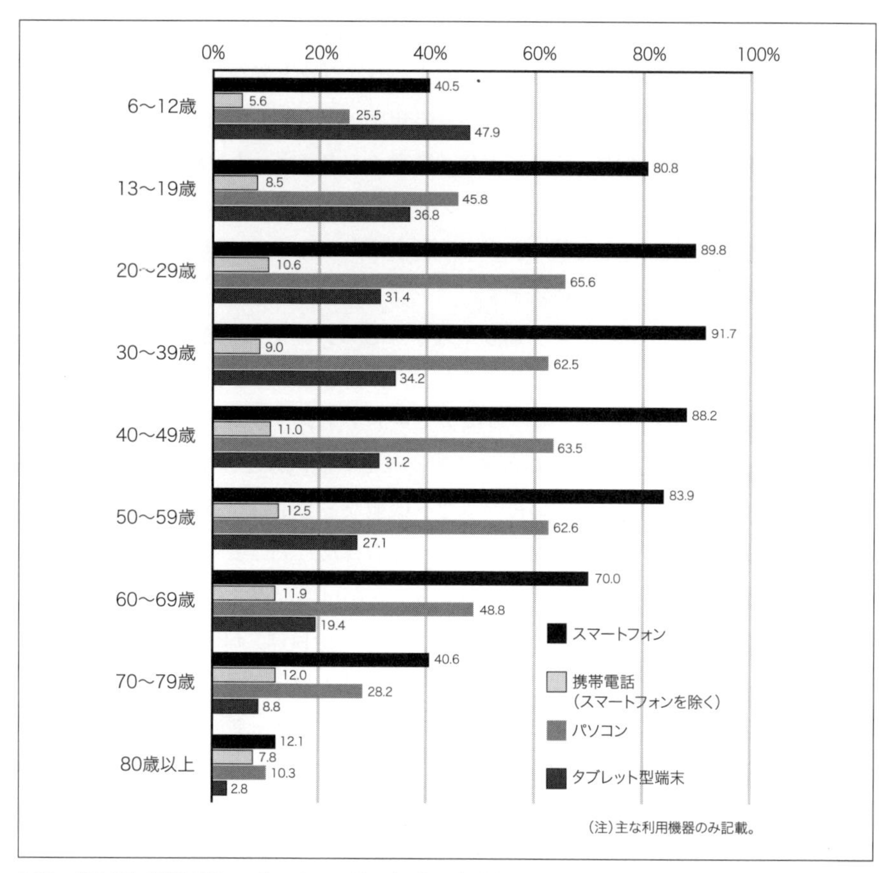

1-06　端末別年齢階層別インターネット利用率（個人）（令和３年８月末）

1-2-2　スマートフォン、タブレットでのインターネット

(1) 特徴と利用状況

スマートフォンとタブレットは近年爆発的に利用者数を伸ばしてきています。スマートフォンやタブレットは、モバイル端末である点は携帯電話と同じなのですが、機能、性能はパソコンに近く、パソコンと携帯電話の中間と位置付けることができます。

スマートフォンとタブレット、特にスマートフォンには大きな特徴が４点あります。

1点目は、購入後すぐにインターネット、特にYahoo! JAPANやGoogleなどの検索エンジンにアクセスできるという点です。パソコンと異なりセッティングがほぼ不要です。インターネット接続についての知識がなくても、購入後、ストレスなく検索行為を開始できます。これにより、従来インターネットに疎遠であったといわれる高齢者や女性などを、検索エンジンのユーザーに取り込むことが可能になりました。スマートフォンの出現によって、日本は真の意味で、国民総インターネットユーザー化が進み出したといえます。

2点目はポータビリティです。通勤や通学などの移動中の空き時間を埋めたり、歩きながらマップとして使用したりするなど、移動しながらの利用が可能です。

3点目は優れたカメラ機能です。各種スマートフォンのカメラ機能は向上が目覚ましく、場合によってはデジタルカメラと比べても遜色のないケースもあります。また撮影した写真や動画を、その後クラウド機能なども用いながらスマートフォンで閲覧するなどの、アルバム的な利用のされ方も普及しています。

4点目は各種のアプリをインストールすることが可能な点です。アプリをインストールしての使用パターンには2通りあります。1つ目は、LINEや各種ゲームアプリなどをインストールする場合で、一般的な使用パターンといえるでしょう。2つ目は、アプリをダウンロードしたデバイスを、カードリーダーやリモコンなどとして使用するパターンです。アプリをインストールすることで、デバイス自体を、全く異なるハードとして使用しています。この2つ目の使用パターンは、次世代の市場を開拓できるツールとして、注目されています。遠隔カメラとしての利用や、ポータブル式のカーナビなどとして利用されており、インターネットマーケティングを考える上での、重要なトピックスの1つといえます。

以上、ポイントとなる特徴を4点挙げましたが、これはあくまでも現状における特徴です。注意するべきことは、スマートフォンやタブレットの利用シーンは日々拡大し続けていることです。たとえば、買い物中にスマートフォンで商品のQRコードを読み取り、商品情報を閲覧するというユーザーも増えていますし、営業パーソンが商品カタログの代わりにタブレットを持ち歩いていることも多くなっています。また、店舗の会計レジでタブレットを用いている例も多くなっています。スマートフォンやタブレットは、新しい利用シーン自体を開拓し、ユーザーに提供することができるツールなのです。

インターネットマーケティングを行う上で、スマートフォンやタブレットの新たな可能性や動向については、常に把握しておく必要があります。

(2) 機能的側面とユーザー属性

スマートフォンやタブレットでは、携帯電話におけるｉモードのような、デバイス専用のブラウザを使用しているわけではなく、一般的なパソコン向けのブラウザを使用しています。そのためパソコンで閲覧するのと同じ画面を表示することができ、ほとんどのパソコン向けサイトを閲覧することが可能です。もっともパソコンに比べれば画面が小さいため、読みづらいこともありますので、パソコン向けのサイトとは別に、スマートフォン向けのサイトを別途用意していることが多くあります。Webサイトにおいて、アクセスしてきたユーザーのデバイスを判断し、パソコン用とスマートフォン用を適宜表示させる仕様を、レスポンシブ対応などと表現することもあります。

また、音楽や動画の機能に関しても性能が向上しています。今後、機能補完型のアプリが登場すると、それらのインストールによってさらに高機能化される余地もあります。

このようなハード面の性能の向上に伴い、採用するOS※を巡るシェア争いも激しさを増しています。Googleが主体となって開発されたAndroid(アンドロイド)、iPhoneやiPadに搭載されているiOS（アイオーエス）※が競合しています。

アプリの開発においては、各OSごとに開発環境が異なります。スマートフォン向けのアプリを開発する場合、どのOS向けに提供するのかは重要な問題です。iOS向けのアプリは、AppStoreで一括して販売する仕組みとなっており、アップル社の事前審査を通過しなければ販売することはできません。Androidではこのような制限はなく、自由にあちこちのサイトで販売されています。

スマートフォンやタブレットが登場した初期の頃は、男性の若者が利用者の中心でしたが、現在は女性のユーザーも増えてきており、男女差はそれほどないといってもよいでしょう。

OS：Operating System
パソコンを動作させるための基本ソフトウェア。個人用であれば、Microsoft社のWindowsシリーズ、Apple社のMacOSシリーズが有名。企業用であればLinuxやWindows Serverが有名。

iOS
Apple社の開発しているOSで、現在はiPhone、iPod touchなどに用いられている。

1-2-3　テレビでのインターネット利用とスマートテレビ

(1) 最近の傾向

最近の4K※以上のテレビは、原則としてインターネットへの接続が可能です。通常のテレビ番組（デジタル放送やCS､BSなど）も視聴できますし､インターネットに接続してインターネット上のコンテンツを視聴することもできます。

インターネットに接続することで、テレビでもインターネット上のコンテンツやオンデマンド放送の視聴が可能です。オンデマンド放送とは、ユーザーが見たい時に見たいコンテンツを、インターネットを介して提供するスタイルの放送で、ユーザーにとって利便性が高い放送スタイルといえます。もっともこれにより既存のテレビ番組の視聴率が下がり、テレビ局の広告収入が低下することを危惧する声もあります。したがって今のところは、通常のテレビ放送と同じタイミングでのストリーミング放送※が行われるケースはまだ少ないでしょう。

また、インターネットを用いることで双方向通信を行うことが可能なので、この特性を活かした通信教育なども期待されています。ところでこれまでのテレビでは、視聴率はわかるものの、実際に番組を視聴している人数を正確に把握することは困難でした。しかしインターネットのコンテンツであれば、実際の視聴者数がわかるという利点があります。これまで既存のテレビ番組に広告を出していた企業の中でも、一定の割合をインターネットテレビへの広告にシフトしていく可能性もあります。

(2) スマートテレビ

インターネットに接続できるテレビをスマートテレビと呼ぶことがあります。テレビは将来的にはさらに高機能化することが予想されています。

インターネットからアプリケーションをダウンロードし、買い物、各種案内、家庭内の電化製品の制御など、今後の家庭のICT※化を推し進めるキーアイテムとし

4K
地上デジタル放送よりも画像の解像度が高い（約829万画素）映像のこと。

ストリーミング放送
ファイルをダウンロードしながら、同時に再生する配信方式のこと。

ICT：Information and Communication Technology
ITにCommunication（通信）が加わった用語。ITに比べて、双方向という概念に、より注目している。

て発展が注目されています。

この項目の POINT

- 現代人は多種多様なデバイスを用途ごとに使い分けていくと考えられている。
- 家庭のテレビは、今後はインターネット接続可能なテレビに置き換わっていくことが予想される。

1-3 グローバル・インターネットマーケティング

海外に目を向けてみると、インターネットの利用状況は国や地域によって異なる特徴を持つことがわかります。海外展開を考える際には、これらの特徴を把握し、地域に見合ったインターネットマーケティングの手法を取る必要があります。また、海外の動向は、国内の今後を占う上での重要な指針や情報になる場合もあります。
海外の情報を積極的に収集することは、様々なメリットを与えてくれます。

1-3-1　東アジア

東アジア地域でのインターネットマーケティングとして、この本では中国、台湾、韓国を取り上げます。なお中国は次の単元（1-3-2）で扱いますので、まず、台湾、韓国について見ていきましょう。

台湾、韓国それぞれのインターネット利用者の人口普及率は、台湾90%、韓国96%（2020年）で、世界的に見ても高水準の部類に入ります。

台湾のECサイト市場は右肩上がりで成長しており、2021年にはEC市場は76億ドルに達すると予想されています。そして台湾は、越境EC（他国のECサイトを利用すること、もしくはECサイトで他国の商品を購入すること）を比較的によく行うといわれています。加えて親日家が多いともいわれており、2015年頃から、日本企業の参入が盛んに行われています。

台湾におけるECサイトで主要なものとしては以下が挙げられます。

・「PChome」
・「Yahoo! 奇摩」
・「博客來」
・「momo 購物網」「momo 摩天商城」
・「東森購物」「草莓網」

また、SNSの利用率が高い国でも知られており（2021年で82.6%）、特にFacebookの利用率が非常に高いです。検索エンジンではGoogleとYahoo!といった海外サービスが高いシェアを有しています。

韓国はブロードバンド環境が整っていることもあり、特にオンラインゲーム市場が活発です。韓国政府が支援してきたこともあり、市場が順調に成長してきているのですが、一方で2014年以降、市場は飽和状態になり、成長は鈍化するのではといった意見もあります。さらにユーザーがあまりに熱中して死亡する例も発生し、社会問題化しています。これを受けて、韓国ではかつてシャットダウン制という、16歳未満の青少年の午前0時～6時までオンラインゲームの利用を制限する法律が存在したほどでした（このシャットダウン制は2022年1月から廃止されています）。さらに、RMT（Real Money Trading、オンラインゲーム上のキャラクター、アイテム、ゲーム内仮想通貨などを、現実の通貨で売買する取引する行為）は禁止する法律もあります。

韓国のゲーム市場の特徴としては、いわゆるeスポーツ（ビデオゲームをスポーツ競技として楽しむ、新しいエンターテインメントのジャンル）が盛んであることです。アメリカや中国で1つの巨大文化として成立しつつあるeスポーツですが、韓国では非常に盛んで、すでに職業としてプロゲーマーが定着してきています。トップクラスの選手の年収は、賞金や企業とのスポンサー契約などで1億円を超えるともいわれており、eスポーツの盛り上がりは、韓国のゲーム業界の発展に大きく貢献しています。

SNSでは、「KakaoTalk」「Facebook」「Instagram」が、検索エンジンでは、「NAVER」が、それぞれ大きなシェアを有しています。

1-3-2　中国

中国のインターネット利用者数は、2021年6月時点で10億1,074万人（中国インターネット情報センター/CNNIC）と発表されており、世界最大のインターネット利用者数を抱える国家といえます。

スマートフォンなどでのアプリケーションの利用状況についても発表されており、ネットデリバリー、リモートワーク、オンライン医療での利用者数は増加傾向の一方、オンラインゲーム、オンライン教育、オンライン資産運用は減少傾向とされています。

オンラインゲームにおいては、「未成年者のオンラインゲーム依存を防止するための管理強化に関する通知」が施行されています。2021年9月1日以降、未成年者のオンラインゲーム利用時間を制限すること、ゲームユーザーの実名による登録・ログインを徹底すること、各レベルの管理部門による監督・検査を強化すること、などの規制が実施されています。

なお中国でサイトを運用するには、中国政府の許可を得なければならず、注意が必要です。許可が出されるとICP番号（Internet Contents Provider）と呼ばれる番号が発行され（ICPライセンスの取得）、これをサイトに掲載することになります。このライセンスがないサイトは違法サイトということになり、閉鎖されるおそれがあります。

1-3-3　ヨーロッパ

ヨーロッパ全体では、インターネットユーザー数は2022年6月時点で7億4千万人を超えており、普及率は89%を超えています。住民の可処分所得も合わせて考えると世界屈指の巨大市場ではあるのですが、地域や国ごとにインターネットの普及率や利用スタイルにかなりの差異があります。ヨーロッパでのインターネットマーケティングを考える場合には、地域別、国別でのインターネットの利用状況を把握しておく必要があります。

まずインターネット普及率ですが、普及率が高い国は、高い順で、アイスランド、ルクセンブルク、ノルウェー、デンマーク、イギリス、スウェーデン、スイス、スペイン、フィンランド、アイルランド、ベルギー、オランダで、これらはいずれも90%以上です（2020年時点）。一方で低い国は、アルバニア、キルギス、ウズベキスタン、イタリア、ブルガリアなどがあり、これらの普及率はいずれも70%前半です（2020年時点）。特にイタリアは普及率70.48%（2020年時点）で、経済規模と比べると意外なほどに普及率の低い国といえます。

次にSNSですが、こちらも国や地域によって特徴があります。たとえばスペインでは、SNSの利用率は60%を超えており、さらにユーザー1人あたりが保有している平均アカウント数は8.4個で、これはヨーロッパでもトップクラスに多いです。反対にドイツではSNS利用率は45%ほどでかなり低く、さらにユーザー1人あたりが保有している平均アカウント数は5.9個で、ヨーロッパの中ではかなり低いレベルです（いずれも2019年時点／Internet World Stats）。

なおイギリスでは、ＥＵ脱退によりIT技術者が大規模に不足するのではといわれており（一部では数万人規模とも）、それにともない国がIT技術者の誘致に関する各種の施策を練っています。日本のIT企業も一層進出しやすくなりつつあります。

1-3-4 北米

北米（米国、カナダ）は世界有数のインターネット先進地域で、インターネット普及率は、アメリカ90.90%、カナダ92.30%（2020年）となっています。

この地域の大きな特徴はインターネットにおける世界的トレンドを常に輩出し続けていることです。この地域で起きているトレンドは、その後の世界のインターネット事情に波及する可能性が高く、インターネットマーケティングにおいて北米のトレンドを常に追いかけることが、日本での成功のカギにもなります。

現在アメリカではVR（Virtual Reality）の技術とインターネットとの融合が進んでいます。スマートフォンをVRのデバイスとして利用し、インターネットと接続することで、今までとは異なる新しいサービスを提供する動きがあります。

また、車などの乗り物類とインターネットとの融合も進んでいます。乗り物類をデバイスの一種としても捉える考え方です。

その他では、ドローンとインターネット、家電製品とインターネットとの融合もトレンドとして挙げられるでしょう。

1-3-5 アフリカ

アフリカは、60弱の国と地域から成りますが、インターネット普及率は総じて低めです。普及率が高いのは、モロッコ84.12%、セーシェル79.00%、エジプト71.91%、チュニジア71.90%、低い国は、モザンビーク16.50%、コンゴ(旧ザイール)13.60%、チャド10.40%、中央アフリカ10.40%、ブルンジ9.40%、南スーダン6.50%、ウガンダ6.10%（以上、2020年時点）となっています。主なインターネット利用者は、エジプト、モロッコ、チュニジア、ナイジェリア、南アフリカの5ヶ国に集中しています。様々なサービスが開始されてきていますが、問題点はインターネット環境の未整備にあります。アフリカでは固定電話があまり普及しておらず、パソコンからのインターネット接続は無線モデムが中心です。また携帯電話の人口普及率は高いのですが、プリペイド式が比較的多く、一部はインターネットの利用には不向きな場合もあります。

アフリカ地域では、ブラウザのシェアは圧倒的にOpera※が高いです。これは、アフリカの通信環境の悪さ（重い､高い）に対応できる省電力型のブラウザとして、Opera が高く評価されているからです。Opera は広告のブロック機能も優れており、インターネット広告の訴求率も低くならざるを得ません。そのためSNSなどを用いた口コミの効果に重点を置く必要があります。なお、SNSではFacebookが高いシェアを有しています。

この項目のPOINT

- **北米地域はインターネットにおける世界的トレンドを常に輩出し続けている地域なので、特に注意が必要。**
- **中国は、今後もインターネット利用人口の更なる増加が見込まれる有望な市場であるが、独特の諸規制が存在している。**

Opera
ノルウェーのOpera Software ASAが開発したWebブラウザ。

1-4 サイト理論（1）サイトの種類

サイトはその用途や目的によって様々な種類があり、利用する人の属性（いわゆるユーザー属性）も大きく異なっています。どのような用途、目的のサイトがあり、各サイトのユーザー属性がどのようなものであるかについて理解していることが重要です。

1-4-1　様々なサイト①　ECサイト

(1) ECサイト（イーシーサイト）とは

ECサイトとは、商品やサービスをインターネット上で提供するサイトのことをいい、ECとはElectronic Commerce※を省略したものです。これに対して実際の店舗を‘リアル店舗’と呼ぶ場合もあります。ITが注目され社会に浸透すると同時に、新しい事業展開の形として、多くの企業に広く普及しているビジネスモデルの1つとなっています。

(2) ECサイトの種類

ECサイトには、ショッピングモール型ECサイト、直営型ECサイト、ASP（アプリケーションサービスプロバイダ）型ECサイトの3タイプがあります。

・ショッピングモール型ECサイト

楽天市場のように、多くのショップ（販売店など）に参加してもらう形式のサイトです。大手ポータルサイトが運営していることが多く、集客力に優れていることが多いのが特徴です。

また、参加する各ショップ側のメリットとしては、モールのネームバリューがあるため信用が高い、決済機能などの機能が充実している、顧客情報の管理を運営会社が行っていることが多いので個人情報漏洩などのリスクを回避できる、といった点が挙げられます。

Electronic Commerce
eコマースとも省略されることがあります。

逆にショップ側のデメリットとしては、ショップページのカスタマイズの制約から他店舗との差別化が困難であること、出店審査が厳しいこと、外部のURLへのリンク及び自社サイトへの誘導を禁止している場合が多いこと、販売手数料を徴収されること、システム利用料金が比較的高いことなど、が挙げられます。

・直営型ECサイト

自社でECサイトのすべてを構築し、運営、販売を行うサイトを指します。すべてを自社で行う必要があるので、コストやノウハウが相当程度に必要になりますし、個人情報の流出などのリスクも自社で負担することになります。

一方で、サイトのカスタマイズを自由自在に行うことができますし、またサイトが成長してきた段階で他の会社にサイトを売却する、または他のECサイトと合流するといった、M&A的な行為も可能です。

・ASP（アプリケーションサービスプロバイダ）型ECサイト

ECサイト用のアプリケーションソフトを借り受けて、自社のECサイトとしてオープンする方式です。ユーザーから見ると直営型のECサイトのように見えるとともに（独自ドメインが使用可能な場合も多い）、ある程度は自由にデザインや機能をカスタマイズすることができます。

一般的にコストはそれほど高くない場合が多く、手軽に始められる形式ではあります。ただし、直営型に比べれば、やはりカスタマイズに限界があります。

1-4-2　様々なサイト②　検索サイト

検索サイトとは、Webページの検索機能を提供しているWebサイトのことをいいます。日本国内の主な検索サイトとしては「Google」「Yahoo! JAPAN」「goo」「Infoseek」などがあります。

インターネットの普及初期には、検索機能だけを提供している検索サイトが多かったのですが、現在では、様々なサービスを提供するポータルサイトと一体化して運営されているケースが多くなっています。

これら検索サイトでは、基本的には、広告収入がサイト運営上の主たる収入源となっています。

また日本ではGoogleとYahoo! JAPANが高いシェアを占めていますが、実は両者の検索プログラム（検索エンジンと呼びます）は、2010年にGoogleの検索エンジンで統一されています。具体的には、Yahoo! JAPANはウェブ検索、画像検索、動画検索の3つに関してはGoogleから検索エンジンの提供を受けています。そのためGoogleで検索してもYahoo! JAPANで検索しても、表示される検索結果に大きな差はないということになります。

しかし、両者で異なる部分もあります。たとえば補助キーワードの部分です。補助キーワードとは、検索されたキーワードと関連性の高いキーワードを、'こちらもどうぞ'という意味で、自動的に表示する機能です。たとえば、Googleで『六本木　ケーキ』というキーワードで検索した場合、2023年1月時点では、図1-07のキーワードが補助キーワードとして自動表示されます。それに対してYahoo! JAPANで『六本木　ケーキ』というキーワードで検索した場合、2023年1月時点では、図1-08のキーワードが補助キーワードとして自動表示されます（両者ともパソコンでの検索です）。

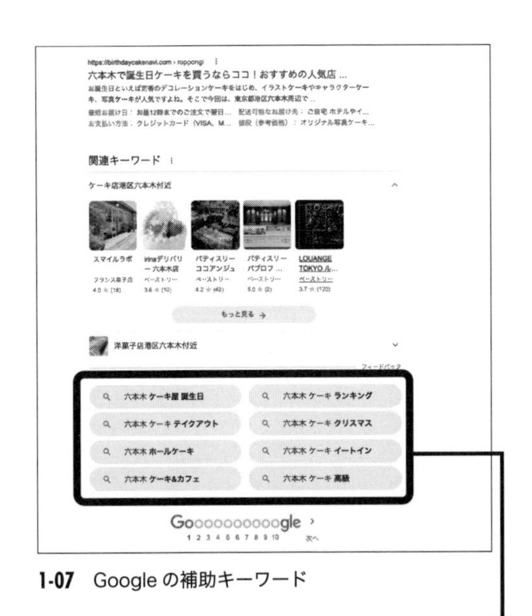

1-07　Googleの補助キーワード

六本木 ケーキ屋 誕生日
六本木 ケーキ テイクアウト
六本木 ホールケーキ
六本木 ケーキ & カフェ

六本木 ケーキ ランキング
六本木 ケーキ クリスマス
六本木 ケーキ イートイン
六本木 ケーキ 高級

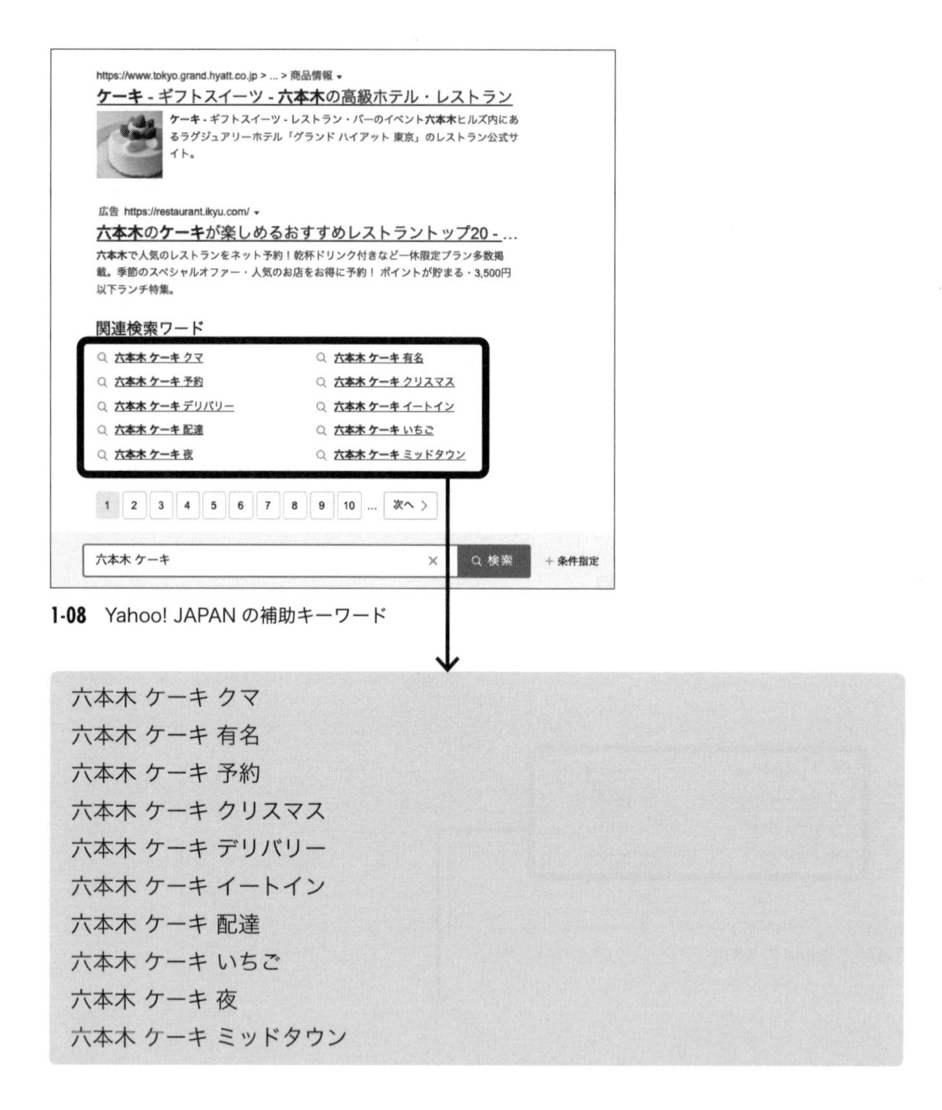

1-08　Yahoo! JAPAN の補助キーワード

六本木 ケーキ クマ
六本木 ケーキ 有名
六本木 ケーキ 予約
六本木 ケーキ クリスマス
六本木 ケーキ デリバリー
六本木 ケーキ イートイン
六本木 ケーキ 配達
六本木 ケーキ いちご
六本木 ケーキ 夜
六本木 ケーキ ミッドタウン

同じキーワードに対する補助キーワードであるにも関わらず、Google と Yahoo! JAPAN では一定の相違があります。これは、補助キーワードの選定を行うプログラムのロジックの違いなのですが、突き詰めれば、両者の‘検索’というものに対するポリシーの違いから生じているものです。Yahoo! JAPANでは、ある一定の時間枠の間に、あるキーワードと同時にユーザーに検索されたキーワードを補助キーワードとして抽出しています。ですから、時流やトレンドの影響を強く反映します。

一方Googleでは、Webページ上で、あるキーワードと同時に出現する頻度の高いキーワードを補助キーワードとして抽出しています。

前述の例では、実際にWebページ上で『六本木　ケーキ』と同時に記載される頻度の高いキーワードを補助キーワードとして抽出しています。ユーザーの検索回数はあまり問題ではなく、現実にWeb上に掲載されている情報量に注目しているといえます。‘ユーザーの動き＝トレンド’を重視するYahoo! JAPANと、‘インターネット上の情報の総量’を重視するGoogleの違いがあり、ひいては‘トレンドと情報量のどちらが真にユーザーの知りたい情報であるのか’に関するポリシーの相違といえます。

なお、インターネットマーケティング的な観点としては、Yahoo! JAPANの補助キーワードにネガティブワードが表示されているのは危険な状態ではあるのですが、それが話題として一過性のものであれば、時間が経過することによって沈静化するケースもあるのに対して、Googleの補助キーワードにネガティブワードが表示された場合は、実際にそのようなキーワードが掲載されたWebページが大量にインターネット上に出回っていることを指すので、待ったなしの極めて切迫した状況という判断になります。

1-4-3　様々なサイト③　SNS (Social Networking Service)

SNSサイトとは、コミュニケーションネットワークをインターネット上で築くことを目的としたサイトをいい、現在日本でメジャーなものの一例としては、Facebook、Twitter、Instagramなどが挙げられます。

多くのSNSでは、以下の機能が備わっています。

・自分のプロフィールや写真を会員に公開する
・会員同士でメッセージの送受信ができる
・会員を友人登録し管理する
・友人を紹介する
・会員や友人のみに公開範囲を制限できる、日記などの文字情報スペース
・趣味や地域などテーマを決めて掲示板などで交流できるコミュニティ

多くは無料でサービスが提供され、広告などから収益を得ることで運営されています。

	全年代(n=1,500)	10代(n=141)	20代(n=215)	30代(n=247)	40代(n=324)	50代(n=297)	60代(n=276)	70代(n=290)
LINE	92.5%	92.2%	98.1%	96.0%	96.6%	90.2%	82.6%	60.0%
Twitter	46.2%	67.4%	78.6%	57.9%	44.8%	34.3%	14.1%	5.9%
Facebook	32.6%	13.5%	35.3%	45.7%	41.4%	31.0%	19.9%	8.3%
Instagram	48.5%	72.3%	78.6%	57.1%	50.3%	38.7%	13.4%	5.2%
mixi	2.1%	1.4%	3.3%	3.6%	1.9%	2.4%	0.4%	0.0%
GREE	0.8%	0.7%	1.9%	1.6%	0.6%	0.3%	0.0%	0.0%
Mobage	2.7%	4.3%	5.1%	2.8%	3.7%	0.7%	0.7%	0.7%
Snapchat	2.2%	4.3%	5.1%	1.6%	1.9%	1.7%	0.4%	0.0%
TikTok	25.1%	62.4%	46.5%	23.5%	18.8%	15.2%	8.7%	3.8%
YouTube	87.9%	97.2%	97.7%	96.8%	93.2%	82.5%	67.0%	33.8%
ニコニコ動画	15.3%	19.1%	28.8%	19.0%	12.7%	10.4%	7.6%	4.8%

1-09　令和３年主なソーシャルメディア系サービス / アプリ等の利用率（全年代・年代別）

SNSは多くのインターネットユーザーから支持を得ており、今後も使用者数は増加していくと思われます。SNSの特徴は、特定の集団内で個別にコミュニケーションを取れる点にあります。この点について以前は‘仲間だけという閉鎖的な空間が安心感や一体感を生むので人気なのだ’と解説されているケースがよく見受けられたのですが、現在は当てはまらないでしょう。最近のSNSには特定の仲間にとどまらない大きなネットワークに成長しているコミュニティもたくさんありますし、また自分の写真などの個人情報を開示している多くのユーザーにとっては閉鎖性に魅力を感じているわけでもないでしょう。SNSが支持されている点は、‘人間を検索できること’にあります。年齢、性別、職業、趣味といった様々な人間の属性をもとに、求める人間をダイレクトに検索し、場合によっては知り合いになることや、また知り合いにまではならなくとも、その人の動向を細かく追っていくことができます。これは実社会では非常に難しいことですが、SNSでは容易に行うこ

とができます。この人間を検索する、という点に着目すると、インターネットマーケティングでSNSをより上手に使いこなすことができるようになります。

＊ Twitterについて　Column

Twitterを SNSと捉えるかについては意見が割れています。一見、SNSのようにも見えますが、Twitterの幹部は『SNSではなく、情報ツールである』と明確に述べています。

Twitterの最大の特徴は、検索の容易性にあります。1つのコメントの文字数制限がありますが全文を見ながら検索できるため、自分にとって興味のある情報を探しやすい形式になっています（たとえばGoogleで検索する場合であれば、サイトの題名をクリックして、サイトに移動しないと、そのサイトの全容を確認することはできません）。

特定のテーマに絞り込んだ情報を、フレッシュな状態で、コンパクトに、そしてスピーディーに拡散させることが、このツールの特徴です。災害などの際に特に威力を発揮しやすい理由はこの点にあります。

＊ Instagramについて　Column

Instagramは画像をメインに扱うSNSです。サービスの黎明期には、「画像だけだと伝えられる情報の質や内容に限界があって不便なのでは？」という批評が目立っていましたが、むしろ画像に特化することで成功しています。

文字や動画、または漫画などの複数の画像を視聴するのではなく、数枚の画像のみを閲覧できることに、手軽さと楽しさを感じさせています。インターネットユーザーはSNSの利用頻度が上がっていく中で、機能が大掛かりになっていく各種SNSサービスに対して疲弊しだしている面もあり、TwitterやInstagramのように機能をあえて絞り込んでいるものに魅力を感じているともいえます。

1-4-4　様々なサイト④　ブログ

インターネット上に日々更新される日記的な記録をブログと呼んでいます。国内のメジャーなものでは、アメーバブログなどが挙げられます。

ブログは2000年代初頭から日本のインターネット文化の中心として親しまれて

おり、世界に存在するブログに占める日本語率は世界シェアトップともいわれています。世界で日本ほど、ブログが好きな国はないといっても過言ではないのです。

ブログの特徴は、閲覧する側のユーザーを登録などによって制限することなく、原則としてすべてのユーザーがインターネット上で閲覧できる点にあります（一部で、閲覧者を制限する機能はありますが）。この点がSNSとの大きな違いです。

ブログを書いている人をブロガーと呼びますが、今のブロガーには、インターネット上で多くのユーザーに閲覧してもらうことに意義や動機を（場合によっては、広告やコメントの内容に応じて報酬を得ているブロガーもいる）を有しているタイプの人もいる一方で、他のユーザーに閲覧されていることにそれほどの意味合いを感じていないタイプの人もいます。‘他人に見てもらいたいから書いている’とは限らず、むしろオンライン上の純粋な日記と捉えて‘書きたいから書いている’といったブロガーは、実は相当数存在していると思われます。

これはインターネットマーケティング上、大事なポイントです。なぜなら、ブログ上で記載されている内容は本音である可能性が高いということになるからです。

一部の影響力のある有名ブロガーの記述を追いかけることも重要ですが、これらのブロガーは企業から謝礼を受け取って記事を記載している場合があります。それに対して一般のブロガーは、基本的には自分の感じることを正直に書いているケースが多いので、自社の商品やサービスに関するブログのコメントを集計することで、真のユーザーの声を効率よく収集することができます。

1-4-5　様々なサイト⑤　CGM

CGM（Consumer Generated Media/ 消費者生成メディア）は、ユーザー（消費者）自身が形成していく、商品やサービスに関する情報メディアを指します。具体的には、口コミサイト、ナレッジコミュニティ※、SNS、動画共有サービス、ブログポータル、BBSポータル※、COI（Community Of Interest）サイトなどが含まれます。

厳密にはメディアを意味する言葉ですが、サイトの分類で用いられることも多い

ナレッジコミュニティ
不特定多数の人同士が、お互いに疑問や質問を行い、回答や答えを提供し合うサービス。Yahoo! 知恵袋などが有名。

(電子) 掲示板：BBS/Bulletin Board System
インターネット上で、誰でも自由に書き込みを行うことのできるサービス。

ので、取り上げています。

かつての消費者は、文字どおり企業から提供される商品やサービスを金銭で消費するだけの存在でした。しかし、市場が成熟し、インターネットという情報発信ツールが整備されるにつれて、消費者（ユーザー）は、目の肥えた情報発信者へと成長しています。

現在のインターネットマーケティングでは、各種のCGMにおける自社の商品やサービスに関する情報をコントロールしたりリサーチしたりすることが、大変重要な対策の1つになっています。

1-4-6 様々なサイト⑥ コーポレートサイト

コーポレートサイトとは、企業の公式サイト、いわゆる企業ホームページのことをいいます。会社概要、プレスリリース、製品情報に加え、上場企業の場合はIR情報などが掲載されているのが通常です。

以前のコーポレートサイトといえば、企業の紹介や企業から顧客への連絡事項が主な掲載内容でした。

しかし現在のコーポレートサイトは、様々な利害関係人（顧客、周辺住民、投資家、採用希望者、ビジネスパートナー etc.）とのコミュニケーションを行う場へと、徐々に変化しています。会社側とユーザー側で、コーポレートサイトを通じて意見や情報のやり取りを行うようにもなっています。

企業にとってコミュニケーションの場とは、一方で情報収集の場でもあります。自社を取り巻く社会や人々が自社に対して何を求め、何を拒んでいるのかをリアルタイムで把握することにも役立ちます。

1-4-7 様々なサイト⑦ eマーケットプレイス

eマーケットプレイスとは、インターネット上に設けられた企業間取引所、すなわち、サイトを通じて売り手と買い手を結び付ける電子市場のことをいいます。従来の企業間ECが1対複数の企業間で行われる電子商取引であったのに対し、eマーケットプレイスは、複数対複数で行われる企業間電子商取引の場です。複数の買い手と複数の売り手が一堂に会して電子商取引を行うことにより、卸業者などの中間経費を省き、より低価格での購買を可能にします。

eマーケットプレイスには、次の4つの取引方法があります。

(1) エクスチェンジ

複数の売り手の希望販売価格と、複数の買い手の希望購入価格とのマッチングを行い、条件が合致した場合に取引が成立する形態。

(2) オークション

売り手が提示する商品に関して、複数の買い手が購入希望価格を入札し、最高値をつけた買い手が落札し、取引が成立する形態。

(3) 逆オークション

買い手が購入希望を提示し、売り手が販売価格を入札していき、買い手の条件に折り合った売り手と買い手との間で取引が成立する形態。

(4) カタログ

複数の売り手から集められたカタログの中から、買い手が購入希望商品を検索し、発注する形態。カタログに掲載されている固定価格で取引される。

1-4-8　様々なサイト⑧　ポータルサイト

ポータルサイトとは、インターネットの入り口となる巨大なサイトのことをいいます。ポータルサイトには、検索エンジン、リンク集、ニュースや株価などの情報提供サービス、ブラウザから利用できるWebメールサービス、電子掲示板、チャットなど、ユーザーがインターネットで必要とする様々な機能が備わっています。その機能の多くは無料で提供され、広告や電子商取引仲介サービスなどで収入を得ています。日本の代表的なポータルサイトには、Yahoo! JAPAN、Excite、Infoseek、gooなどの検索エンジン系のサイトや、Microsoft社などのWebブラウザメーカー系のサイト、AOLやリクルート、Walt Disneyなどのコンテンツプロバイダ系のサイト、So-netやBIGLOBE、@niftyなどのネットワークプロバイダ系のサイトなどがあります。

1-4-9 様々なサイト⑨ コミュニケーションツール

ここではLINEなどのコミュニケーションツールについて扱います。これらはアプリケーションの形式をとっている場合が多いのですが、多くの場合パソコン版もあることから、本書では、ここ1章でも扱います。

コミュニケーションツールとは、ユーザー間のリアルタイムでのコミュニケーションに重点をおいたツールで、多くの場合、チャット機能と通話機能からなります。この中で通話機能は、いわゆるインターネット電話と呼ばれるものです。

インターネット電話とは、インターネット上の仲介サーバに互いの状態を登録しておいて、その後はIPコントローラーのレベルだけで音声データをやり取りする仕組みです。通常の電話はIPコントローラーだけではなく、アクセスコントローラのレベルで通話を制御しており、インターネット電話の方がレイヤーが低いといえます。その結果インターネット電話では優先制御が効かず、比較的、呼び出しを取り逃しやすかったり、音声が途切れやすかったりします。しかしその代わり、インターネット電話は非常に安価に通話ができ、多くのコミュニケーションツールでは通話が無料なのです。

コミュニケーションツールはプライベートだけではなく、業務においても使用されることが増加してきており、業務用としてはSlackなどのサービスが代表的です。

プライベート用であれ業務用であれ、これらのツールの特徴は、安価であることと、手軽であることにつきます。値段はもちろん大事なのですが、特に手軽さが重要です。手軽さの具体的な内容としては、

1. 通常の会話のような短いセンテンスであっても違和感がなく、場合によってはスタンプだけで意味が通じること。
2. スマートフォンなどのデバイスから、直接写真や動画を引き出して送信できること。
3. メールのようにCCやBCCの機能がなく、これがかえって気楽で便利であること。
4. 新たな登録が簡易なこと。

などが挙げられます。

コミュニケーションツールでは膨大なネットワークが短期間で構築されるので、

インターネットマーケティングを行う際には、ぜひ効果的に活用したいツールです。

この項目のPOINT

- ECサイトには、ショッピングモール型ECサイト、直営型ECサイト、ASP型ECサイトの3タイプがある。
- GoogleとYahoo! JAPANは、2010年にGoogleの検索エンジンで統一しているが、補助キーワードの選定ロジックは異なっている。
- SNSが支持されている点は‘人間を検索できること’にある。
- Twitterの最大の特徴は、1つのコメントの文字数を制限することで、ユーザーが興味のある情報を検索しやすくしてある点にある。

1-5 サイト理論（2）　サイトの構造

多くのサイトは多層的な構造となっています。サイトの制作や運営の場面では、これらの階層によって関わる人々が異なってくるケースが良く見られます。ここでは、このようなサイトの構造について見ていきます。

1-5-1　サイトの制作者側から捉えたときの、構造的な分類

サイトを制作する側から構造を分類すると、その制作工程に対応する形で右図のようになります。

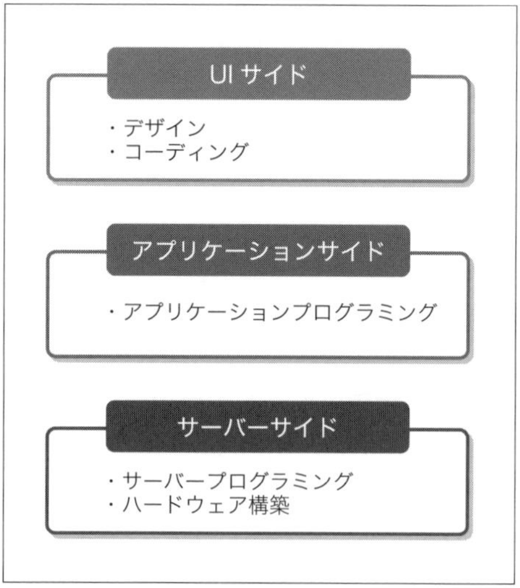

UIサイド
・デザイン
・コーディング

アプリケーションサイド
・アプリケーションプログラミング

サーバーサイド
・サーバープログラミング
・ハードウェア構築

1-10　Webサイト制作工程から見たサイト構造

UI（ユーザーインターフェイス/User-Interface）サイド

コンピューターシステムと人間（ユーザー）との間で、情報のやり取り（人間がコンピューターに何らかの指示を出し、それに対してコンピューターが回答を提示するなど）を行うための方法、操作、表示の仕組みを総称したものです。

サイトの場合には、パソコンや携帯電話、スマートフォン、タブレットなどのデバイスの画面自体と、画面にテキスト（文字）や画像を表示させるための処理が、主に該当します。ユーザーインターフェイスは、さらに、キーボードからの文字入力（コマンドライン入力）によって操作を行う方式のキャラクターユーザーインターフェイス（CUI）と、アイコンや画像をマウスなどのポインティングデバイスによって操作を行う方式のグラフィカルユーザーインターフェイス（GUI）に分類される場合もあります。

UIサイドは、パソコン、携帯電話、スマートフォン、タブレットなどの、画面

を制作する‘画面デザイン’の部分と、画面にテキスト（文字）や画像を表示させるためのプログラミング処理である‘画面処理’の部分から構成されます。‘画面デザイン’の部分を‘デザイン’、‘画面処理’の部分を‘コーディング’と呼ぶこともあります。

‘デザイン’部分の制作で用いられるソフトウェアは、主にグラフィック系のソフトウェアで、代表的なものとしては、Illustrator（イラストレーター）、Photoshop（フォトショップ）などがあります。

‘コーディング’部分では、画面処理用のプログラム言語が使用されます。主なものに、HTML、CSS などのマークアップ言語、JavaScript などのスクリプト言語などがあります。

アプリケーションサイド

サイト上での様々なデータ処理機能を実践するためのソフトウェアのことです。具体的には、EC サイトでの決済機能や、FX 会社や証券会社のオンラインサービスで株式や通貨の売買ができるトレーディングシステムなどがあります。これらのような、特別な機能を行うためのソフトウェアに該当する部分を指します。

ここで用いる主なプログラム言語としては、C、PHP、Java などがあります。

サーバーサイド

前述のアプリケーションサイドで使用するデータを、保存・管理するための部分です。この部分はさらに、サーバーをコントロールするためのプログラム言語を扱うソフトウェア的な部分と、各種サーバーの組み合わせ方法や使用するインターネット回線の種類の検討といったハードウェア的な部分の、2つに分類されることもあります。サーバーをコントロールするためのシステムやソフトウェアとしては主なものとして、MySQL、Apache などがあります。

1-5-2　サイトの利用者（ユーザー）側から捉えたときの構造的な分類

ユーザーが見る画面をフロントエンド、一方で、サイトの管理者しか見ない画面(管理画面など）をバックエンドと呼ぶことがあります。もっぱら表示される画面の内容だけに注目した分類といえます。

ただし、前述のUIサイドとアプリケーションサイドを合わせて‘フロントエンド’、サーバーサイドを‘バックエンド’と呼ぶ場合もあります。この場合では、同じ用語でもまったく異なる事柄を指しているので、注意が必要です。

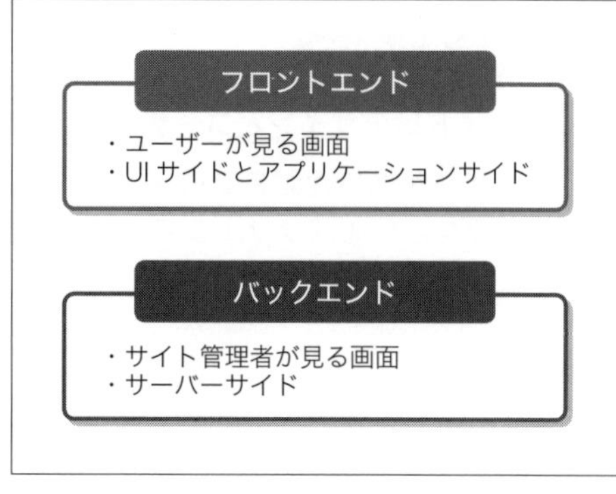

1-11　フロント・バック視点によるサイト構造

インターネットの世界はまだ一般化してから日が浅く、また世界中で同時並行で進歩し続けているので、用語が統一されていないケースがよく見受けられます。用語を統一して標準化していこうという動きもあるのですが、早期の実現は困難と思われます。多様な用語が存在しているのもインターネットの世界の特徴と捉え、特定の用語に捉われることなく、柔軟に対応していくことが重要です。

＊ライブ配信サービス

Column

YouTubeをはじめとする多くの動画サービスは、収録されたものを編集して配信することを基本としています（YouTubeにもライブ機能はありますが）。その一方で、ライブ配信そのものを基本としているサービスもあります。日本で有名なものとしてはツイキャスなどがあります。

ライブ配信サービスは編集ができない一発勝負であるため、当初はコンテンツの精度が高いもの、いわゆるプロが作ったコンテンツではないと流行しないと考えられていました。しかしながら、予想に外れ今では、プロミュージシャンのライブ配信などのプロフェッショナルなコンテンツのみならず、普通の人たちが作ったコンテンツも人気となっています。普通の人たちの生の言動を見て、そしてリアルタイムで交流しながら楽しむという、一種のコミュニケーション活動ツールとして人気が出てきているのです。

こういったサービスのポイントは、コミュニケーションそのもののエンターテインメント化にあります。コミュニケーション自体をコンテンツ化しているので、スポンサー企業の商品やサービスの紹介をより自然に行え、消費者への訴求力が高くなるケースも多くみられるので、企業も注目してきているのです。

この項目の POINT

- UI サイドはデザインとコーディングに分かれる。
- ユーザーが見る画面をフロントエンド、サイトの管理者しか見ない画面（管理画面など）をバックエンドと呼ぶことがある。

第 1 章の関連用語

Web ブラウザ

インターネット上で Web サイトを閲覧するためのソフトウェア。主なものに「Microsoft Edge」（Internet Explorer/IE は 2021 年でサービス終了、サポートも 22 年 6 月以降、順次終了しています）「Safari」「Google Chrome」「Firefox」などがある。

プラグイン（アドイン、プラグイン）

ソフトウェアに機能を追加するプログラムのこと。

アドウェア

ユーザーの画面に広告を表示することで、無料で利用できるソフトウェア。

アバター

コミュニティ系のサイトやゲーム上で、自分の分身として表示させるキャラクター。

モバイルフレンドリー

モバイル端末で閲覧するサイトが、ユーザーにとって使いやすいことを示す概念。

ユーザー体験（UX/User Experience）

商品やサービスを利用して通じて得られる体験の総称。

スマートフォンやタブレットなどの各種デバイスの普及や、インターネットユーザーの行動の変化に伴い、ユーザー体験を加味しながらインターネットマーケティングを進めるのが重要だといえる。

第2章

インターネット技術概論

インターネットマーケティングでは、各種のプロモーション対策を行ったり、サイト制作や運営のためにプログラマーと打ち合わせを行う際などにおいて、インターネットの技術的側面を理解していることを求められるケースが数多く登場します。マーケティングを行う企画サイドは、プログラミングを行う開発サイドと常にコミュニケーションを取ることで、有意義な解決方法に辿りつけるケースが多数存在します。

また、現在のインターネットマーケティングでは、各種の手法が日々進歩し複雑化しています。技術的な理解がないと有効性や害悪性を正しく判断することができないケースも増えてきています。

この章では、インターネットマーケティングを有効に実践するために必要な技術面の基礎を学びます。

ただし、開発者向けの専門的な知識までは言及しておらず、あくまでもマーケティングを行う上で必要な知識のみを取り扱っています。

＊技術的な側面が苦手という方は、この章を読むのを後回しにして頂いても大丈夫な構成になっています。

2-1 インターネット技術知識の必要性

インターネットの基本的な構造、プログラムの制作過程、基本的な技術用語の意味、各プログラミング言語の特徴といった事柄は、最低限理解しておくことが必要です。

2-1-1　インターネットマーケティングを行う上で必要となる技術的知識

インターネットマーケティングで必要になる技術的知識は、大きく分けて以下の4分野に分かれます。

① ネットワーク構成に関する事柄
② ユーザーインターフェイスの構造に関する事柄
③ プログラミングに関する事柄
④ 情報セキュリティに関する事柄

(1) ネットワーク構成について

いわゆるハードウェアに関する分野、具体的にはサーバー、回線、通信技術などについての知識で、インターネットの基本的な成り立ちについての知識となります。

サイトの構築や改修、ログ解析ツールの導入および分析などに関して、自社のシステム部門や外注先のシステム会社などと協議する際に必要となってきます。

(2) ユーザーインターフェイスの構造について

インターネットにおけるユーザーインターフェイスとは、ユーザーと端末の境界、つまりサイトのデザイン的な部分の構造を示すことが一般的です。

ユーザーインターフェイスの構造に関する技術的な知識は、主に検索エンジン対策（SEO※対策など）で重要となります。

SEO
Search Engine Optimizationの頭文字をとったもので、直訳すると「検索エンジン最適化」となる。検索エンジンのランキングに関するアルゴリズムを想定して、当該サイトが上位表示されるように最適化すること。

検索エンジン対策とは、Yahoo! JAPANやGoogleなどで検索した場合に、自社のサイトを上位表示させるための施策を示し、インターネットマーケティングにおいてはまさに要となる必須の対策です（検索エンジン対策については第5章で詳しく述べます）。

この検索エンジン対策においては、サイトの構造を理解しているかどうかが極めて重要となります。それは、検索エンジン対策ではプログラミング上の作業が全体の作業の中で大きな割合を占めているからです。検索エンジン対策を自社のシステム部門などで行うにしても、また外注企業に依頼するにしても、これら技術的側面に関する知識がなければ、正しい対策が、適正な費用対効果で行われているかどうかについて、判断することが困難になるおそれがあります。

また、検索エンジン対策を請け負うコンサルティング系企業は非常に多く、中には、'費用ばかり高額で効果が伴わない'といった苦情も多く発生しているといわれています。もちろん、優秀で費用対効果の高い企業も多く存在するので、技術面の理解を深めることで、これらのコンサルティング系企業の実力を見抜く力を身に付け、有意義なビジネスを行うことができます。

(3) プログラミングについて

インターネットマーケティングでは、アプリケーションなどのプログラミングに関する知識が直接必要とされる場面はそれほど多くはありませんが、間接的に必要になる場面はいくつか存在します。

たとえば、インターネットマーケティングの結果に基づいて、サイトを制作、変更する場合です。'ユーザーがより滞留しやすいようなページ構成に変更したい'、'ユーザーの購買意欲を向上させる機能をサイトに実装したい'などと考えた場合に、それらを実行することが現状で可能なのか、また可能であったとして、どれぐらいのプログラミング作業が必要なのかについて、自社の制作部門や外注の制作会社と議論や相談を行うようなときです。プログラミングに関する知識が不足していると、制作部門や制作会社と有効な議論や相談が困難になるケースが多々あります。

(4) 情報セキュリティについて

近時のインターネット上のサービスでは、情報セキュリティ対策が必須の要件になってきています。サイトへのクラッキングなどにより、クレジットカード情報などのユーザーの個人情報が漏えいする事件は後を絶ちません。そして、それとともにユーザーのセキュリティに対する意識の向上、'セキュリティ対策を行わない、または不足している企業に対する批判'が高まってきています。セキュリティ対策は、インターネット上でサービス提供を行う企業であれば当然行わなければならない社会的責任であるという価値観が広がってきているのです。

このような風潮の中で、逆にセキュリティ対策が充実していることは、ユーザーに大きく支持される要因にもなり得ます。しかし一方で、セキュリティ対策を重要視するあまり、ユーザーに過度な手間をかけさせるようなサイトは敬遠されてしまうリスクもあります。

どのようなレベルのセキュリティ対策が必要で、どのような実施方法が適切なのかといった問題は、インターネットマーケティングにおいても無視できない、重要な要素なのです。

この項目のPOINT

- **インターネットマーケティングを有効に実践するには、技術面における最低限の基本的知識を身に付けることが重要**
- **①ネットワーク関連、②ユーザーインターフェイス関連、③プログラミング関連、④情報セキュリティ関連、の4分野に分類して理解することが重要**

2-2 インターネットの構造

ここでは、インターネットの基本的構造、通信の仕組み、サイトの種類、クラウドコンピューティングなどについて学びます。

2-2-1　歴史

そもそもインターネットとは、全世界のネットワークを相互につないだ巨大なコンピューターネットワークそのものを指します。ネットワーク上でつながった無数のコンピューター同士が、データをやり取りすることで成り立っています。

当初、インターネットは軍事利用を目的として開発されました。戦争でネットワークのどのポイントが寸断されても、他のルートを経由することで通信を継続できるような、代替性の高い通信ネットワークの仕組みを考えている際に、'ネットワーク自体を蜘蛛の巣状に縦横無尽に広げる'という発想に行き着き、インターネットが生まれました。

その後インターネットは、次第に大学などの学術機関でも利用されはじめ、大きなネットワークを形成し、現在では、商用利用から一般利用に至るまで爆発的に普及しています。

インターネットに接続するためには当初、専用の通信回線を引き、組織内にネットワーク機器を設置して24時間稼働させ続けなければならなかったため、接続環境を用意できる組織には限りがありました。しかし、インターネットサービスプロバイダというインターネットへの接続サービスを提供する事業者の登場により、手軽にインターネットを利用できるようになりました。

一般のパソコンユーザーにインターネットが浸透したのは、Windows95の発売以降です。Windows95には標準でインターネットに対応した通信機能が装備されていたため、家庭から電話回線経由でインターネットサービスプロバイダと接続し、インターネットを利用することが可能になりました。

また、1999年に登場したNTTドコモの「iモード」により、携帯電話でもインターネットを利用するスタイルが普及しました。

2-2-2　通信の仕組み

(1) Webサイト

インターネットは世界中に張り巡らされた蜘蛛の巣のような形状をしています。この蜘蛛の巣には、テキスト情報をお互いに連結させて相互にジャンプする機能が備わっています（ハイパーリンク）。膨大な数のテキスト情報がリンクされることにより、世界中に及ぶ巨大な情報群が形成されているのです。現在では、このハイパーリンクにより、文字、音楽、画像、映像など、様々なデータにアクセスすることが可能となっています。

このような、テキストのリンクを辿って次々と他のドキュメントを参照できる仕組みを「WWW（ワールド・ワイド・ウェブ）」といいます。この仕組みのおかげで、私たちはMicrosoft EdgeやGoogle Chrome、Safariといった「ブラウザ」を使って、Webサイトを次々と閲覧したり、ショッピングなどのサービスを利用したりすることができます。

ところで、ある企業のWebサイトを見たいと思った場合に、Yahoo! JAPANやGoogleといった「検索エンジン」で企業名を検索してリンクを辿り、目的のWebサイトを探すこともできますが、そのWebサイトのURL（アドレス）をブラウザのURL欄に直接入力することで表示させることもできます。URLとはインターネット上の住所のようなものです。

1つのWebサイトは、通常は複数のWebページから成り立っています。Webページのうち、サイトの中で最初に訪問すべき「入り口」となるページのことを「トップページ」または「ホームページ」と呼びます。「検索エンジン」で企業名を探してサイトに訪問する場合、通常はトップページにアクセスすることになります。

同じWebサイト内でも、各Webページにはそれぞれ別のURLが割り当てられています（サイト単位ではありません）。そのため、URLをブラウザに直接入力することにより、サイトのトップページを経由せずとも下層ページに直接アクセスすることが可能です。

URLの構成

http://www.example.co.jp/blog/201103.html

http	スキーム名（①）
www.example.co.jp	ホスト名（②）
/blog/201103.html	パス名（③）

2-01 URLを構成する要素

①スキーム名「http」は、暗号化されていない普通のWWW用通信を行うことを示します。暗号化された通信（SSL）の場合は「https」になります。

②ホスト名は、通信先の「Webサーバー」を示す名前です。近年ではWebサイトごとに個別のホスト名を持つことが多くなっています。しかしながら、同一のホスト内に複数のサイトを構築する場合もあり、その場合はパス名によりサイトを区別します。

③パス名は、Webサーバー内にある各Webページを区別する名前です。サーバーに置かれているファイル名を示す場合もあれば、サーバーで動作するプログラムを指定している場合もあります。

ドメイン

「ホスト名」と似た概念に、「ドメイン名」というものがあります。「ドメイン名」とは、インターネット上に存在するコンピューターやネットワークを識別するために付けられた、わかりやすい名称のようなものです。

例に挙げた「www.example.co.jp」というホスト名はドメイン名でもあります。ドメイン名はドット（.）で区切られた部分ごとに分けられ、区切られた一番右側の「jp」を「トップレベルドメイン」と呼び（jpは、日本国という国を表します)、以下、右から左へ順に「第2レベルドメイン」(coの部分。会社というドメインの種類を表します)、「第3レベルドメイン」(example の部分。これは各自の意思で決定し、先着順で決定します）……と呼びます。

これらは階層構造になっており、トップレベルドメイン、たとえばjp、uk（イギリス)、biz（ビジネス）などの下に、第2レベルドメインcoやneなどが属し、その下に第3レベルドメインexampleやyahoo、googleなどが属し、example

やyahoo、googleの下にwwwが属すという管理体系になっています。

ドメイン名は世界的な組織「ICANN（アイキャン）：Internet Corporation for Assigned Names and Numbers」によって管理されており、絶対に重複しないようになっています。ドメイン名を取得するためには、登録代行業者を経由して登録する必要があります。

(2) IPアドレス

IPアドレスとは、インターネットに接続されているコンピューター1台1台を識別するために割り当てられた番号をいいます。IPというプロトコル※で使用されるもので、ネットワーク上の機器を識別するための座席番号となります。

IPアドレスには、従来から使われている「IPv4」と、新しい規格である「IPv6」があります。ここでは「IPv4」について説明します。

IPv4アドレスはドットで区切られた、0～255の番号が4つ並んだものです。

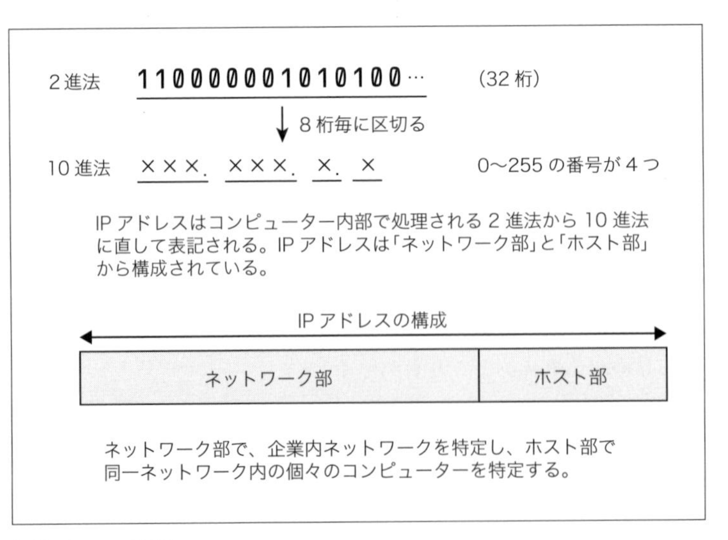

2-02 IPv4の仕組み

このように長い数字の羅列であるIPアドレスを、私たち人間が通信を行う度に入力するのは現実的ではないので、ネット上の住所にあたるドメイン名が使われています。数字の羅列であったIPアドレスではなく、企業やサービスの名称を含んだドメイン名を使用すれば、インターネット利用者にとっては便利なものとなります。

ユーザーレベルでこのようにドメイン名を使っていても、個々のコンピューターはIPアドレスを使用して特定しているので、IPアドレスとドメイン名を変換する必要がでてきます。その役割を果たしているのが、DNS※サーバーと呼ばれるものです。DNSサーバーとは、ドメイン名を基にホストのIPアドレスを教えてくれる役割を果たすものです。

たとえば、企業のWebサイトにアクセスしようとWebブラウザを立ち上げ、URLを入力したとします。コンピューターは、アクセス先のIPアドレスを教えてもらわないとアクセスできないので、DNSサーバーに、このURLに含まれるホスト名のIPアドレスは何番なのかを尋ねます。すると、DNSサーバーは、ホスト名を基にDNSに登録された情報を検索し、IPアドレスを調べて返します。そして、このIPアドレスを基にコンピューターはアクセス先のWebサーバーと通信し、その結果、当該企業のWebサイトを表示できるようになります。このように、DNSサーバーが手助けしてくれるので、各コンピューターから様々なWebサイトにアクセスすることができるのです。

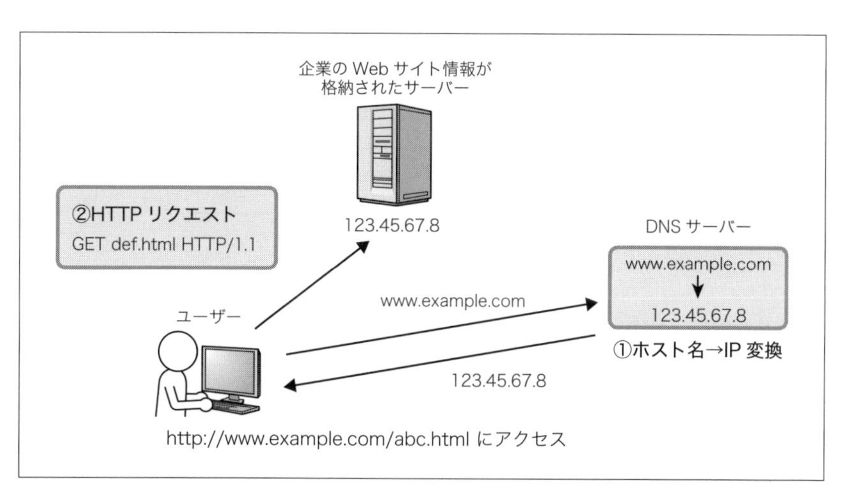

2-03 DNSの役割

プロトコル
ネットワークを介してコンピューター同士が行う通信の取り決めのこと。

DNS：Domain Name System
インターネット上のコンピューターの名前であるドメイン名を、IPアドレスというパソコンの住所に変換して、別のマシンに提供するコンピューターのこと。

IPアドレスは、インターネットサービスプロバイダ※から与えられますが、常に同一のIPアドレスが与えられるサービス（固定IP）と、与えられるIPアドレスが一定ではないサービス（動的IP）の2種類があります。家庭などで用いられるインターネット接続では、IPアドレスが固定されていないことが多くなっていますが、これは、IPアドレスの数に限りがあるので、接続する度にその時点で使われていないIPアドレスを割り当てて、IPアドレスを効率的に使用しているからです。

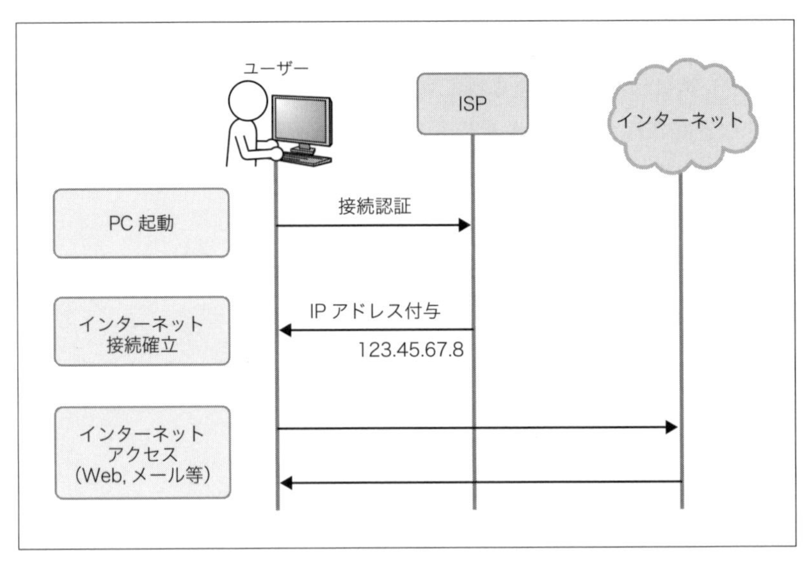

2-04　動的IP

一方で法人では、固定されたIPアドレスを用いていることが比較的多いといえます。IPアドレスを固定することで、サーバー構築が容易にできたり、店舗間をつなぐネットワークを容易に構築することができるからです。

特にドメイン名を使用する場合、ドメイン名とIPアドレスとの対応をDNSサーバーに登録しなければならないため、IPアドレスが変わるとドメイン名を使用した接続ができなくなってしまいます。ただし、ダイナミックDNSというサービスを利用すれば、IPアドレスを固定しなくてもサーバーを構築することは可能となります。しかし、固定IPによるDNSと比べて仕組みが複雑になり、その分障害の起こる確率も上がるので、ダイナミックDNSを提供する会社のサービスが安定的であることが重要な条件になってきます。したがって、安定したWebサービスを提供したい法人などは、IPアドレスを固定する契約を結ぶことが多いといえます。

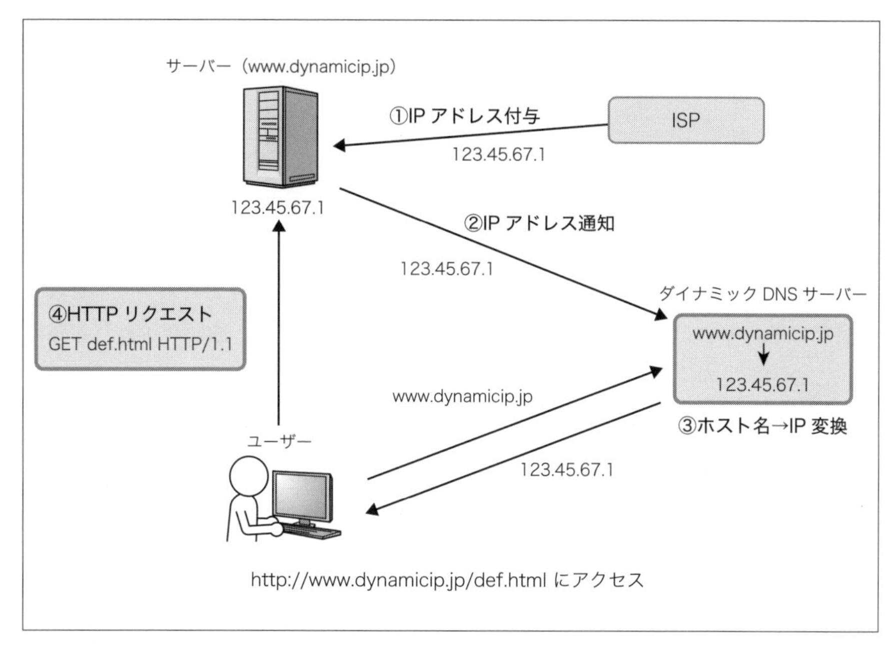

2-05 ダイナミックDNSの仕組み

(3) プロトコルとルーター

これまでに説明したように、インターネットにおける通信には様々な約束事があります。コンピューターという機械同士がネットワーク上でデータをやり取りするためには、これらの約束事を機械が理解できるルールとして定めておく必要があります。このルールのことをプロトコルといいます。

プロトコルには機能ごとに非常に多くの種類があります。多くのプロトコルを機能ごとに7つの階層に整理したものを「OSI※参照モデル」といいます。

インターネットサービスプロバイダ
家庭などのパソコンからのインターネット接続をサービスとして提供する企業。英語表記の頭文字をとってISPと呼ばれる。

OSI：Open Systems Interconnection
ネットワーク上の異なるコンピューターシステムで、データ通信を実現するためのネットワーク構造の設計方針を定めた規格のこと。開放型システム間相互接続。

OSI 参照モデル	主なプロトコル
アプリケーション層	HTTP, SMTP, POP, FTP など
プレゼンテーション層	
セッション層	
トランスポート層	TCP, UDP
ネットワーク層	IP, ICMP
データリンク層	Ethernet, PPP, ARP
物理層	(ケーブル , 無線アダプタ , モデムなど)

2-06　OSI 参照モデル

ユーザーがインターネットを利用する際に、ブラウザなどのソフトウェアを通して実際に触れるのは一番上のアプリケーション層になります。通信が行われる際には、この層を上から下に降りる形でプロトコル間をデータが伝わっていき、物理層を通して通信相手のコンピューターにデータが伝達されます。データを受け取った通信相手のコンピューターは、層を下から上にのぼる形でプロトコル間にデータを伝えていき、最終的にアプリケーション層にあるサーバーソフトウェアに届きます。

表2-06にもあるように、インターネットで利用されるプロトコルはアプリケーション層からセッション層までをカバーしているため、これらをまとめてアプリケーション層と呼ぶこともあります。

実際のインターネット通信では、通信相手のコンピューターに伝わるまでに、いくつかの通信機器を経由することがほとんどです。この経由する機器がルーターです。ルーターとは、ネットワークのルーティング（道案内）を行う機器のことで、2つ以上の異なるネットワーク間を相互接続するためのものです。具体的には、複数のパソコンやサーバーのつながったネットワーク、たとえばインターネットやイントラネット同士をつなぎ、通信を成り立たせる役割を果たしています。

ルーターは上で述べたプロトコルのうち、ネットワーク層より下のプロトコルを扱います。中でもネットワーク層の「IP プロトコル」を処理することに特化しています。

ルーターは、まずネットワークから IP パケットを受け取ると、パケットを解析し、宛先となっているルーターにパケットデータを転送します。ルーターは、ルーティングの機能を提供する専用の機器であるという点に特徴があります。また、ルーターは、受け取った IP パケットに応じて優先的に転送したり、フィルタによって転送せずに破棄するなど、パケットの選別機能、フィルタ機能、経路情報の管理機能なども備えています。

ルーターが送受信するデータの単位をパケットと呼びます。パケットとはコンピューター通信において、送信先のアドレスなどの制御情報が付加されたデータの小さなまとまりのことをいいます。データを多数のパケットに分割して送受信するパケット通信によって、通信回線を効率良く利用することが可能となります。なぜなら、1つの通信に回線が占有されることを防ぎ、同時にいくつもの地点と通信を行うことができるからです。また、柔軟に経路選択が行えるため、一部に障害が出ても他の回線で代替できるというメリットもあります。

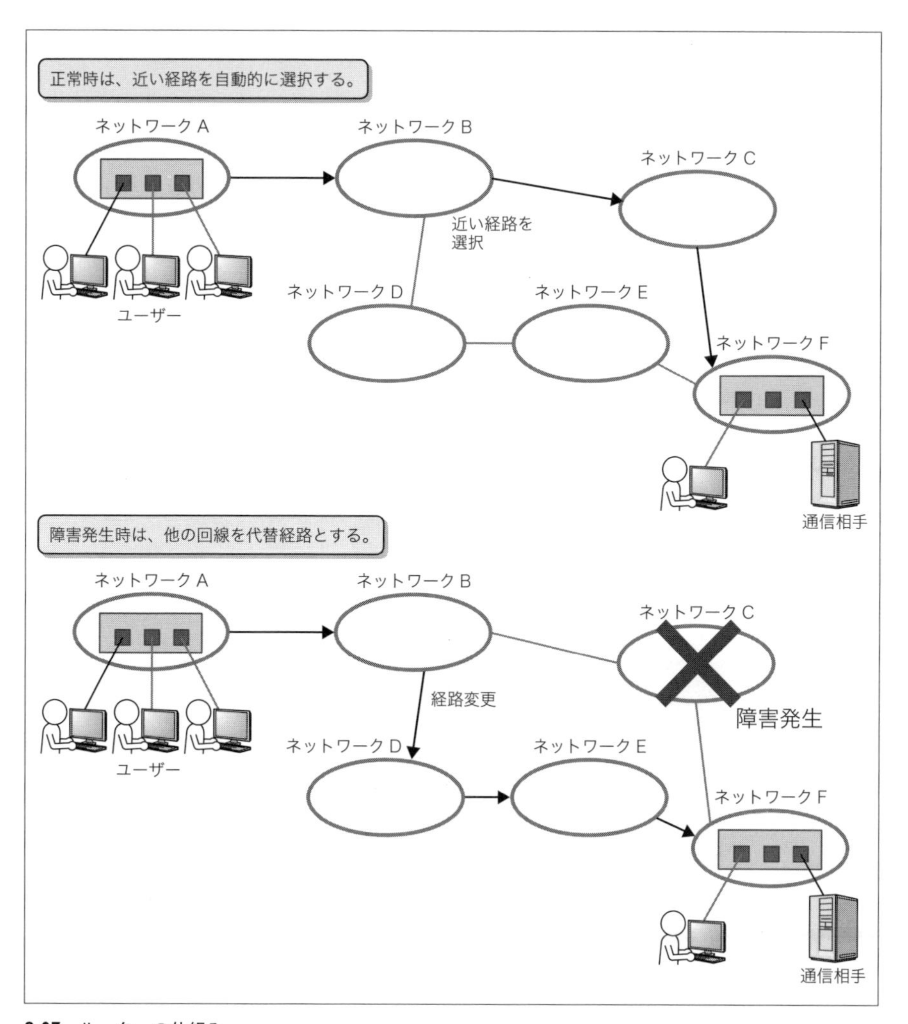

2-07 ルーターの仕組み

(4) OS (Operating System)

パソコンは、OSがあって初めてパソコンとして機能します。仮に、パソコンにOSもアプリケーションソフトもインストールされていなければ、それはただの箱と同じです。OSとはパソコンの基本的機能を動かすソフトウェアを指しており、キーボード入力や画面出力といった入出力機能や、ディスクやメモリの管理など、多くのアプリケーションソフトから共通して利用される基本的な機能を提供します。Microsoft社が提供するWindowsやApple社が提供するMac OSなどがOSとして知られており、これらのOSは一般ユーザーにとってなじみ深いものとなっています。

また、OSにはサーバー専用のOSも存在します。一般ユーザーが操作するクライアントパソコン（子）はサーバー（親）に接続しますが、多数のクライアントパソコンの接続要求に応えなければならないサーバーコンピューターは、サーバー用途に開発された専用のOSがインストールされていることが一般的で、このOSは、普段私たちが使用しているOSとは少し異なります。サーバーは不具合が生じるとそれだけで莫大な損失を生む可能性があり、サーバー用OSは何よりも安定性や堅牢さが求められます。サーバー用OSにもいくつか種類がありますが、導入コスト、管理者に求められるスキルの高さ、操作のしやすさなどを総合的に判断して導入するOSを決定することになります。

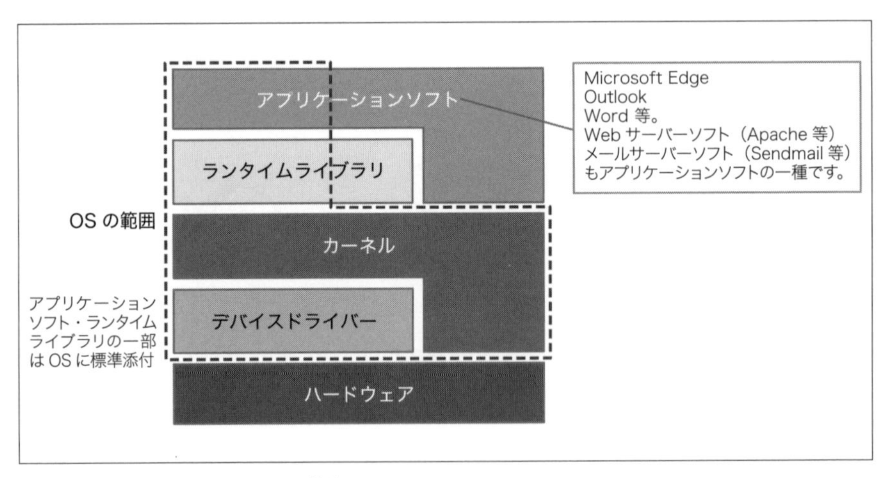

2-08　OSをベースとしたシステム構造

2-2-3 静的サイトと動的サイト

Webサイトの分類方法の1つに、静的サイトと動的サイトに区別する考え方があります。静的サイトとは、簡単にいうと訪問者がサイトを読み込んでも変化しないサイトのことをいいます。静的サイトはWebサーバー上にHTMLファイルをそのまま設置したものです。HTMLファイルとはここでは文字が書かれた1枚の紙としてイメージしてください。静的サイトでは紙を書き変えない限り、サイト訪問者に表示するページも変化しません。つまり､静的サイトでは､訪問者は紙(HTMLファイルなど）にアクセスしていることになります。

一方、動的サイトとは、訪問者にWebサーバー上で動作するプログラムにアクセスさせ、そのプログラムが訪問者に応じて表示する紙（HTMLファイルなど）の内容を変更して表示するサイトです。動的サイトでは、紙を表示する前に一度プログラムを介することで、訪問者ごとに異なる紙を表示することができます。動的サイトのプログラム（asp、php、jsp、cgiなど）は、ユーザーがフォームに入力した内容やデータベースから必要なデータを取得してページを作成するので、掲示板やショッピングサイトなどを制作する場合は動的サイトが適しているといえます。なぜなら、これらのサイトはページ内容の変更が激しく、その度にページの書き換えをするのが困難だからです。

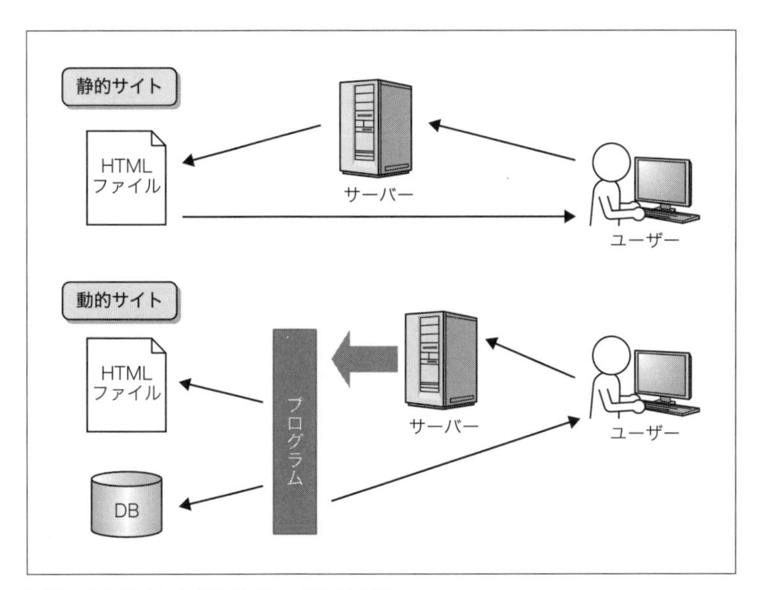

2-09 静的サイトと動的サイトの概念的な違い

　では、Webサイトを制作する場合、静的・動的どちらを選択すべきなのでしょうか。前述の例のように掲示板やショッピングサイトは動的サイトが適しています。それは、同じような形式のページで内容が少し違うだけの場合に、すべてのページをHTMLファイルで作っていると変更に手間がかかる上に、リアルタイムな変更には対応しきれないからです。もっとも動的サイトを制作する場合は、プログラムについての知識が必要なので、静的サイトを制作するよりも技術的なハードルは高くなります。また、動的サイトはプログラムを介する関係でサーバーの処理負荷が高く、重くてアクセスできないなどのトラブルが起こりやすくなります。そのため、トラブルなく運営するには、サーバーや通信回線に費用をかける必要があります。以前は、動的サイトは検索エンジンに認識されにくいことから、宣伝上不利であるといわれていましたが、検索エンジンの技術も改善され、検索エンジンの認識の点においては動的サイトと静的サイトの差異はほとんどなくなっています。

　一方、あまり更新頻度の高くない固定された文書や画像を表示するだけの場合は、静的サイトが適しています。静的サイトの特徴として、サーバー負荷が軽いため安価な設備で済む、プログラミングなどの高度な知識がなくても運営が可能といったことが挙げられます。ただし、大量のページを作成する場合には、1つ1つページを作る必要があるので、手間がかかる作業となります。

	メリット	デメリット
静的サイト	・プログラムに関する知識がなくてもWebページを作成できる。 ・一般的には動作が速いので、ユーザーが閲覧する際にストレスが少ない場合が多い。 ・安価なサーバーでも開設できる。	・Webページの内容が複雑な場合には、更新や追加に多くの時間がかかる場合がある。
動的サイト	・CMS（Content Management System）などのフォーマットを用意している場合、ページの更新作業が容易になる。 ・サイトに様々な機能を付加することが可能になる。	・検索エンジンのボットが、クローリング※するのに時間がかかる可能性がある＊1。 ・バックグラウンドのプログラム処理が複雑になると、場合によっては、ユーザーが閲覧する際の動作が重くなる。

＊1　URLに？＝＆を多用しない、sessionといった文字列を使用しない、といった措置で、ボットが動的ページと判断しなくなる現象も見られる場合がある。

2-10　静的サイトと動的サイトのメリット／デメリット

2-2-4　クラウドコンピューティング

(1) クラウドコンピューティングとは

従来のコンピューター利用は、ユーザーがコンピューターのハードウェア、ソフトウェア、データなどを自分自身で保有・管理していました。これに対し近年では、ネットワーク上に存在するサーバーがアプリケーション機能を備えたサービスを提供する場合が増えています。このようなインターネットをベースとしたコンピューターの利用形態をクラウドコンピューティングといいます。クラウドコンピューティングではユーザーはインターネットを通じてサービスを受け、無償のサービスがあるものの、一般的には利用期間や利用実績などに応じて料金を支払うことになります。

クラウドコンピューティングを利用することで、ユーザーはソフトウェアの購入やインストール、最新版への更新、作成したファイルのバックアップなどをする必要がなくなり、必要なときに必要なだけソフトウェアを利用することができるようになります。ユーザーとしては特別なハードウェアやソフトウェアを準備する必要はなく、用意すべきものは最低限の接続環境だけで足ります。したがって、面倒な準備の手間が省けるというメリットがあるとともに、ソフトウェアの購入費用を安く抑えることも可能となります。

他にも、クラウドコンピューティングを利用することで柔軟な対応が可能となる場合があります。たとえば、ある会社がECサイトを公開し運営していたときに、突然そのサイトの商品の人気に火がつきユーザーが殺到してきたとします。その場合、会社が自前でECサイトのサーバーを用意し運営していたとすると、用意してあったサーバーの台数では処理しきれない危険があります。サーバーの台数を増やして対処すればよいのですが、サーバーを購入する費用も必要になりますし、なによりすぐにサーバーを用意することはできません。その間にもアクセスが増え続けてサービス自体が止まってしまう可能性もあり、会社としてはせっかくのチャンスを潰してしまうことにもなりかねません。

このような場合、クラウドコンピューティングならばサーバーがインターネット上に用意されているため、すぐにサーバーを追加できるので、アクセスが集中してもサーバーが落ちないようにすることができます。

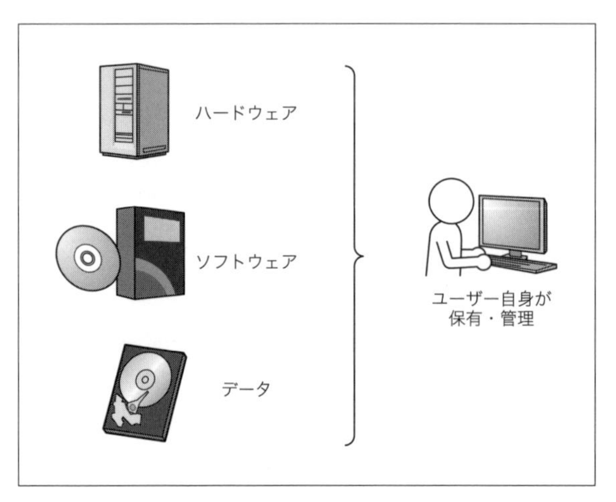

2-11　従来のコンピューター利用

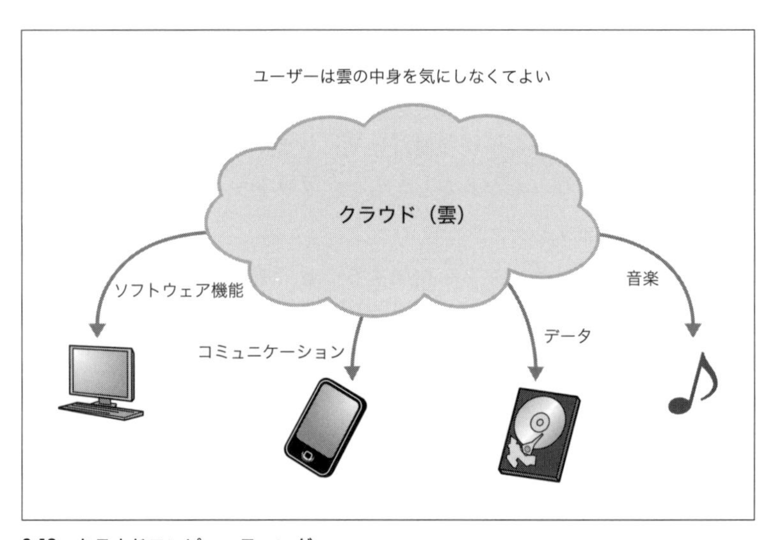

2-12　クラウドコンピューティング

(2) クラウドコンピューティングの種類

クラウドコンピューティングは、SaaS（サーズ）、PaaS（パーズ）、HaaS/IaaS（ハーズ）の3つの種類に分類できます。

SaaS（Software as a Service）はソフトウェアを提供するサービスで、メール機能サービス、情報管理機能サービスなどがあります。

PaaS（Platform as a Service）はソフトウェア実行用のプラットフォームを提供するサービスをいいます。ソフトウェア開発には通常のOSには備えられていない機能を必要とする場合が多く、開発環境を整えるのに苦労します。そこで、様々な開発環境に応じた基盤をネット上で提供するのがこのPaaSと呼ばれるサービスです。

HaaS/IaaS（Hardware as a Service/Infrastructure as a Service）はハードウェア、インフラを提供するサービスをいいます。

以上のように、HaaSの上にOSや開発環境に応じた基盤をインストールするとPaaSとなり、PaaSの上に電子メールやグループウェアなどのアプリケーションを構築するとSaaSとなります。

種類	メリット	デメリット
SaaS／PaaS	利用開始までの時間（導入までの時間）が短い。	カスタマイズが困難な場合がある。
	運用コストが比較的低い。	プログラムの処理フローがあらかじめ決まっているので、業務フローを合わせる（変更する）必要が生じる可能性がある。
	必要な機能のみを選択して利用できる(オンデマンド形式)。	システムトラブルが生じた場合、他システムへの移行に時間がかかる場合がある。
HaaS/IaaS	柔軟な開発が可能。	使用するに際して、自社で環境の設定やプログラム開発を行う必要性がある場合が多い。
	インフラに関する費用を削減できる。	ソフトウェアに関する管理は自社で行わなければならない場合が多い。

2-13 SaaS、PaaS、HaaS/IaaSのメリット／デメリット

この項目のPOINT

- **インターネットとは、サーバー間を結んだ縦横無尽に広がる蜘蛛の巣状の情報ネットワークのことをいう。**
- **IPアドレスとは、インターネットに接続されているコンピューター1台1台を識別するために割り当てられた番号で、座席番号のようなもの。**
- **一方でドメインとはインターネット上の住所のことをいう。IPアドレスとドメインは、DNSサーバーによって連携されている。**
- **OSとはパソコンの基本的機能を動かすソフトウェアで、Microsoft社が提供するWindowsやApple社が提供するMacOSなどが有名。**

2-3 検索エンジンの構造

インターネット上の情報に、私たちが見やすいよう、ラベルや順番のようなものを付けて整理整頓しているのが検索エンジンです。検索エンジンの構造について理解することは、インターネットマーケティングの本質を理解することにつながります。

2-3-1　検索エンジンとは

検索エンジンとは、インターネット上にある情報を検索するサービスをいいます。検索エンジンを使用することで、インターネット上に存在する無数の情報の中から、知りたい文書・画像・動画などの情報を探し出すことができます。たとえば、六本木の居酒屋に関する情報を知りたい場合、検索エンジンに、「六本木　居酒屋」とキーワードを入力すると六本木にある居酒屋の店名、場所、外観などの情報をインターネット上の情報の中から検索エンジンが取捨選択し、表示してくれます。

2-3-2　ディレクトリ型とロボット型

検索エンジンは、ディレクトリ型検索エンジンとロボット型検索エンジンの2種類に大別することができます。これら2つの違いを理解するために、まず、検索エンジンの仕組みを簡単に説明します。

検索エンジンは、あらかじめWWW上のあらゆる情報（Webページ）を収集・蓄積して、その情報に対して検索をかける、という過程を辿ります。ここでの収集のことをクローリング※といいます。そして、クローリングされた情報は検索エンジンの側で一度分類され（この分類のことをインデキシングといいます）、インデキシングされた情報によって検索キーワードにマッチしているかどうかが判断されます。

検索結果がユーザーに表示される場合、ユーザーが検索したキーワードに最も関

クローリング
ロボット型検索エンジンが、インターネットに公開されているWebサイトを巡回して、Webページ上の情報を保存や追加すること。

連しているサイトから順に表示されます。この順位付けは、検索エンジンごとに順位を決定する仕組みが異なり、その仕組みは公開されていません。もっとも、一般的にはキーワードの出現頻度、情報量、他サイトからどれだけリンクされているかなどで決定されることになります。

ディレクトリ型検索エンジンとロボット型検索エンジンの最も大きな違いは、情報の収集・分類を人間が手作業で行うか、コンピューターが自動的に行うかという点です。

	メリット	デメリット	収集分類方法
ディレクトリ型検索エンジン	収集する情報の質について、一定のレベルを維持できる	収集する情報量が少ない	手作業
ロボット型検索エンジン	収集する情報量が多い	収集する情報の質については管理が困難	プログラム処理

2-14 検索エンジンのタイプによるメリット／デメリット

ディレクトリ型検索は手作業で収集・分類をしているので、どのような情報をどのカテゴリに配置するかなど、情報の整理は自在に行うことができますが、人力での作業である以上、対応できる情報の量に限界があります。一方、ロボット型検索は機械が自動的に収集するので非常に多くの情報を収集､整理することができます。

近年ではインターネットの爆発的普及によってWebサイトが増え、人が手作業でネット上の情報を収集していたのでは膨大な情報を瞬時に検索に反映することが難しくなりました。そのため現在ではロボット型が主流となり、ディレクトリ型の検索エンジンはサービスを終了させるものが増えています。今後は、ロボット型検索エンジンにAIを投入できるかが大きなテーマになっていくと思われます。

この項目のPOINT

- 検索エンジンにはディレクトリ型とロボット型があり、現在はロボット型が主流。
- ディレクトリ型検索では、人間が手作業でサイトの情報の収集・分類をしているため、情報の質は高いが、扱える量に限界がある。
- ロボット型検索では、プログラムが自動的にサイトの情報の収集・分類を行うため、情報の質は低いが、扱える量は多い。

2-4 プログラミング

インターネットマーケティングでは、サービス内容の企画やSEO対策の実施において、プログラミングを行う部署や企業と頻繁に意見の交換を行わなければならないことがよくあります。プログラミングについての概略的な知識を身に付けておくことは重要です。

2-4-1　プログラミングとは

プログラムとは、コンピューターに対する命令を記述したものをいいます。つまり、コンピューターへの指示文書です。コンピューターはプログラムに書かれた命令を読み取り、その命令に従った処理を行います。プログラミングとは、このプログラムを作成することをいいます。

2-4-2　プログラム制作過程

システム開発の現場においては､プログラミングの前にまず要件定義（要求分析）と呼ばれる過程があります。この過程では、システム制作依頼者が要求するシステムを、そのビジネスモデルを理解しながら把握し、システムの果たす機能を決定します。

次に外部設計と呼ばれる工程に移ります。この過程では、要件定義で明らかにした要求を具体的な設計に反映していきます。たとえば、入力を必要とするシステムでは画面構成などのインターフェイスを制作依頼者と話し合いながら設計します。また通常は既存の外部システムと連携する場合、データのやり取りの方法などを設計します。ここまでの工程が、通常制作依頼者が関わる場面となります。しかし、ここまでの話し合いの中などで、その後の工程についても話題になることは多く、そういったときにプログラミングの基本的な知識があると話がスムーズに進みます。

次の工程は内部設計と呼ばれる工程で、開発するシステム自身をターゲットとした設計を行います。外部システムと､開発するシステム（＝内部システム）とのデータのやり取りの仕方については外部設計によって仕様が決定しているため、あとは内部システムの仕様を決めていくことになります。

次は、詳細設計と呼ばれる工程に移ります。詳細設計では、内部設計で設計したシステムの各機能をより詳細化し、実際にどのような処理を行ってプログラムを動作させるかを決めていきます。

これら要件定義、外部設計、内部設計、詳細設計などの工程を行うのは主にシステムアナリストやシステムエンジニアといった職種の人たちです。彼らが作成した様々な設計書を基に、コンピューターに対する命令であるプログラムを書くのがプログラマーです。

プログラムが作成されたら、設計書どおりに正しく動作するかの検証（テスト）を行います。テストの種類には単体テスト、結合テストおよび総合テストがあります。

プログラムは、複数のプログラマーによって機能を分割して開発していく方法が一般的です。分割されたプログラムの単位をモジュールと呼びますが、各モジュールは結合する前に単独で動作させてみて、正しく動作するかどうかを確かめる必要があります。これを単体テストといいます。プログラマーは、様々なテストデータを用意して設計書どおりに動作するかを確かめていき、動かない場合は修正を加えます。設計書どおりに動作しないことをバグといい、その修正作業をデバッグといいます。単体テストが完了すると、次にモジュールをすべて結合してプログラム全体をテストします。これを結合テストといいます。

結合テストまで完了したら、実際にシステムが動作するサーバー上にプログラムを配置し、外部システムとの連携などのための環境設定を行って、ユーザーの使用するシステムとして動作可能な状態にします。この作業をデプロイ（デプロイメント）といいます。デプロイ後に、環境設定まで含めて問題がないかを確認するために、全体的な動作テストを行います。これを総合テストといいます。

総合テストまで完了したらシステムは完成となり、ユーザーに向けて公開されます。

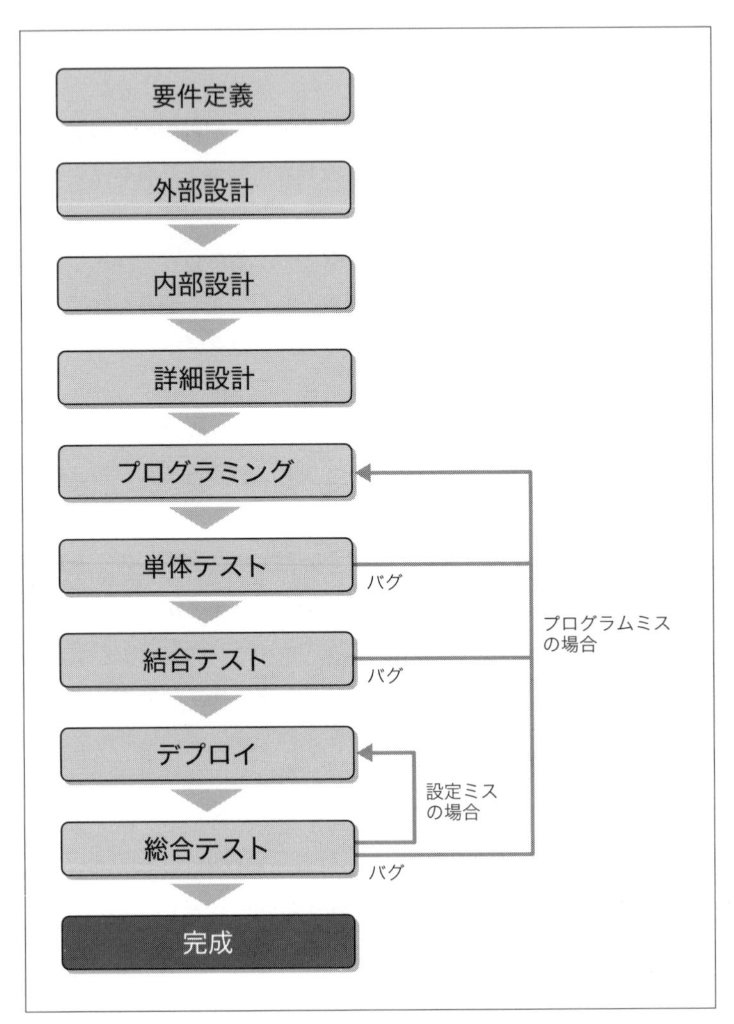

2-15　一般的なプログラム開発工程

2-4-3　プログラミング言語

コンピューターへの指示文書であるプログラムを記述する手段として、様々なプログラミング言語が使われています。プログラミング言語にはそれぞれ長所・短所があるため、開発するプログラムの用途に応じて使い分けられています。

プログラミング言語は人間が理解できるように作られたものであり、実はコンピューター自身はこれを理解することができません。コンピューターが理解できるのは機械語と呼ばれる数値の羅列のみです。そのため、プログラムを実行するにはプログラミング言語で記述されたファイル（ソースコード）から機械語に変換する作業が必要になります。この変換の方法によって、プログラミング言語はコンパイラー言語とインタープリター言語の２種類に分類することができます。

コンパイラー言語は、まずソースコード全体を機械語に変換し、さらに実行可能な形式（オブジェクトコードまたはバイナリコードと呼びます）に変換します。この変換作業をコンパイルといいます。いったんコンパイルを行えば、実行時はオブジェクトコードのみが使用され、ソースコードは使用されません。コンパイラー言語は、コンパイル作業がある分だけ手間がかかりますが、プログラムの実行は速くなります。

インタープリター言語は、ソースコードを書いたらすぐに実行することができます。プログラムの実行時に、ソースコードを逐次解釈しながら、対応する機械語の処理を行います。ソースコードを解釈しながら実行するため、実行速度はコンパイラー言語よりも多少遅くなりますが、その代わりに、いちいちコンパイルする手間

名前	読み方	特徴
Java	ジャバ	コンパイラー言語だが、機械語ではなくVM（仮想マシン）用の中間言語によるバイトコードを生成するのが特徴。そのため機械語に互換性のないコンピューター同士でも移植性が高く、Web系・組込み系・携帯電話アプリ・Android アプリなど幅広い分野で利用されている。オブジェクト指向などの新しい機能を取り入れており、開発効率は比較的良い。
C	シー	長く使われてきた歴史を持つ、コンパイラー言語の代表格。機械語に近い処理が行えるため実行速度は速いが、他の言語と同じ処理を実現するのに記述量が多くなる傾向にあり、開発効率は良くない。
Perl	パール	インタープリター言語。Web の初期から動的サイトのプログラミングに用いられてきた。Web アプリ用の言語としては近年PHP にその座を奪われつつあるが、文書の整形処理やシステム管理など、幅広く使われている。
PHP	ピーエイチピー	インタープリター言語。Web アプリの開発に適している。HTML文書中にプログラムを埋めこむ記述方式や、データベースとの連携に優れている等の特徴がある。
JavaScript	ジャバスクリプト	HTML 文書中に埋めこまれ、Web ブラウザ上で動作するインタープリター言語。Webページの表示をアニメーションさせたりユーザーの操作に反応して表示を変えたりといった用途に使われる。Java とは別の言語である。

2-16 代表的なプログラミング言語

が省け、開発効率は良くなります。インタープリター言語はスクリプト言語と呼ばれることもあります。

2-4-4　AIとビッグデータ

AI（人工知能）とは、自らの持つ「有効なデータを選択して蓄積する能力」と「ロジックを合目的的に最適化していく能力」を、自ら学習しながら向上させていく、自律型のシステムのことを意味します。このAIシステムは、ビッグデータ、API※、クラウド、AIプラットフォームなどの先端技術によって支えられており、これら先端技術とAIとの関連性を理解することで、AIの全体像を立体的に理解することができます。

まず、AIは膨大なデータの蓄積と分析が前提となっています。多数のユーザーのデータを収集し、統計的な分析を行うことで（生データは個人情報が含まれている可能性が高いので、個人情報を消去し、純然たる統計的なデータに再編成した上で、分析を行っていくことになります）、一定のロジックを作り、そのロジックを適宜適用していくというサイクルを構成しています。この過程でビッグデータに関する技術が必要となってきます。

次に、AIを使用するクライアント側から見た場合のAIの便利な点として、必要なサービスだけをピックアップして使用できるということが挙げられます。銀行であれば各企業の返済能力を予想するAIが必要でしょうし、警察であれば防犯カメラ上の人の行動パターンからテロ活動などの危険行為を起こす可能性のある人物を予想する必要があるでしょう。クライアントにとって有用なAIサービスの種類は、質量ともに様々で、必要なAIサービスをピンポイントで、かつ安価に使用したくなります。このニーズに対応する方法として、クラウドとAPIが有効となってくるのです。様々なAIサービスをAPI化し、クラウド上で提供することで、クライアントは必要なAIサービスを必要なタイミングで、かつ安価に使用することができます。

そしてこれらのAIサービスは、API化したのちも、各クライアントにジャストフィットするようにカスタマイズしていく必要があります。カスタマイズ化の作業はプログラミング作業となるのですが、これらのプログラミング作業を効率的に行

API：Application Programming Interface
ソフトウェア同士を連携する仕組み。

う環境としてプラットフォームが登場してきます。そしてこれらのプラットフォームはカスタマイズ化の作業を行う場所という役割だけではなく、各種AIサービスを提供するための総合窓口的な役割も行うようになりつつあります。

AIプラットフォームの一例としては以下のものがあります。

・Google Cloud AI ／ Google
・TensorFlow ／ Google
・Microsoft Azure AI ／ Microsoft
・IBM Watson ／ IBM
・MindMeld ／ CISCO
・Amazon SageMake ／ Amazon

AI用APIの一例としては以下のものがあります。

・Date Parser NLP
・The Cloudmersive Image Recognition and Processing
・DeepAI Text Summarization
・Salesforce Einstein Language
・What Cat

AIを使用する場合、プラットフォームの選択が大切なのは当然ですが、APIの選択やカスタマイズがより重要事項となってきます。実務上、AIの個別の具体的な機能はAPIによるところが大きいからです。以下、これらAPIについての解説を加えていきます。

・Date Parser NLP

2018年4月にリリースされた自然言語処理に関するAPIです。Date Parser NLP APIは、自然言語文の中から日付を表わす部分を抽出し、それを所望の表現に変換するものであり、特徴は、1つの文中にある異なる書式の日付抽出機能や、日付表現の正しさ及び処理速度（ネットワーク依存）です。

これを使用することによって、現在の日付を基にして「今から２ヶ月後」や「最後の日曜日」等といった様々な表現への変換が可能となります。

・The Cloudmersive Image Recognition and Processing

The Cloudmersive Image Recognition and Processing は、PNG および JPEG 画像内の顔を認識する API です（認証を受ければ JSON※形式のデータも利用可能）。この API を用いることで、画像を抽出して人の顔を認識し、サイズ変更を行うことが可能になります。

・DeepAI Text Summarization

DeepAI Text Summarization API は、最も関連性の高い文章を抽出することによって文書の要約データを返します。本 API がベースにしているモデルは、文書のサイズを元の 20％に縮小することを目指しています。

・Salesforce Einstein Language

Einstein Language API は、以下の２つの部分からなります。

①Einstein Sentiment API

テキストの感情を肯定的、否定的、中立的なクラスに分類し、テキストの背後にある感情を理解します。Einstein Sentiment API を使用すると、電子メールやソーシャルメディア、チャットのテキストを分析することが可能になります。独自の感情モデルを作成することができ、またあらかじめ作成された感情モデルを使用することもできます。

②Einstein Intent API

構造化されていないテキストをユーザが定義したラベルで分類し、ユーザの意図をよりよく理解できるようにします。これを利用することで、電子メールやチャット、または Web フォームのテキストの意図を詳しく分析できるようになります。

また、現在、Einstein Language は英語のみサポートしています。Einstein

JSON：JavaScript Object Notation
データのテキストフォーマットの１つで、JavaScript の記述方式にならったもののこと。

Platform Services APIを利用するには、アカウントを作成してキーをダウンロードしてから、キーを使用してOAuthトークンを生成する必要があります。1つのキーで、Einstein Vision APIとEinstein Language APIの両方にアクセスすることができます。

(5) What Cat

What Cat APIは、画像内の猫の種類情報を提供します。深層学習※により67種類の猫を学習させており、すべての対象物を5種類の猫のいずれかにして、類似度順に分類します。

この項目のPOINT

- **プログラミングは、①要件定義、②設計（外部設計、内部設計、詳細設計）、③試験（単体テスト、結合テスト、総合テスト）といった順序で行われることが多い。**
- **コンパイラー言語は、ソースコード全体を機械語に変換した後に実行する。これに対して、インタープリター言語は、ソースコードを直接実行する。スクリプト言語とも呼ばれる。**
- **AI（人工知能）とは、自らの「有効なデータを選択して蓄積する能力」と「ロジックを合目的的に最適化していく能力」を、自律的に向上させていくシステムのこと。**

深層学習
データ分析方法の1つで、入力データと出力データだけでなく、出力に至るまでのデータ複数を分析することで情報の複雑さに対応する方法。

2-5 情報セキュリティ対策

近時のユーザーはインターネット上のセキュリティリスクに非常に敏感です。セキュリティ対策の充実さをアピールすることは、ユーザーに大きな安心感を与え、マーケティングの効果も向上します。

2-5-1　セキュリティ対策の必要性

現在、企業経営において情報セキュリティ対策は大きな経営課題となっています。とりわけ、インターネットにおけるセキュリティ対策は日に日に重要度を増しているといえます。

情報セキュリティに係るトラブルはユーザーや企業に非常に大きな影響を及ぼします。顧客情報の流出、クレジットカードの不正利用、企業自身の機密情報の流出、企業システムの停止、ホームページの改ざんなど、そのリスクは、枚挙に暇がありません。

- 紛失、置忘れ（誤廃棄など）
- 盗難
- 誤操作
- ワーム・ウイルス・クラッキング
- 管理ミス
- 不正な情報持ち出し
- 内部犯罪、内部不正行為

2-17　情報漏えいの主な原因

2-5-2　セキュリティ対策の方法

では、どのようにしてセキュリティ対策を行えばよいのでしょうか。それにはガバナンス的アプローチと技術的アプローチの２つの切り口があります。

(1) ガバナンス的アプローチ

ガバナンス的アプローチとは、情報セキュリティ対策を行うための体制の確立と、運営するための仕組み作り、意識を徹底させることなどの企業が行う各種の行為のことをいいます。かつては、情報システム部門のみが情報セキュリティ対策に対応しているケースも多く見受けられましたが、情報セキュリティの必要性が高まるにつれ、技術的方法に併せて、企業組織全体として情報セキュリティ対策に取り組むことが必要になってきており、組織全体としての体制作りが急務になってきています。

代表的な対策例は以下のようになります。

ガバナンス的アプローチの代表例

・情報セキュリティ委員会の設置
・情報セキュリティに関する各種ポリシー、社内規定の整備
・部門ごとに情報セキュリティ対策担当を定めるなどの組織体制の確立、充実
・事業継続計画の策定
・非常時マニュアルの作成
・社内のチェック体制の充実

2004年9月に経済産業省は、「企業における情報セキュリティガバナンスのあり方に関する研究会」を開催し、企業が適正な情報セキュリティ対策を講じるための報告書をとりまとめています。

2005年3月に出された同報告書では、適正な情報セキュリティガバナンスのために3つのツールを提言しています。これを使うことによって、企業間において共通の基準が生まれ、自社の情報セキュリティレベルを認識して内部統制の仕組みを構築・運用していくことができるという趣旨です。

報告書による3提言

・情報セキュリティ対策ベンチマーク

情報セキュリティ対策ベンチマークは、企業の情報セキュリティ対策の水準を他社の水準と比較することができる自己診断チェックシートです。このチェックシートでは企業の規模、業種、保有する情報などに応じて企業を分類します。そ

の上で、同一企業群の中での自社の対策水準を知ることができます。これによって、企業が顧客や社会から求められる水準の情報セキュリティ対策を講じることができます。

・情報セキュリティ報告書モデル
情報セキュリティ報告書モデルは、企業が自社の情報セキュリティポリシーやそれを実現する取り組みの状況を開示して評価を得るためのモデルです。これによって、企業価値の上昇につなげることができます。

・事業継続計画策定ガイドライン
事業継続計画策定ガイドラインは、仮にIT事故が生じた場合でも企業活動を継続できることを示すためのモデルです。このガイドラインでは、企業に存在するリスクの洗い出し、それに対する対策の検討、復旧の優先順位づけなど、事業継続計画の構築を検討する企業に対して具体的な構築手順を示しています。

(2) 技術的アプローチ

情報セキュリティ対策の技術的アプローチには、以下のようなものがあります。

技術的アプローチの代表例

・コンピューターウイルス対策ソフトの導入
コンピューターウイルスなどによる被害を防ぐため、パソコンにウイルス対策ソフトを導入します。導入したウイルス対策ソフトが最新となるように、ウイルス定義ファイルなどの自動更新、およびソフトのバージョンアップなどが必要になります。
・ファイアウォールの設置
ファイアウォールとは、企業内などのネットワークと外部のインターネットを分離するシステムです。インターネットと内部ネットワークの境界線上に、ファイアウォールを設置し、外部からの不正アクセスを防ぎます。
・バックアップの実施
バックアップとは、データの写しを別の記憶媒体に保存することです。不正アクセスやウイルス、災害、媒体故障、人的ミスなどの様々な原因で情報を失う可能性があるので、その際に、重要な情報を回復できるように、バックアップのルール（時期・方法・使用設備）を決めて実施します。

・各種冗長化

サーバーを複数台用意し、一部でトラブルが発生しても対応できるようにする「サーバーの冗長化」、インターネットへの接続回線を複数用意する「ネットワークの冗長化」、RAIDを使用して複数台のハードディスクに同じデータを書き込んだりパリティを書き込んで故障に備える「ストレージの冗長化」などがあります。

・電源バックアップ

各コンピューターは十分な電源を確保し、サーバーなどの重要なシステムを維持しているものは無停電電源装置を設置します。これによって、電源喪失による利用停止、情報破損、紛失を防ぎます。

・情報の暗号化の実施

情報の保存、持ち出しおよび情報交換時に、情報の漏洩を防ぐために、重要な情報については情報を暗号化します。

・アクセス制御の実施

コンピューター、サーバーなどへのアクセス時に、IDやパスワードを必要とするようにします。また合わせて、社内の部署、職責に応じて、アクセス可能な情報や特定のコマンドの実行※に制限を設けます。

・アクセスログの取得

不正アクセスや不正操作があった時に追跡調査ができるように、システムへのアクセスログを取得・保存します。システムが記録するアクセスログは膨大になるので、情報システムのリスクを十分考慮して、どのようなログを取得するか、保存期間はどの程度にするかを決定します。

2-5-3 インターネットマーケティングのセキュリティ対策

ここまでに挙げたセキュリティ対策の方法は、現代の企業が共通して行うべき一般的な事柄です。これらの事柄に加え、一般ユーザーが自社のインターネットサービスを利用することになるインターネットマーケティングの分野においては、特に

コマンド実行
コマンド入力によって、パソコンを操作したり、プログラムを動かすこと。

知っておくべきセキュリティ上の事柄があります。

(1) SSL

SSL（Secure Sockets Layer）とは、セキュリティを高める暗号化通信の規約（プロトコル）です。主にクレジットカードの情報や送付先住所・氏名などの個人情報を入力するフォームがあるサイトに導入されていました。しかし、Googleが2018年7月にリリースした「Chrome68」ではすべてのSSLに対応していないWebサイトで「保護されていません」という警告を表示すると発表したため、個人情報を入力するフォームがあるサイト以外にも導入が進んでいます。SSLに対応したWebサイトではURLの最初の部分（スキーム）が「https」になっており、ブラウザ上にはSSL通信であることを示す表示がされています。たとえば、Microsoft Edgeでは錠前のマークが表示されます。

インターネット上を流れる通信は、基本的に誰でもその内容を見ることが可能です。もし、悪意ある人物にクレジットカードの情報を盗み見られてしまったら、不正利用されてしまうおそれがあります。そこで、SSLで通信内容を暗号化することで盗み見から守ることができます。また、暗号化していても偽物のWebサイトに送信してしまうと意味がありません。そのためSSLには「サーバー証明書」によって、自分が通信している相手は誰かを確認するとともに、途中で通信内容が改ざんされていないことを保証するという機能も備わっています。

多くのユーザーは、ショッピングやサービスを利用する際に重要視するポイントとして『SSL暗号化通信がされていること』を挙げています。インターネットマーケティング上、個人情報を入力するサイトはSSLに対応することが必須といえます。

WebサイトをSSLに対応させるためには、「認証局」と呼ばれる組織に申請してサーバー証明書を発行してもらう必要があります。サーバー証明書にも信頼度の「格」があり、より信頼度の高いものほど費用も高く、審査が厳格になります。信頼度の高い証明書であるほど、ユーザーが今通信しているサーバーはその企業（組織）のものであると信用することができるので、ユーザーに「安心できる信頼のサイト」であることをアピールすることになります。

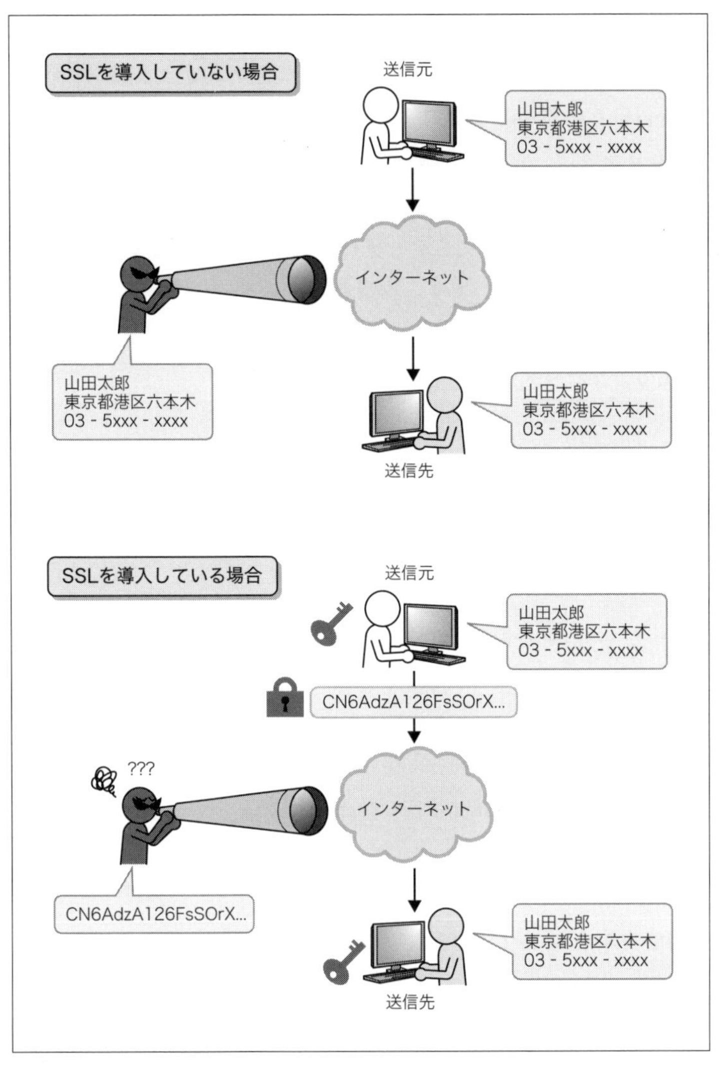

2-18 SSLによる暗号化通信

SSL証明書によって、ユーザーが今通信しているサーバーは本当にその企業（組織）のものであるかどうかを確認できます。

(2) SQL※インジェクション

データベースを利用したWebアプリケーションのプログラムでは、SQLインジェクション攻撃に気を付ける必要があります。

Web アプリケーションでは一般的に、ユーザーがWeb ページ上のフォームから入力した内容をプログラムが受け取り、その入力内容から SQL 文（データベースへの命令文）を組み立て、その SQL 文をデータベースに送ることによってデータの検索・挿入・更新などの操作を行います。攻撃者は、フォームに不正な値を入力することによって不正な SQL 文を生成させ、データベースを操作しようとします。この攻撃によって次のようなリスクが発生します。

発生するリスク

- データベース内の顧客情報などの機密情報の閲覧、流出
- データベース内の各種情報の改ざん、消去
- 不正ログイン
- ストアドプロシージャ※などを利用した OS コマンドの実行によるシステムの乗っ取り
- 更なる他社への攻撃の踏み台としての利用

そのため、データベースを扱うプログラムを制作する際は、以下のような点に気を付ける必要があります。

- 特殊な意味を持つ文字をエスケープして、フォームから渡された文字列を無害化する
- SQL 文の組み立ては文字列の連結ではなくプレースホルダ※で実装する
- エラーメッセージをそのままブラウザに表示しない
- データベースアカウントに不必要な権限を与えない

実際に作業を行うのはプログラマーですが、制作を依頼する側としても、これらの対策がきちんと行われるように開発側としっかり話し合っておくことが重要です。

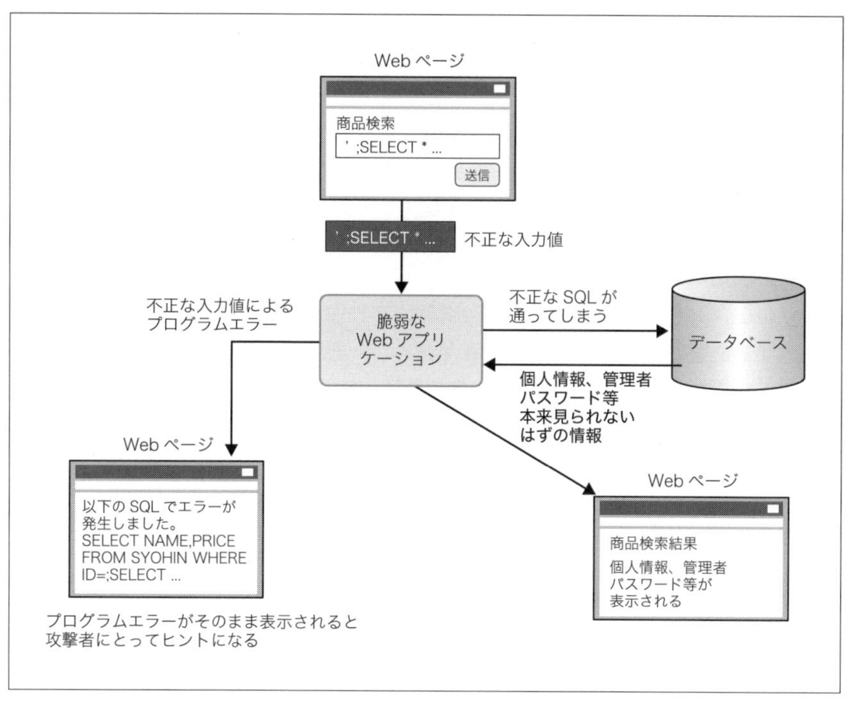

2-19 SQL インジェクション

この項目の POINT

- **セキュリティ対策には、ガバナンス的アプローチと技術的アプローチの 2 つの切り口がある。**
- **SSL（Secure Sockets Layer）とは、セキュリティを高めるための暗号化通信のプロトコルである。**
- **SQL インジェクション攻撃とは、不正な SQL 文（データベースへの命令文）を組み立ててデータベースに侵入する攻撃で、情報の収集や改ざんなどが行われる。**

SQL：Structured Query Language
データベース言語の 1 つで、リレーショナルデータベースの操作を行うための言語のこと。

ストアドプロシージャ (stored procedure)
データベース管理システムに保存した、データベースの処理手順を 1 つにまとめ、プログラムにしたもののこと。プログラムの実行速度を上げるために用いる。

プレースホルダ
正式データが入るまでの一時的な場所を確保すること。

第2章の関連用語

CMS：Contents Management System

サイトを構築する諸要素（テキスト、写真、動画など）を一元管理するソフトウェア。サイトを容易に制作、更新、変更するためのソフトウェア。

クッキー：Cookie

ブラウザに保存されるサーバーサイドの情報。これにより、ユーザーはパスワードを毎回入力する必要がなくなるなどの利点がある。一方でブラウザからユーザーの利用履歴を収集することもできるので、個人情報の観点から問題視もされている。

DRM：Digital Rights Management

デジタルデータで表現されたコンテンツの著作権を保護、利用の複製を制御・制限する技術のこと。

DRM フリー：Digital Rights Management Free

DRM による暗号化などの保護が掛けられていないコンテンツのこと。

FTP：File Transfer Protocol

TCP/IP ネットワークでファイルを転送する際に用いられるプロトコルの一種。

Gumblar

コンピューターウイルスの 1 つで、感染したコンピューターのネットワーク通信を監視して、外部から操作できるようにするなど悪意ある攻撃をする。

RSS：Rich Site Summary

ニュースやブログなどの更新情報を配信するための XML ベースのフォーマットのこと。

RSS リーダー：RSS Reader

Web サイトを巡回して RSS の更新情報を一覧形式で表示するソフトウェアのこと。

Wi-Fi

無線 LAN の規格の 1 つ。

WPA：Wi-Fi Protected Access

無線 LAN の暗号化方式の規格のこと。

アンチウイルスソフト
コンピューターウイルスを取り除くソフトウェアのこと。ウイルスに感染したファイルを修復・削除することで、感染前のコンピューターに戻すソフトウェアのこと。

オンラインストレージ
オンライン上でファイル保管用のスペースを提供するサービスのこと。

コグニティブ・コンピューティング
人間と同様の「認知」「推論」「学習」ができることを目的としているシステム。AIが人間の知能の模倣であるのに対し、こちらは人間の判断や能力の補助を目的としている。

コンピューターウイルス
他人のコンピューターへ無断で入り込み、悪さを働くプログラムのこと。

スクリプト
機械語への変換作業を省略し、簡単に実行できるようにしたプログラムのこと。

スパイウェア
パソコンからユーザーの行動や個人情報などを監視し、特定の場所に送信するソフトウェアのこと。

スレッド
電子掲示板などで、ある話題に属する複数の発言などをまとめたもの。

トラックバック
ブログの機能の1つで、別のブログへリンクを貼った際に、リンク先の相手に貼ったことを通知する仕組みのこと。

トロイの木馬
ユーザーに有益なソフトウェアのように見せかけて、実行するとコンピューターに侵入し、破壊活動などを行うプログラムのこと。

バックドア型ウイルス
一度感染すると、コンピューターを外部から操作できるように入口を作るウイルスのこと。

ファイアウォール
コンピューターが外部からの侵入を防ぐためのシステムのこと。

プロキシサーバー
企業などの組織内からインターネットへ接続する際に、直接接続できないコンピューターに代わって、接続を行うコンピューターのこと。

マクロウイルス
マクロというWordやExcelなどに使われているプログラムを利用したコンピューターウイルスのこと。

マジックゲート
ソニーが開発した著作権保護技術のこと。

マルウェア
コンピューターウイルス、スパイウェア、ワームなどの悪意あるソフトウェアのこと。

ワーム
ユーザーに気付かれないようにコンピューターへ侵入し、破壊活動などを行うプログラムのこと。

第3章

総論
～インターネットマーケティングの個別手法～

第3章はインターネットマーケティングの全体的な流れなどについて見ていきます。
インターネットマーケティングでは様々な方法論や理論が登場してきますが、大事なことは、まず全体像を把握することです。この章では全体像をつかむためのポイントを述べていきます。また'トリプルメディア''ロケーションベースメディア'などの、インターネットマーケティングを進める上でのポイントについても述べています。
この章は第4章以降を理解するためのベースとなる部分なので、慌てずじっくりと読み進めてください。

3-1 インターネットマーケティングの全体的な流れ

ここでは、インターネットマーケティングを行う上での業務の流れや前提となる基本的な知識・考え方について見ていきます。

3-1-1 リサーチ、オペレーション、バリデーション

現在、インターネットマーケティングにおけるプロモーションの手法は多岐にわたります。また、今後もインターネットの技術的な発展とともに、さらに新しい手法が登場してくることでしょう。多種多様なプロモーション手法が存在しているのが、インターネットマーケティングの大きな特徴です。

その中で、企業は自社にとって最も費用対効果の高いプロモーション手法を選択しなくてはなりません。その際に重要なことは、現状の調査（リサーチ /research）⇒各種プロモーション対策の実施（オペレーション /operation）⇒効果の検証（バリデーション /validation）のサイクル（ROV サイクル：ロブサイクル）を実施することです。

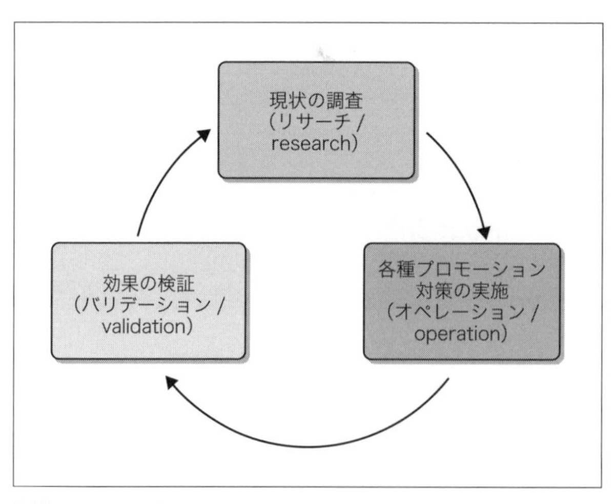

3-01　ROV サイクル

現状の調査（リサーチ /research）

自社、自社の商品、自社の Web サイトのインターネット上における現状を、恒常的に正確に把握する必要があります。具体的には、以下の２つの評価・調査を実施します。

① インターネット上での自社や自社商品に対する評判や評価の調査（レピュテーションチェック※）
② 自社で運営する企業や商品に関する Web サイトには、現在どのような属性のユーザー (消費者) が、どのような経路や頻度で訪問しているかの調査（ユーザーリサーチ）

これらリサーチによる結果をもとに、具体的なプロモーション手法を企画、実施します。

インターネットは‘情報が流れる道路’のようなものです。道路上の混んでいる特定のポイント（アクセス数が高く訴求力の高いサイト）だけに注目するのではなく、道路全体を俯瞰的に観察し、情報の流れを把握することで、真に有効な広告、PR を行うことが可能となります。

各種プロモーション対策の実施（オペレーション /operation）

プロモーション対策は、広告と PR の２つに大別されます。リサーチから得られた現状に関するデータと、後述のバリデーションから得られたデータをもとに、どのプロモーション手法を実施するかについて企画、検討し、最も効果的な方法を実施します。

効果の検証（バリデーション /validation）

オペレーションで行われた各種プロモーション手法の効果を検証します。どのような属性のユーザーに対し、どの程度のスパンで、どのような効果があったのかについて正確に検証します。

これら３つの工程を繰り返すことで、自社、自社の商品、サービスに対して、

レピュテーションチェック
ユーザーが企業やブランドに対して有しているイメージについて調査、分析をすること。

最も費用対効果の高い、有益なプロモーション手法を絞り込んでいきます。

3つの工程の中で、オペレーションは、おもに広告代理店が得意としています。それに対して、リサーチやバリデーションは、インターネットマーケティングを専門に行うコンサルティング会社が得意としています。‘オペレーション’と‘リサーチ&バリデーション’は、いわば‘実施’と‘検証’なので、両者を同一の組織や会社が行うよりも、異なる組織や会社が行う方が、より効果的でしょう。

企業としては、広告代理店とコンサルティング会社の双方を、それぞれの長所を活かしながら上手に管理することで、最も効率よくインターネットマーケティングを推し進めることができます。

3-1-2　DX～経営と技術の融合～

従来、インターネットマーケティングを実践していくにあたって、多くの会社ではマーケティングと技術はそれぞれ別物と捉えた上で、この2つをいかに効果的に組み合わせるかを検討していました。しかし近年では、マーケティングと技術を異なるものとして捉えるのではなく、そもそも一体として考えようという流れになってきています。この流れをさらに加速させ、経営と技術を一体化させて捉えるという考えが、最近話題の‘DX’といわれるものです。

DXとは、「Digital Transformation（デジタルトランスフォーメーション）」の略なのですが（英語圏では「Trans」を「X」と略すことがあります）、経済産業省ではDXを次のように定義しています。

「企業がビジネス環境の激しい変化に対応し、データとデジタル技術を活用して、顧客や社会のニーズを基に、製品やサービス、ビジネスモデルを変革するとともに、業務そのものや、組織、プロセス、企業文化・風土を変革し、競争上の優位性を確立すること」

一読すると、いわゆる『IT化』と同じような意味合いに思われますが、『DX』と『IT化』は全く異なるものといえます。IT化とは、主にアナログ技術をIT技術やデジタル技術を用いてデジタル化し、効率化や能率化を図るものです。一方でDXとは、IT技術やデジタル技術を用いて、製品・サービス・ビジネスモデル・組織など、企業に関わる様々なものを変革し、競争上の優位性を確立することを目的としています。IT化は手段であるのに対し、DXは目的といえます。IT化を戦術レベル、DXを戦略レベルと定義しているケースもあります。いずれにしても、DXの方がより網羅的、本質的なテーマといえるでしょう。

このDXですが、実現するには、①個々のITの技術力、②自社の個々の業務内容のフローの双方を理解した上で、③目指すべき優位性とは何か、を具体的に絞り込んでいく必要があります。IT部門単独でなし得るテーマではなく、部門横断的なチームが必須であり、かつ経営上最も高次元な意思決定の1つとなるでしょう。

特に、この部門横断的に活動するチームの作成が大きな難関と思われます。変革的な内容となることを考えれば若手ということになるかもしれませんが、自社の業務内容を理解しているとなればベテランでないと意味がありません。また必要なITの知識は、AIやクラウド、VR、メタバースなどの各種先端技術に及んでいる必要があり、そのような人材を社内のみで調達できるのかといった問題があります。そして、③の目指すべき優位性とは経営戦略そのものであり、役員や役員に準じる人でなければ考察は難しいでしょう。DXの推進チームは社内外の非常に優秀なメンバーで構成する必要があります。

DXを総合的にコンサルティングするというサービスも登場してきています。しっかりとしたIT系の会社やコンサルティング会社であれば、①個々のITの技術力はカバーできますし、DXのプランを進めていくためのナビゲーション的な役割も対応が可能と思われますが、②自社の個々の業務内容のフロー、③目指すべき優位性とは何か、については、やはり自社で研究する必要があるでしょう。

DXは技術と経営が一体となっている概念です。DXという名前の固有の技術があるわけではなく、またDXという名前の経営手法があるわけでもなく、技術と経営が高次元で融合しているものといえます。

この項目のPOINT

- インターネットマーケティングでは、リサーチ、オペレーション、効果の検証というサイクル（ROVサイクル）の繰り返しが重要。
- ‘オペレーション’と‘リサーチ、バリデーション’は、‘実施’と‘検証’なので、両者を同一の組織や会社が行うよりも、異なる組織や会社が行う方が良い結果が生じることも多い。
- DXはIT化とは異なる。経営と技術を一体化して企業戦力を練るのがDX。

3-2 インターネットマーケティングを進める上でのポイント

インターネットマーケティングでは、ポイントとなる考え方やメソッドがいくつかあります。ここではそれらを見ていきます。

3-2-1　トリプルメディア

トリプルメディアとは、インターネット上のメディアを以下の3つに分類して捉える考え方です。

メディアの分類	内容
ペイドメディア（Paid Media）	従来型の、企業が費用を支払い、広告を出すメディア。
オウンドメディア（Owned Media）	自社サイトや店舗など、企業が直接保有するメディア。
アーンドメディア（Earned Media）	SNSなどの顧客と双方向で情報発信をし、信用や評判を得るメディア。

3-02　トリプルメディア

従来、インターネットマーケティングにおいて重要視されてきたのは、不特定多数の大衆に訴えかけるペイドメディアと、口コミにより拡散もしくはファンを増やしていくアーンドメディアであったといえます。

そしてオウンドメディアは、企業のWebサイト、いわゆる企業のホームページとして、訪れたユーザーに自社の情報を提供するもののみとして捉えられていました。自社のサイトに訪れるユーザーは、その時点でその企業や商品について興味を持っているから訪問してくるのであり、そのようなユーザーに対するプロモーションは既に終了していると考えられていたのです。

しかし近年、オウンドメディアに対する考え方が大きく変わってきています。たとえばApple社のWebサイトを見てみましょう。こちらのWebサイトでは、ユーザー同士がApple社の製品について情報交換や相談、回答を行うためのサポートページを設けてあります。最近では、このようなSNS型のサポートページを自社のWebサイトに設置する例が増えてきています。これらサポートページには2つの大きな効果があります。

1つ目は、自社の商品やサービスに関する情報を効率的に収集できることです。サイト上で、ユーザー同士が自社の商品やサービスに関する問題点や、それらの解決方法について議論をしているので、Apple社はそれらのやり取りをリアルタイムで仔細に観察、把握することができます。アンケートの実施など、本来は大きな費用をかけて行うユーザーへのリサーチを、無料で効率的に実施できていることになります。今後の商品やサービスの開発に役立つ、重要な情報を入手できているのです。

2つ目は、PR効果です。このサイト上でのユーザー同士のやり取り自体がインターネット上の検索エンジンに反映されています。質問事項を直接検索エンジンに入力すれば、該当する内容のやり取りが検索エンジン上でヒットしますし、また、ここで議論しているのは実際に商品やサービスを使用しているユーザーなので、'ユーザーの本当の生の声'がインターネット上で拡散していくという効果もあります。

このようなSNS型サポートサイトの運用は、新しい自社サイトの活用方法として注目されています。そして自社サイトの活用方法は、他にも様々な新しいものが提唱され出しているのです。オウンドメディアは、大きな効果を生み出す可能性を有したメディアとして、再び着目されています。

サイトをこれら3つのメディアとして考えると、インターネットマーケティングを立体的に理解することができるようになります。従来のような、個々の媒体の力（何人の人が見ているとか、視聴率がどの程度であるといった）のみで考えるのではなく、どういった情報流通経路を、どのような情報が流れ、どのような効果をもたらしているのかといった、情報の流れの全体構造を把握することができるようになります。

3-2-2 トリプルスクリーン

トリプルメディアと関連して、トリプルスクリーンという考え方があります。これは、広告の媒体をテレビ画面、パソコン画面、モバイル画面に分類するというものです。

それぞれの媒体は、画面のサイズ、対象となる消費者、消費者の広告との心理的および物理的距離感が異なるために、各媒体の特徴を意識した広告戦略を考えることになります。

3-2-3　ロケーションベースマーケティング

スマートフォン、タブレット、携帯電話などのポータビリティに富んだデバイスでは、GPS 機能を用いることでユーザーの位置情報を把握することができます。これらユーザーの位置情報に基づいたインターネット上のサイトやサービス類を、ロケーションベースマーケティングと総称する場合があります。

これらのメディアの最大の特徴は、ユーザーを実店舗へ誘導することができる点です。ユーザーが今いる場所の近辺にある店舗や施設に関する情報を流すことで、効率的にユーザーを誘導することができます。

また、こういったエリアに注目した広告サービス（エリアターゲティング広告など）も、重要な広告ツールとなっています。

しかしながら問題点もあります。それは、個人の位置情報の収集がプライバシーの問題となる点です。事前許可の取得方法、収集の程度、収集された情報の使用場面の制限方法など、クリアしなければならない課題もあります。

特徴とこれら解決しなければならない問題点の双方に目を向けながら、インターネットマーケティングを行う必要があります。

3-2-4　CGM（Consumer Generated Media/消費者生成メディア）

CGM（Consumer Generated Media/ 消費者生成メディア）は、ユーザー自身が形成していく、商品やサービスに関する情報メディアを指します。具体的には、口コミサイト、ナレッジコミュニティ、SNS、動画共有サービス、ブログポータル、BBS ポータル、COI（Community Of Interest）サイト※などが含まれます。

厳密にはメディアを意味する言葉ですが、サイトの分類で用いられるケースも多く見受けられます。

かつての消費者は、文字どおり、企業から提供される商品やサービスを金銭で消

COI サイト：Community Of Interest Site
共通の趣味などをもつ人々が情報を共有し合う Web サイト。

費するだけの存在でした。しかし、市場が成熟し、インターネットという情報発信ツールが整備されるにつれて、ユーザーは、目の肥えた情報発信者へと成長してきています。

現在のインターネットマーケティングでは、各種のCGM上に流れている自社の商品やサービスに関する情報をコントロールしたりリサーチしたりすることが、大変重要な対策の1つになっています。

3-2-5　ソーシャルメディア（social media）

ソーシャルメディアとは､個人や法人が能動的に参加して構築されている､コミュニケーション型の情報ネットワークです。Facebook、Instagramなど、多くのサービスがあります。2011年の東日本大震災や中東で発生したジャスミン革命などでは重要な情報ツールとして機能したことからも、SNSはときに社会に一定のインパクトを与えるだけの力を持っています。

インターネットマーケティングでは、SNSをコミュニケーションツールとしてのみ捉えるのではなく、メディアの一種として捉えることが重要です。よく、'○○の情報がSNSを経由してマスメディアに流れていった'という類の表現が見受けられますが、最近ではSNS自体がもはやメディアであり、ある情報がSNS内の大きなコミュニティで流通した時点で、その情報は一定数の人々に訴求したといえます。SNSをマーケティング上の通過点として捉えるだけではなく、ゴールの一種として捉える方が実態にあっているケースも多くなってきています。ある商品やサービスの情報がSNS内で一定数流通した時点で、たとえその後マスメディアに取り上げられなかったとしても、すでにマーケティング上では訴求ができたといえる場合があるのです。ある商品やサービスをSNS上でプロモーションしても売上が伸びなかったとき、その原因は'プロモーションがSNSで止まってしまってマスメディアに扱われず、結果としてターゲットへの訴求ができなかった'からではなく、単に商品やサービスの価値が足りていなかったから、というケースがあるのです。

SNSでの反応や拡散度合いを素直に受け入れ、商品やサービスの価値を冷静に把握することが求められます。

3-2-6　デバイス（端末）の発達

端末（computer terminal）とは、UI（user interface）を備えたコンピューターハードウェアのことで、インターネットマーケティングでは、パソコン、携帯電話、スマートフォン、タブレットなどの機器を指します。デバイス（device）と呼ぶ場合もありますが、デバイスとは本来、機械、装置といった意味で、コンピューターと接続するキーボードやプリンターといったハードウェア全般を指すことも多いので、それらと区別するため、特にスマートフォンやタブレットについてはマルチデバイスと呼ぶ場合もあります。

本書では、パソコン、携帯電話、スマートフォン、タブレットなど、ユーザーがインターネットにアクセスするためのハードウェア（ツール）を総称して、デバイスと呼ぶことにします。

さて、これらのデバイスの発達は、これからのインターネットマーケティングを考える上での、極めて重要なファクターとなってきます。それは、デバイスの発達が、インターネットを使用するユーザー層やユーザー数に直結しだしてきているからです。

デバイスはパソコンと携帯電話だけという時代が長く続いてきました。パソコンは、デスクトップ型やノート型、また最近ではさらに小型のネットブック型などと様々な形態が登場していますが、いずれも、画面が大きい代わりに、入力作業はキーボードを用いることが必須でした。携帯電話は、入力作業においてキーボードは必要ありませんが、プッシュボタンを用いる必要があり、画面は小さいものでした。

しかし、スマートフォンやタブレットは、画面が携帯電話などよりは大きく、キーボードやプッシュボタンを用いず、タッチパネル※により直感的な操作が可能です。さらに気軽に持ち運びができるというメリットもあり、これらの登場によってデバイスの在り方が、より操作が簡単で見やすいものへと根本的に変化しています。

これにより、日本では、女性や高齢者、若年層が、本格的にインターネット利用者層として、取り込まれています。デバイスの進化は、インターネットマーケティングを考える上で、最も重要なポイントとなる事柄です。

タッチパネル
画面上の表示を押す、もしくは触れることで機器の操作ができる装置のこと。

3-2-7　スマートフォン、タブレットの特徴

多様なアプリ

スマートフォン、タブレットでは、ユーザーは自分の好きなアプリを自由にインストールできます。Apple であれば App Store で、Android 系であれば様々なオンラインストアで、自由に購入が可能です。

Apple や Google は、これらアプリを開発するビジネスへの参入障壁を可能な限り小さくしているので、大企業はもちろん中小企業やフリーランスにいたるまで、様々な形態の事業体が､様々なアプリを開発しています。多くの会社や個人が､ユーザーにとって魅力のあるアプリを提供しようと、日夜開発に勤しんでおり、これにより結果的に、スマートフォンやタブレットのデバイスとしての利用目的、機能、可能性が拡大し続けています。そしてデバイスとしてのこれらの価値が向上することで新たなユーザーを獲得し、ユーザー数が増加したことに魅力を感じた企業などがさらにアプリの開発を行うという、成長スパイラルを構成しています。

インターネットマーケティングでスマートフォンやタブレットを考える場合、デバイスからのアプローチだけではなく、アプリからのアプローチも重要です。たとえば、スマートフォンの利用目的として SNS は代表的なものといわれますが、これは LINE が大ヒットした結果、スマートフォンでの SNS が一般化したものです。どのようなアプリがトレンドなのか、また今後どのようなアプリが伸びていくのかについての情報収集を継続的に行うことが必要です。

スマートフォン、タブレットの優位性

スマートフォン､タブレットが大きな優位性をもつ分野としては､オンラインゲームをメインとしたエンターテインメントの分野が挙げられます。まずはゲームとスマートフォン、タブレットに関して述べていきます。

日本におけるゲーム市場は 2017 年から拡大を続け、2020 年にピークを迎えました。特にゲームアプリの分野は成長が著しく、2021 年のゲームアプリの市場規模は 1 兆 6414 億円でした。2021 年の国内ジェネリック市場が 9,640 億円（出典:富士経済）、国内健康食品市場が 1 兆 2,700 億円（出典：健康産業新聞）であることから、いかに規模が拡大したかがわかると思います。またユーザー数も着実に増加してきており、アプリゲームユーザーは 4,231 万人といわれています。スマートフォン、タブレットによるオンラインゲームの市場は今後もますます拡大してい

くことが予想されており、有望な市場なのですが、短期間に多数の企業が参入した結果、毎月数百のゲームタイトルがリリースされる状況になっており、ゲームのプロモーションが重要なテーマになってきています。

ゲームアプリのプロモーションでは、各種の紹介サイトのレビューの向上やSNSでの拡散に重点を置く、いわゆる従来型の手法もよいのですが、1）常時、多数のゲームタイトルがリリースされている、2）そもそもゲームユーザーは、インターネットで詳細に評判を調べてからダウンロードするという方法を取らないことも多い、という2点に注意が必要です。特に2）は重要です。スマートフォンやタブレット用のオンラインゲームではスタート当初は無料というパターンが多く、ユーザーはとりあえずダウンロードして軽く遊んでみてから、本格的に続けるかどうかを決めるという行動パターンを取ることが多く、事前にインターネットでレビューなどを詳細にチェックしているとは限らないのです。インターネット広告などを見た第一印象で好感を持ち、そのままゲームのWebサイトに訪問してくるケースも相当数にのぼり、他の商品やサービスに比べて、広告が効力を持つサービスといえます。

ゲームアプリの他にスマートフォンやタブレットが優位性を発揮するケースとして、『ソーシャルメディアの利用』、『動画投稿・共有サイトの利用』、『各種商品・サービスの購入・取引』が挙げられます。これらにおいては、スマートフォン、タブレッ

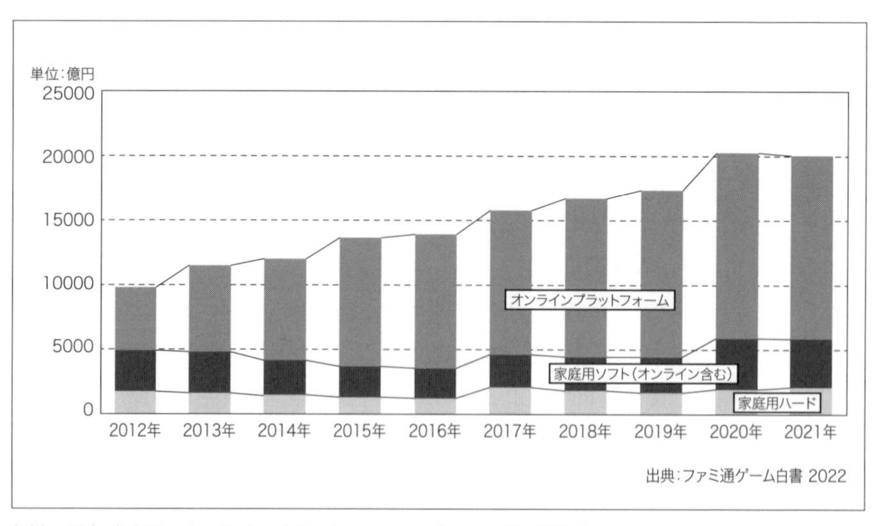

3-03　国内 家庭用 / オンラインプラットフォーム ゲーム市場規模推移

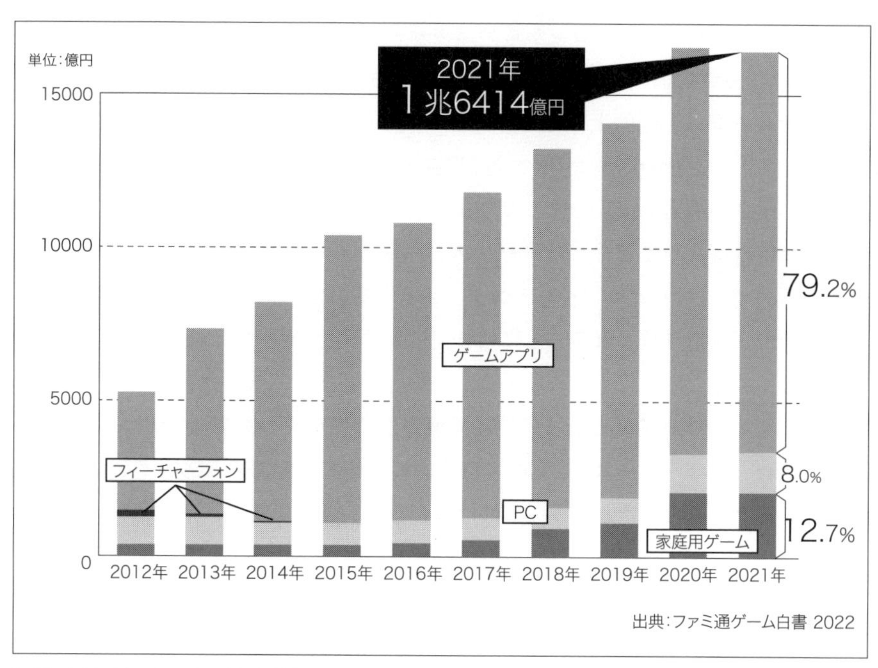

3-04 国内 ゲームアプリ市場規模推移

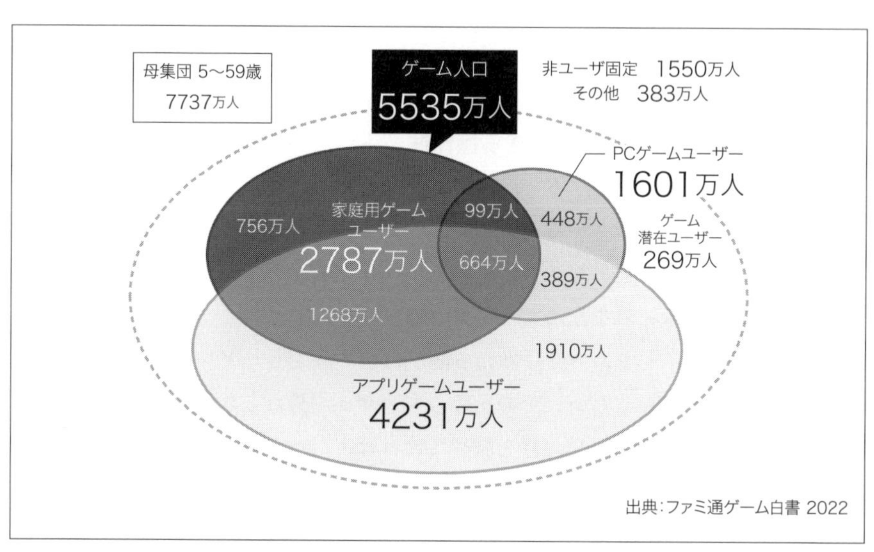

3-05 2021 年 国内メインゲーム環境別ゲームユーザー分布図

トからのユーザー数はパソコンからのユーザー数を既に上回っています。ソーシャルメディア、動画投稿・共有サイト、ECサイトに関連するインターネットマーケティングを考える際は、画面上の見せ方に特に気を使う必要があります。たとえば 動画投稿サイトで自社の商品をPRする、既存のECサイトの集客を改善する、といった場合、小さい画面上で、一瞥してコンテンツ全体の情報を理解できるような構成を考えなければなりません。スマートフォンやタブレットからインターネットをはじめたユーザーは、パソコンからインターネットをはじめたユーザーに比べて、プッシュ型で情報を送り込まれることに慣れています。その反対に、自身で情報を深く追いかけていくことには不慣れな場合が多いといえます（これは、スマートフォンとパソコンの、デバイスとしての性能の違いから生じています）。スマートフォンやタブレットのユーザーは、視覚的に直感的に全体が理解できる構成でないと、‘なんだかよくわからない’という反応になってしまい離脱してしまう可能性が高いのです。‘よくわからないので調べてみよう’と思って、コンテンツの中を限なく読んでくれることはあまり期待できないでしょう。＜文章が多い＞、＜キャッチコピーがわかりづらい＞、＜見てすぐに商品やサービスの内容がイメージできない＞、＜見たいコンテンツやコーナーの場所が即座にわからない＞などは、ユーザーの支持を得づらくする代表的な要因です。これらの要因を取り除いて初めて、ユーザー獲得の競争の土俵に乗ったといえます。

ディテールまで見ることのできる操作性

スマートフォンやタブレットでは、タッチパネル方式によって、画像を自由に動かしたり回転させたり、ズームアウトやズームインすることが可能です。これにより、商品やアイテムなどの見せ方が従来とは大きく変わってきていますので、サイトを制作する際にはそれを意識する必要があります。

今までのECサイトでは、商品は売る側が自由に設定したアングルから撮影した写真だけを掲載していました。そのため、ユーザーが見たときに魅力的に感じると思われるアングルからの写真だけを載せておけばよかったのですが、スマートフォンやタブレットでは、そういった平面的ではない、より立体的な見せ方を追求した商品の写真などを掲載することが可能になります。たとえ同類の商品であっても、固定のアングルからしか見ることのできない商品と、様々なアングルから拡大や縮小も織り交ぜながら自由に見ることのできる商品があれば、ユーザーが後者を購入する割合は一層高くなると思われます。

また、これらのデバイスが普及してくると、ユーザーは、商品やアイテムを360度細部に至るまで、じっくりと観察することが習慣となることも考えられます。そうなると、たとえば、大きく引き伸ばしたときにも綺麗に見える画質の画像を使用するなど、ディテールに至るまで観察されることを当然前提としてサイトを制作する必要が生じます。

3-2-8　VR、AR、MR

話題になっているVR、AR、MRについても概要を見ていきましょう。

・VR（Virtual Reality：バーチャルリアリティ）

コンピュータ上で仮想世界を表現し、そこで自分が実際に存在しているかのような感覚を体験できる技術です。日本語では「仮想現実」あるいは「人工現実感」と表現します。

・AR（Augmented Reality: オーグメンテッドリアリティ）

現実世界にデジタル情報を付与して、CGなどで製作した仮想現実を現実世界に反映させる技術です。現実世界に反映させることを‘拡張’と表現します。日本語では「拡張現実」と表現します。

・MR（Mixed Reality: ミックスドリアリティ）

CGなどで製作した仮想世界と現実世界を融合させる技術です。日本語では「複合現実」と表現します。

これらの技術に共通していることは、多種多様なデバイスがマーケットに提供されていることです。マーケティング上、VR、AR、MRでどのようなコンテンツを展開するのかは重要なのですが、その前段階として、コンテンツを搭載するデバイスの選択が問題となってきます。VR、AR、MRでは、マーケットがまだ発生したばかりで、各種のデバイスがシェアを巡って激しく競争している状況です。現状では各デバイスは一長一短なので、それぞれの特徴をよく把握しておく必要があります。

もう1つ注意しなければならないのは、長期間、継続的に使用してもらうことを強く目指す必要があることです。これらの技術は初めて使用するユーザーが多いので、最初は感激を与えることができ、興味を引くことができます。これ自体は良いことなのですが、ユーザー側の期待感が高揚する一方で、複数回使用していくと、デバイスの視野的な性能面での制限、通信能力の制限によるコンテンツのクオリティの限界、コンテンツの内容の単調さなどが目につくようになりがちです。初期の衝撃に頼るのではなく、長期的に利用してもらうための戦略を、あらかじめ練っておく必要があります。

3-2-9　ARとMRの違い

AR（拡張現実/Augmented Reality）とMR（複合現実/Mixed Reality）は、現実を加工している点では共通しているのですが、加工の方法が異なっています。

AR ⇒ 現実空間の中に透明なスクリーンなどを設置し、そのスクリーンに映像などを投影
MR ⇒ 現実空間の中に、直接バーチャルなオブジェクトを配置

例として、「果物屋さんの店内でテーブルの上にリンゴが置かれている」状況を考えます。

ARの場合：テーブルとその上のリンゴは見えているのですが、これらのさらに手前に半透明なスクリーンが見えており、このスクリーン上に、このリンゴの値段や産地などのデータが見えている状況です。
MRの場合：テーブルの上には、リンゴに加えて、実際にはお店にいない案内のキャラクターが映っていて、リンゴの説明などを行っているような状況です。

ARとMRの違いについて述べてきましたが、この違いは概念的なものでもあります。実際のビジネスの現場では両者が入り混じっていることも多くあります。今後はARとMRは混合していき、VRとAR/MRという区別に落ち着くという考えもあります。

3-2-10　NFTと仮想通貨

NFT（Non-Fungible Token）とは「代替不可能なトークン」という意味です。トークン（token）という単語の本来の訳は「証拠」「兆候」「表象」ですが、この場合では「暗号資産」という内容で使用しています。NFTとは「代替不可能な暗号資産」という意味になります。昨今登場したブロックチェーン技術（データの偽造や改ざんを困難にするための技術）を使用することで、絵画や音楽のデジタルデータそのものに、所有者情報や作者情報、値段などの各種情報を直接付与させた上で、インターネット上を流通させることができます。

これによりNFTによって構成されたデジタルデータは、知的財産権や所有権などの権利を保護したまま、多くの人々によって自由にインターネット上で売却や転売をすることができるようになります。売却や転売の際には作者に報酬として還元されるような仕組みづくりも可能です。

たとえば、NFTマーケットプレイス上で自作のNETイラストやNFTアイテムを売却したりすることができます。

NFTアイテムの例

・デジタルアート
・デジタルファッション
・デジタルフォト
・デジタルミュージック
・ゲームアセット※
・仮想空間の土地　など

このような一点物で代替性のないNFTに対して、仮想通貨（暗号資産）のように代替可能なトークンのことをFT（Fungible Token / 代替可能トークン）といいます。

ゲームアセット
ゲーム開発に用いる3D素材や音楽などをひとまとめにしたもの。

	NFT	FT
代替性	代替不可能	代替可能
トークン規格	ERC721	ERC20
活用例	デジタルアート、デジタルミュージックなど	暗号資産など

仮想通貨はインターネットで流通する私的な通貨の一種です。世界中で様々な種類の仮想通貨が発行されています。

仮想通貨には3つの大きな特徴があります。

1. 中央管理者が存在しない

法定通貨と異なり、仮想通貨には、中央銀行など国家の信用がベースとなっている発行主体は原則として存在しません。ブロックチェーンの仕組みによって信用を保証しています。

2. 発行上限が存在する

中央銀行が発行する法定通貨においては、原則として発行枚数の上限は存在しません。経済状況などを考慮しながら、半永久的に発行を継続していきます。これに対して仮想通貨では中央管理者が存在せず、発行枚数は設計段階で上限が定められていることが多いです。たとえばビットコイン※では、発行上限枚数は2,100万枚に設定されています。

3. 換金可能である

仮想通貨は法定通貨との交換が可能です。ただし交換レートは時価であり、今のところ、交換レートの変動は激しくなることが多いです。

4. 個人間でのインターネット上での送金が可能

仮想通貨では、法定通貨と異なり、銀行などの機関を介さずとも個人間でインターネット上での送金が可能です。

暗号資産の入手方法は主に3つあります。①各種取引所で購入する、②商品や

ビットコイン
仮想通貨の1つで、世界初の仮想通貨のこと。

サービスの対価として受け取る、③コンピューター上で「マイニング」する、の3つです。3つ目のマイニングとは何でしょうか。

マイニングとは、ブロックチェーンを維持保護するためのコンピューターの作業に協力し、その報酬として仮想通貨を受け取ることです。ブロックチェーンの維持保護に必要な計算能力は、以前は家庭用のパソコンでも対応できるレベルでしたが、現在は膨大な演算能力を要するため、企業が大規模にマイニングを行うことが多いです。企業は、マイニングハードウェアを購入して継続稼働させますが、稼働とマシンの冷却のために電気代を支払っています。企業としてマイニングで利益を得るためには、これら電気代よりも、獲得したコインの価値が上回らなければいけません。

ブロックチェーン

インターネット上にあるデータベースの一種です。情報通信ネットワーク上にある端末同士を直接接続した上で、取引記録を、ブロックと呼ばれる記録の塊に格納し、暗号技術を用いて分散的に処理・記録します。これにより、インターネット上のデータでありながら、偽造・改ざんか極めて困難になり、利便性と安全性を両立することが可能になります。

ブロックチェーンには3つの大きな特徴があります。

1. 管理する主体がいない

ブロックチェーンには、全体の管理者がいません。通常のデータベースやデータセンターでは、取引履歴などの各種履歴は、特定の企業や政府などによって中央管理されています。ところがブロックチェーンの場合は、特定の政府や企業によって管理されているのではなく、不特定多数のブロックチェーンネットワーク参加者によって共同管理されています。

2. 取引記録の改ざんが困難

ブロックチェーンでは複数の管理者がおり、全員が同じ取引データを保有しています。取引履歴を改ざんするためには、世界中に存在するブロックチェーンネットワーク参加者のパソコンを1つずつハッキングし、それぞれの保有する取引履歴を改ざんする必要があり、事実上、極めて困難です。

3．システムが止まらない

ブロックチェーンは世界中のネットワーク参加者によって稼働しているため、一部の参加者のデバイスがダウンしたとしてもブロックチェーン全体は稼働を続けます。ブロックチェーンではネットワークを稼働させる参加者を分散させているため、システムダウンのリスクを広く分散しています。

3-2-11　メタバース

メタバースとは、インターネット上に設置した仮想空間上で、人々がアバターといわれる仮想の自己キャラクターを操作しながら、消費活動や娯楽、その他の様々な活動を行うという概念です。

ビジネスモデル的には、メタバース内に設置される様々なサービスや、メタバース自体を運営するプラットフォームサービス、メタバースに用いられる各種デバイス（VRマシンや、将来的には人体の動きをデータ化して送信するためのデバイス）を製造・販売するビジネスなどを指します。技術的には、AIに関する技術、3D化に関する技術、通信やサーバ周りの技術、VRなどの仮想空間に関する技術など、各種技術の集合体を指します。

メタバースのプラットフォームについては世界中で競争が繰り広げられていますが、現状、話題性も含めて先行しているのはやはりFacebook改めMetaの「Horizon Worlds」でしょう。MetaはVRデバイスメーカであるオキュラス（Oculus）を2014年に20億ドルで買収したほか、メタバース関連の事業に合計150億ドル以上の投資をしています。世界的に見て、現状、メタバースのプラットフォーマーに最も近い地点にいることは間違いないでしょう。

メタバースにはいくつかの大きな特徴があります。1つはAIを多用しようとしている点です。アバターにおいても同様で、AIで制御されたアバターを多数投入していくことが予想されています。AIと人間関係を構築していく可能性があり、人間関係は新たなフェーズに入っていく可能性があります。

もう1つは、仮想世界での消費活動の大幅な拡大を目指している点です。たとえば米国の2021年第4四半期のEC化率は12.9%です。少々乱暴な表現になりますが、BtoCの商取引は、13%程度がオンライン取引、87%程度がオフライン取引といえます。メタバースでは、このオンラインとオフラインの比率を、ひっくり返すほどに劇的に変化させようとしています。実際に入れ替わるほどの変化が起きるかはわかりませんが、オンライン取引の割合を劇的に引き上げようとしています。もし実現できれば小売りビジネスの歴史的な変換点になっていくでしょう。VRによる没入感のさらなる向上と、仮想空間内の充実した日常生活の提供がポイントといえます。

3-2-12　BIM

BIM（Building Information Modeling）とは、コンピューター上で建物や建物の内部空間を3Dモデル化した上で、外観、内装、インテリア、製造コスト、空調効果や日照効果、人の移動経路といった様々なデータを一括して「見える化」し、一元管理するテクノロジーです。

「建物やインテリアの設計、施工、保守といった一連の業務を大幅に効率化する」「専門家ではない一般の人々でも完成図を直感的にイメージできる」などの効果があり、建築やインテリア関連業界の発展に大きく寄与することが期待されている先端技術です。

またVRや仮想空間、メタバースといった他の先端技術とも非常に相性がよく、これらと組み合わせることで更なるイノベーションを生み出すことが期待されています。

3-2-13　営業（セールス）支援ツールについて

1．MA、SFA、CRM

近年様々な営業支援ツールがインターネット上でもリリースされています。役割や担当領域は様々なのですが、最近では、MA、SFA、CRMの3つに分類して整理、理解することが多くなってきています。

・MA

Marketing Automationの略で、ユーザーや顧客の新規開拓を支援するツールです。リード活動（潜在化しているニーズを顕在化させる、または顕在化したニーズをキャッチして自社に誘導する）における支援といえます。

近年では（特にBtoBにおいては）、これらリード活動をさらに「リードジェネレーション～見込み客の獲得」、「リードナーチャリング～見込み客の育成」、「リードクオリフィケーション〜見込み客の選別」の３つのフェーズに細分化する考えも広がってきています。

このフェーズでは、まずは自社のサービス内容を広く周知させることが必須になってきます。いわゆる広告、PRとなりますが、主な具体的手法としては、SEO対策・コンテンツマーケティング（記事形式のコンテンツを作成しインターネット上で配信すること）、インターネット広告（リスティング広告、ディスプレイ広告、バナー広告、リターゲティング広告、動画広告、SNS広告など）、展示会、セミナーなどの各種イベント（オンライン、オンサイト、いずれもあります）が考えられます。これらの手法を効率良く運営し、PDCAサイクルを展開してくことをサポートするツールとなります。

・SFA

Sales Force Automationの略で、個別の営業活動を可視化・効率化し、支援するツールです。営業活動は一人一人の営業マンの活動に依拠することが多く、担当する営業マンのスキルや担当営業マンの人数によっては大きな機会損失が発生している可能性があります。このような機会損失を減らし、全体としての営業効率を最大化させていくことを支援するツールとなります。

・CRM

Customer Relationship Managementの略で、顧客情報をデータベース化した上で、様々な分析を行い、現在の顧客との関係性の向上や、今後の営業活動の参考にしていくことを支援するツールとなります。

規模が大きくなってくるとビッグデータのトピックスとなり、顧客分析を顧客のライフイベントのレベルまで深掘りするとLTV (Life Time Value／顧客生涯価値) のトピックスとなります。

2．マーケティングとセールスの関係性

これらの支援ツールは基本的には営業支援ツールに分類されていますが、具体的に各種ツールを扱っているとマーケティングの領域に及んでいるものも数多くあります。またマーケティング支援ツールと銘打っているツールも存在しており、現場でこれらのツールを活用するに際しては各種ツールの効果的な使い分けが求められ

ます。

そもそもセールスとマーケティングとは、どのように分けて考えるのでしょうか。これにはいくつかの考え方があります。

・マーケティングとは、物が勝手に売れていく仕組み作り。究極的には、個別の販売活動であるセールスをしなくとも売れていくことを目指す。
・マーケティングは販売活動の前半部分の活動で、販売戦略の立案や、PR 活動による顧客の掘り起こし、ニーズ喚起を行う。
・セールスは販売活動の後半部分の活動で、個別の顧客と個別の商談を行い、クロージングまで持ち込むこと。
・マーケティングとは、顧客が買いたいものを分析、理解し、顧客が真に欲するものを提供したり、告知したり体制を構築すること。セールスは、その時点で会社が販売できるものを販売すること。

ピーター・ドラッカー氏は、自身の著書『マネジメント』において、「セールスとマーケティングは出発点がそもそも異なっており、マーケティングとはあくまで『顧客のニーズ』をベースに組み立てていくもの」であり、よって、「セールスとマーケティングは逆の関係で、補い合う部分さえもない」のであり、「マーケティングの理想はセールスを不要にすること」という趣旨を述べています(ただし、ピーター・ドラッカー氏も、現実問題として何らかのセールスが必要なこと自体は認めています)。

セールスとマーケティングの役割分担についてはこのように様々な考え方があり、どれが正解とは言い切れない部分があります。

ただし少なくとも、マーケティングが顧客スタート、セールスが自社スタートで、マーケティングがより戦略的、セールスがより戦術的、という違いはあると思います。

日本語の‘営業’というボキャブラリーは良い意味でファジーであり、マーケティングとセールスの双方を緩やかに包有しています。マーケティングもセールスも一体化して捉えた上で、自社にとって最適な作戦を立て、効果的にツールを使用していくことが必要です。営業支援ツールは多種多様なものが登場してきているので、ツールに使われることがないよう、主体的に使いこなしていくことが必要です。

この項目のPOINT

- トリプルメディアとは、インターネット上のメディアを、ペイドメディア、オウンドメディア、アーンドメディアの3つに分類して捉える考え方。
- XR、NFT、BIM、セールスツール、メタバースなどの各種先端コンテンツを着実にキャッチアップすることが重要。

第3章の関連用語

PoC
新しい技術や新しい概念を自社の活動に導入するか否かを検討するための、プロセス。

ERP
企業資源計画とも呼ぶ。企業の資源を、一元化して管理することで、経営の効率化を図る計画、概念のこと。この実現を目的とするソフトをERPソフトという。

MQL
マーケティング活動によって得られる、購買意欲の高い見込み顧客。

SQL
営業活動によって得られる、明確な購買意欲を持った見込み顧客。

LPO：Landing Page Optimization
ユーザーがサイトに訪れた際に最初に訪問するページ（ランディングページ）の内容や構成を工夫することで、コンバージョン率を高めようとするインターネットマーケティング手法。

ソーシャルメディアマーケティング（SMM/Social Media Marketing）
ソーシャルメディアを利用したマーケティング手法。FacebookやTwitterなどのSNSを使用し、ユーザーと交流することで、自社のWebサイトや商品の宣伝効果を狙う。

デジタルマーケティング
インターネットやIT技術などを活用したマーケティング手法。

顧客関係管理(CRM/Customer Relationship Management)
顧客の満足度やロイヤリティの向上を通して、売上の拡大と収益性の向上を目指すマネジメント手法。

コンテンツマーケティング

ユーザーと関連性の高いコンテンツを作ることによってユーザーを惹きつけ、結果ユーザーと良い関係を構築するマーケティング戦略。

インターネットリサーチ

企業が顧客のニーズなどを把握するために行うリサーチは、その方法によって２つに分類されます。１つ目は、モニターと呼ばれる人々に対面方式や電話方式で直接質問をしたり、手紙、はがきを用いて間接的に質問をしたりといった手法によるもので、オフラインリサーチと呼ばれます。２つ目は、インターネットを用いた手法で、インターネットリサーチまたはオンラインリサーチと呼ばれます。

そして、インターネットリサーチは質問型と分析型に分類され、オフラインリサーチは面接型と非面接型に分類されます。

インターネットリサーチが登場した1990年代は、インターネットの利用者数が今ほど多くなく、その利用者層もITリテラシーが非常に高いユーザーに偏っていたので、ニュートラルな意見を大規模に収集することは困難でした。しかし、今日ではインターネットのユーザー数は膨大になり、ユーザー層の偏りも小さくなってきているため、インターネットリサーチは、企業の新製品開発から顧客満足度の調査、政党の政策立案の参考のための調査など、様々な場面で用いられるようになっています。

一方で、オフラインリサーチは長年にわたってノウハウや経験を蓄積してきている手法なので、信頼性の高い結果を得ることができます。

それぞれに特徴を備えているので、両者を上手に組み合わせて活用することが重要です。

4-1 インターネットリサーチとは

インターネットリサーチには、オフラインリサーチでは行うことができない、特徴的な機能や実施方法があります。また、オフラインリサーチに比べて、低価格、大規模、スピーディーであることも特徴です。

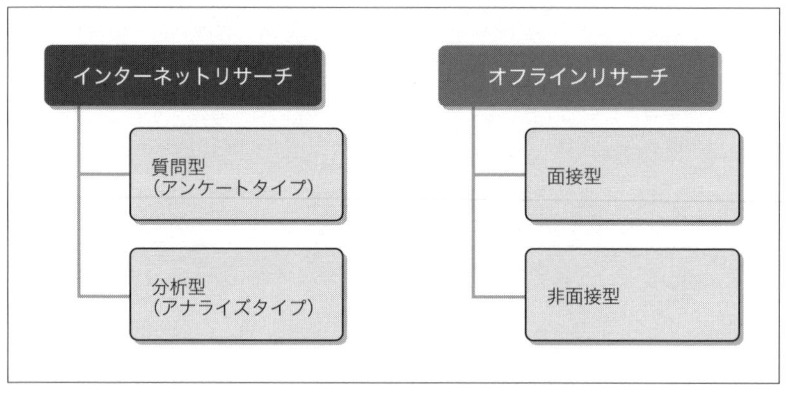

4-01　インターネットリサーチとオフラインリサーチ

4-1-1　インターネットリサーチの特徴

インターネットは一義的には情報通信ネットワークですが、他面では、世界中のニュースから個人のつぶやきまで、あらゆる情報を蓄積している世界最大の情報集積所という見方ができます。インターネットリサーチは、この情報集積所から自社にとって有効な情報を効率的に集めることを目指しています。インターネットマーケティングを行う上でも有効ですが、企業全体のブランディング戦略を考える上でも、大きな効果を生み出します。

インターネットリサーチは、大きく分けて、質問型（アンケートタイプ）と分析型（アナライズタイプ）に分類されます。

質問型（アンケートタイプ）は、インターネット上でユーザーに質問を投げ掛け、それに答えてもらう方式です。「今お使いのパソコンはどこのメーカーのものですか？」、「外食は週何回ぐらいですか？」といったように、様々な質問をユーザーに投げ掛け、回答を収集します。

分析型（アナライズタイプ）は、すでにインターネット上に存在している情報の中から、必要な情報を抽出し、分析することでユーザーの嗜好やニーズを把握する手法で、オフラインリサーチでは行うことができない、インターネットリサーチ特有の情報収集手法です。

たとえば、ある会社の新商品に対するユーザーの反応を調べる際には、インターネット上でその商品についてユーザーが感想や意見を述べている情報（ブログ、Twitter、Facebook、掲示板、Q & A サイトなど）を収集し、それらを分析することでユーザーの反応を把握します。オフラインリサーチとインターネットリサーチを比較した場合、もっとも大きな違いは、この分析型（アナライズタイプ）を用いることができるか否かにあります。

インターネット上では、多くのユーザーが様々な意見や感想を述べ、場合によっては議論を行っていますが、これらのやり取りを見ることも、文字データとして収集保存することも、すべて無料でできるのです。インターネットは、あらゆる種類のユーザーの生の声が大量にストックされている、無料の情報集積所です。ここに蓄積されている情報を分析することだけでも、大変に貴重な事柄を把握できるのです。

次に、インターネットリサーチの具体的手法について、質問型（アンケートタイプ）、分析型（アナライズタイプ）の順に見ていきます。

4-1-2 インターネットリサーチの手法 - 質問型（アンケートタイプ）

(1) オープンタイプ／クローズタイプ

質問型（アンケートタイプ）は、回答者の構成によって、さらにオープンタイプとクローズタイプの２つに分類されます。

オープンタイプは、不特定多数の回答者を許容する方法です。バナー広告などで大量に回答者を集め（多くの場合、回答者にはポイントや景品などの報酬が支払われます）、インターネット上で回答してもらうのが一般的です。

大量の情報を集められる半面、同一人物による重複回答や懸賞マニアなどの回答も許すことになり、回答結果の信頼性には不安が残るケースもあります。

クローズタイプは、特定多数の回答を集めます。調査モニターとして事前に登録済みのユーザーを対象に調査を行います。最初に調査モニターに登録してもらう際に、性別や年齢、住所などを入力してもらっているので、調査対象を絞ったリサーチも可能です。

(2) 定量調査／定性調査

質問型（アンケートタイプ）は、質問の形式によって、定量調査と定性調査に分類することもできます。

定量調査では、マークシートなどの選択形式の質問のみを使用するので、回答はすべて数値化することができます。そのため、全体像の把握が簡単に行えることや、統計的な情報を入手することができます。

定性調査では、回答者に理由や根拠を自由に記述してもらう形式のアンケートも合わせて使用します。そのため、より具体的なユーザーの生の声に触れることができる反面、リサーチの結果を統計的に判断することが困難になるケースもあります。

これらの調査方法の特徴を踏まえ、リサーチの目的に合った方法を組み合わせて実施することが重要になります。

リサーチの種類		特徴
回答者の構成による分類	オープン型	・回答者の属性が分からない ・自己参加を促す勧誘方法なので、回答者数の予測が難しい
	クローズ型	・回答者の属性は、ある程度は判明する ・属性別に回答者を絞った上でリサーチを行うことが可能
質問の形式による分類	定量調査	・表やグラフにすることにより、可視化し、全体像を把握できる ・統計的な情報が収集できる
	定性調査	・詳細な理由や根拠まで把握することができる ・統計的な数値を得たり、一般化することが困難

4-02　リサーチの種類と特徴

(3) 特徴

質問型（アンケートタイプ）の最大の特徴としては、短期間・低コストで大量の情報を収集できることです。オフラインリサーチでは、調査員や回答者の人数との兼ね合いで収集スピードに限界がありましたが、インターネットリサーチでは一度に大量の情報を受発信することができるため、短期間、低コストでの情報収集が可能です。そして、対象も日本全国、あるいは、世界規模で存在しているので、広範囲かつ大量の情報を収集することができます。また、匿名性が確保されているため、たとえば女性の下着や生理用品に関する意見など、対面では聞きにくいテーマに関する情報収集も可能です。

一方、回収したリサーチ結果の質は回答者の質と直結しているため、匿名性ゆえの不安が残ります。回答者がどのような人物で、どの程度の時間や集中力で回答しているのかはわかりません。たとえば、懸賞サイトなどでアンケートの回答が換金性である場合など、小遣い稼ぎのために適当な回答を入力する回答者もいます。そのような場合に備え、得られた回答結果を精査する必要があります。事前の対策としては、アンケートの中に回答の整合性を精査するための質問を混ぜることが有効です。

(4) 実施手順

質問型（アンケートタイプ）の実施における手順について見ていきます。

手順は大きく分けて、①企画・打ち合わせ、②アンケート作成、③実施、④集計・分析の４つに分類されます。

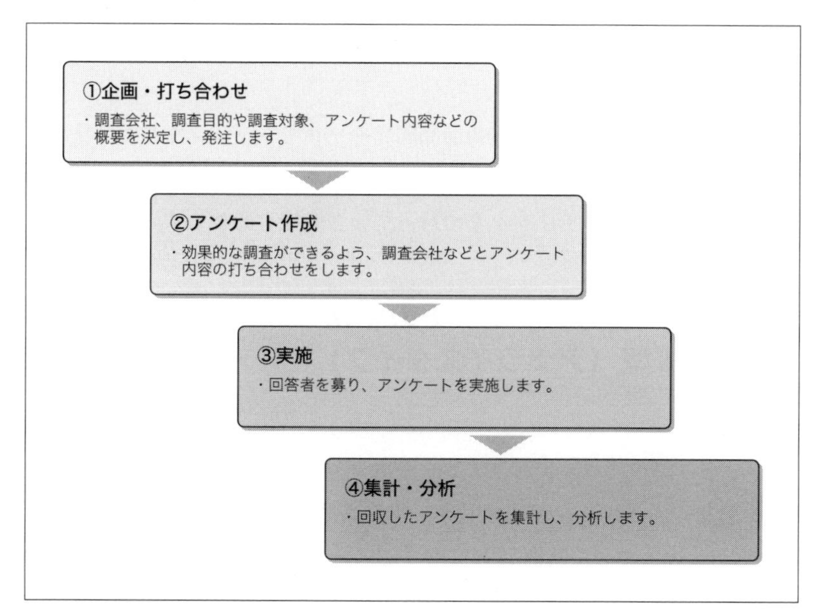

4-03 アンケート調査の実施手順

①企画・打ち合わせ

リサーチの目的、リサーチを行う対象、方法、規模を明確にします。一見回答が集まりやすいように思えるリサーチ内容でも、質問の文言や形式によっては有効な回答が集まりにくいといったケースも有り得るので、インターネットリサーチに関する専門の経験や知識が必要です。この段階から専門の調査会社などに参加してもらうのも有効です。

②アンケート作成

回答してもらうアンケートを作成します。画像や動画を使うのか、質問数や回答形態、回答者の募集方法はどうするのかといったことを決定します。また、択一形式にして定量的な情報を得るか、記述形式にして定性的な情報を得るのかといったことも、この段階で確定させます。

③実施

実際に回答者を募り、アンケートを実施します。

④集計・分析

得られた結果を集計・分析し、今後の商品開発やプロモーションなどに反映させます。なお、調査会社によっては、オプションとして調査結果の分析レポートの提出や結果を踏まえたコンサルティングまで行っている会社もあります。

4-1-3　インターネットリサーチの手法 - 分析型（アナライズタイプ）

(1) 実施方法

分析型（アナライズタイプ）では、インターネット上の情報を収集、分類し、それらの情報を分析するといった手順でリサーチを進めていきます。例として、「食品関連企業Xが最近発売した新商品Yに対するユーザーの反応」を調べる場合を考えてみます。

新商品Yについての意見や感想を述べているインターネット上の情報をすべて抽出し、以下の分析を行います。

① 内容（Yに関するポジティブ内容かネガティブ内容か。その理由は何か）
② 情報の波及力（Yに関するその情報は、インターネット上で波及力のある情報なのか）
③ 連動性（Yに関するその情報は、テレビやインターネットの他の情報の影響を受けて発生しているのか）
④ 比較（他の類似の商品と比べた場合、Yについての反応は良いのか悪いのか、その理由は何か）

たとえばYがどのようなテレビ番組で取り上げられた場合に、インターネット上ではどのような情報が流れるかを調べることで、テレビでのプロモーションとインターネット上でのプロモーションをより効果的に組み合わせることができます。

(2) 特徴

分析型（アナライズタイプ）には、大きな特徴（メリット）が2つあります。

1つ目は情報の信頼性です。インターネットリサーチの質問型や後述のオフラインリサーチでは、回答者自身がリサーチに対して回答を行っていることを認識した上で回答しています。しかし、インターネットリサーチの分析型では、回答者はリサーチを一切認識せず発言などをしているので、より自然な状態での発言ということになります。ユーザーの生の声に近い、実態に即したデータが得られる可能性が高いのです。

2つ目は、情報経路が把握できることです。情報経路とは、インターネット上で情報が流通していくルート（道順）です。たとえば、特定のテレビ、雑誌、ブログ、サイトなどで報道された内容が、次にインターネット上のどこのサイトに反映され、その後どのようなルートでインターネット上を流通していったのかを把握できます。これにより、どのような媒体にどのような内容の情報を投入すると、インターネットで拡散するかしないかが理解できるようになり、プロモーション戦略上、貴重な情報を入手できます。

デメリットとしては、インターネット上で意思表示しないユーザーの情報を把握できない点がありますが、これはある意味インターネットリサーチ全般の宿命的なデメリットなので、オフラインリサーチとの組み合わせで対応する必要があります。

この項目のPOINT

- インターネットリサーチは質問型、分析型に分類され、質問型は回答者の構成によって、さらにオープンタイプとクローズタイプに分類される。
- 分析型（アナライズタイプ）は、オフラインリサーチでは行うことができない、インターネットリサーチ特有の方式である。

4-2 オフラインリサーチとは

オフラインリサーチは、人間が直接リサーチを行うことにより、きめ細やかな調査と付加価値の高い回答を得ることができることが特徴です。インターネットマーケティングもオフラインリサーチを組み合わせることにより、マーケットの情報をより有効に収集・分析することができます。

4-2-1 面接調査／非面接調査

オフラインリサーチも質問の形式によって、定量調査と定性調査に分類できます(定量調査と定性調査については既に説明してあるので、ここでは触れません)。また同時に、面接調査と非面接調査に分類することもできます。

面接調査とは、調査員が直接訪問したり、一定の場所に人を集めたりして、実際に人と会って調査をする手法です。これに対して非面接調査は、電話、郵送、ファックスなどにより、調査対象の人と対面しないで調査を行う手法です。

これらの調査方法は、回収率、コスト、回収量などで違いが出てきます。

面接調査はコストと時間がかかりますが、その分回答者のなりすましを防ぎ、回答結果の信頼性を確保することができます。また、不明な点を質問したり、理由や根拠を聞いたりと詳細な情報を得ることも可能です。

非面接調査は、調査内容は限定されてしまいますが、低コストで大量の情報を入手することができます。

	面接調査	非面接調査
回収率	高い	低い
コスト	高い	安い
回収量	少ない	多い
結果の信頼性	高い	低い

4-04 面接調査と非面接調査の特性

4-2-2　具体的方法

それでは、面接調査と非面接調査の具体的な調査方法について見ていきましょう。

(1) 面接調査の調査方法

・訪問調査

調査員が実際に回答者を訪問して調査します。直接訪問するので、回収率が高く、なりすましの防止などもできます。しかしながら、必然的に回収できる量には限りがあり、調査費用もかかります。また、回答者が不在であることが重なるなどして、目的の調査数を達成できないこともあります。

・会場集合調査

回答者に特定の場所に集まってもらい、その場で調査員が説明しながら回答を得ます。回答者を街頭で集める方法と事前に連絡して集まってもらう方法があります。

この場合、会場手配の手間や来場者数を確保できるかどうかといった点が課題となってきますが、訪問調査に比べて実施側の負担は少なくて済むことが多いです。ただし、その性質上地理的な要因に影響を受けることもあります。

・街頭調査

ショッピングモールや街頭などの人が集まるところで直接調査する方法です。回答者の外見や実施場所から対象となる回答者を選別することができるので、訪問調査同様、なりすまし防止や高い回答率が期待できます。

(2) 非面接調査

・留め置き調査

アンケートを回答者のもとにおいて帰り、後日結果を回収する方法です。これにより、ある程度質問が多い場合でも結果を得ることができます。しかしながら、なりすましの危険はあり、コストと時間もかかります。

また、留め置きはしたものの、回答者の不在などで目的の調査数を達成できないこともあります。

・郵送調査 / ファックス調査

アンケートを郵送やファックスで送り、記入後、返送･返信してもらう方法です。

コストや手間を節約することができ、地理的な制限という問題も解決することができますが、その分回収率は一般的に低くなります。また、この方法でもなりすましの危険が生じます。

・電話調査

回答者に電話をかけて調査をする方法です。調査員が直接電話をかける方法とコンピューターが自動でかけ、音声案内で調査する方法があります。訪問調査に比べれば、コストや時間を大きく節約することができます。

・ホームユーステスト

試作品などを実際に試用してもらい、その感想を集める方法です。対象商品とアンケートを郵送もしくは留め置くことで回収をします。ただし、情報漏洩の危険やなりすましの危険があります。

	回収率	回収量	費用	なりすましの危険
訪問調査	高い	低い	高い	ない
会場集合調査	高い	普通	普通	ない
街頭調査	高い	普通	普通	ない
留め置き調査	普通	低い	高い	ある
郵送調査／ファックス調査	低い	多い	低い	ある
電話調査	普通	多い	低い	ない
ホームユーステスト	高い	普通	普通	ある

4-05 各種面接調査方法の特性

この項目の POINT

- **オフラインリサーチは、面接調査と非面接調査に分類される。**
- **面接調査はコストと時間がかかるが、回答者のなりすましを防ぐことで回答結果の信頼性を確保することができる。**
- **非面接調査は低コストで大量の情報を入手することができるが、なりすましの危険性は排除できない。**

第4章の関連用語

ITリテラシー

インターネットや情報機器などを利用し、情報をうまく活用する能力や知識のこと。

プロモーション（PR / ブランディング）

第５章と第６章では、インターネットを用いたプロモーションの手法について学びます。第５章ではプロモーションの中の『PR（ブランディングを含む）』について、第６章ではプロモーションの中の『広告』について、具体的に述べていきます。

PR と広告は、インターネットマーケティングの中でも最も移り変わりの激しい分野です。新しい手法が次々と登場し、古い手法の中には廃れていくものもあります。常に最新の情報を収集する必要がある一方で、新しい手法に目移りばかりしていると、いつまでも効果が出ないといった状態に陥るおそれもある、対応が難しい分野です。

大事なことは、それぞれの手法についての本質を論理的に理解することです。本質を把握することで、ある場面で、どの手法が適しているのか、または適していないのかについて、客観的に検討することができます。

第１章の冒頭で、現在のインターネットマーケティングには、質の向上（消費者との接触機会は少ない）、クロージングの促進（購買意思の持続時間がタイト）、レピュテーションの向上（口コミ系情報の重要性）という３つの大きなポイントがあると述べました。

様々な PR の手法は、この３つのポイントにしっかりと対応したものでなければなりません。それぞれがどのような効果を得ようとしているのか、という観点から整理して理解することが重要です。本書で取り上げる PR 手法とそのポイントは以下のとおりです。

・SEO 対策→質の向上
・DB マーケティング→質の向上
・リレーションシップマーケティング /One to One マーケティング→質の向上
・LPO 対策 / EFO 対策→クロージングの促進
・フラッシュマーケティング→クロージングの促進
・バイラルマーケティング→レピュテーションの向上
・buzz マーケティング→レピュテーションの向上

5-1 検索エンジン対策など

まずはじめに、PR 手法の中で最も一般的な手法である検索エンジン対策（SEO 対策／Search Engine Optimization）を中心に見ていきます。ここでは、リスクの伴うトリッキーな対策ではなく、ベーシックで安全、確実な対策について取り上げます。

5-1-1　SEO 対策は SEM の一種

突然ですが、あるユーザーがインターネット上で‘オレンジ’について調べた場合を考えてみましょう。Google や Yahoo! JAPAN といった検索エンジンで、‘オレンジ’を検索すると、約 4 億件の Web ページがヒットします(2023 年 1 月時点)。このとき、検索エンジンでは、どのようなことが行われているのでしょうか。

検索エンジンは普段から、クローラーと呼ばれる自動プログラムをインターネット上のすべての Web サイトに巡回させています。クローラーは巡回中に、サイトの HTML などを読み込み、それらの情報を検索エンジンのデータベースに送信しています。検索エンジンは送られてきたそれらの情報から、それぞれのサイトの内容を想定し、サイトの構造や人気に関する点数を付け、表題を付けて分類した上で、データベースに格納しています（この分類の作業を通じて、検索エンジンはすべての Web ページに索引情報を付けます。この索引情報をインデックスといいます）。ユーザーが検索エンジンで‘オレンジ’と検索すると、検索エンジンはこのインデックスを辿り、データベースから情報を集めます。その結果、検索エンジンは、オレンジに関連する Web ページとして約 4 億件を選択し、よりオレンジと関連性の高い順に並び替えた上で、表示しているのです。

ここで、今度はあなたが、オレンジをインターネットで販売する会社の営業部長であったとしましょう。インターネットの利用者が‘オレンジ’を検索したときに表示される約 4 億件の Web ページの中で、あなたの会社の Web サイトが何位で表示されるのかは極めて重要な事柄となってきます。Google でも Yahoo! JAPAN でも、標準設定であれば、1 ページに表示するサイトは 10 個です。そしてインターネットで何かを検索したとき、多くのユーザーは 3 ページ程度までしか閲覧しないといわれています。つまり上位30位以内に表示されるかどうかで、あなたの会社のWebサイトへの訪問者数が、大きく変化してくるのです。

また昨今では、企業サイトが検索エンジンの上位に表示されることが、その企業やサービスへの信頼性につながってきています。インターネットで検索するという行為が定着するにしたがい、ユーザーは、検索結果で上位表示される企業に対して安心感や信頼感を感じるようになってきています。検索結果で上位表示されるということが、企業としての社会的な信頼を獲得するということとリンクし出しており、それは消費者との接触機会の質の向上に大きく寄与するのです。

そこで営業部長であるあなたは、自社のサイトを上位表示させるための対策を立てなくてはなりません。具体的には、自社のWebサイトが‘どういうキーワード’で検索されたときに‘何位以内’で表示されるかについてのプランニングを行うことになります。このようなプランニングをSEM/Search Engine Marketingと呼びます。

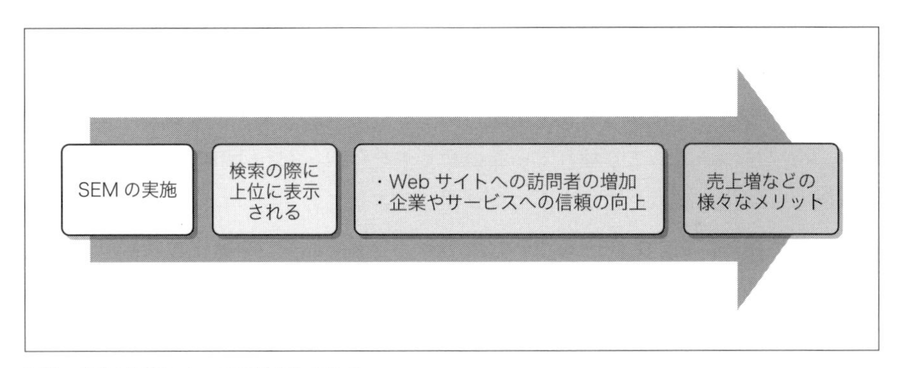

5-01 SEM実施によって期待される効果

SEMの方法は、大きく分けて2つあります。

1つ目は、広告を用いる方法です。GoogleやYahoo! JAPANに広告費を支払うことで、指定したキーワードで検索されたときに、自社のサイトを広告欄に表示させることができます。これを『リスティング広告（検索連動型広告）』と呼びます（詳しくは第6章で説明します）。

2つ目は、検索エンジンが読み込むサイトのプログラム（HTML）を、検索エンジンが読みやすいように制作、調整することで、上位表示をさせる方法です。これがSEO対策（Search Engine Optimization/検索エンジン最適化）と呼ばれるものです。

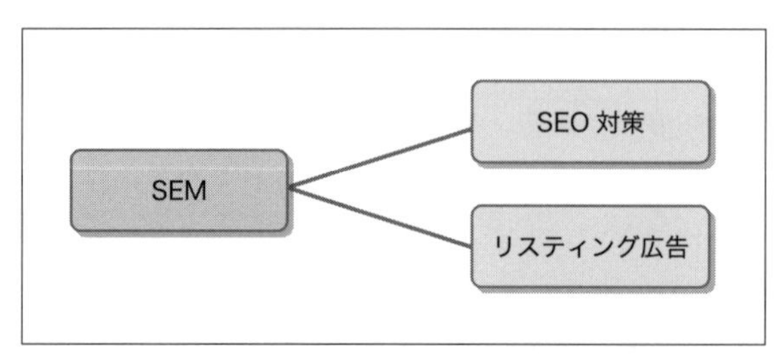

5-02 SEMにおけるSEOとリスティング広告

検索エンジンは、キーワードとより関連性の高いサイトを上位表示するようにプログラムされています。

たとえば‘オレンジ’で検索したとき、‘オレンジ’について詳しく記載しているサイトもあれば、‘オレンジ’についてあまり触れていないサイトもあります。それらを何の順位付け（ランキング）もすることなく羅列するのは、ユーザーに対して不親切です。そのため、検索エンジンは、‘オレンジ’について詳しく記載しているサイトを『オレンジと関連性が高いサイト』と判断して上位に表示し、反対に‘オレンジ’についてあまり触れていないサイトを『オレンジと関連性が低いサイト』と判断し、下位に表示をするようにプログラムされています。

そこで、検索エンジンが関連性を判断するプログラムのロジックを理解してしまえば、自社のWebサイトのプログラム（HTMLなど）をロジックに則って構築することで、狙いどおりに上位で表示させることが可能になるのです。

続いて、SEO対策の具体的な方法について見ていきましょう。

5-1-2 SEO 対策の流れ

Google や Yahoo! JAPAN といった検索エンジンのビジネスモデルでは、リスティング広告などの広告収入が主な収益源となっています。より多くのユーザーに自社の検索エンジンを利用してもらうことが広告収益の拡大に直結しています。そのため各検索エンジンの運営会社は、ユーザーのさらなる利便性向上を目指し、検索エンジンのプログラムを日々改善しています。

それでは、検索エンジンを使用する際のユーザーの利便性とは、具体的にはどのようなことでしょうか。それにはいくつかのポイントがありますが、最大のポイントは検索順位の正確さにあります。ユーザーがあるキーワードを検索したとき、たくさんのサイトが表示されますが、その中でユーザーが求める内容を掲載したサイトが上位に表示されていれば、ユーザーはすぐに目的とするサイトに辿りつけるからです。つまり、ユーザーが入力するキーワードからユーザーが欲しているであろうと思われるサイトの内容を推測し、その推測に合致するサイトを上位に表示させるという一連の順位付けのプログラムが、どれほど高い精度を有しているかが重要なのです。

このプログラムの目的は究極的にはユーザーの欲求を予想すること、つまり、人間の考えを予想することにあります。これは人工知能にもつながるテーマで、検索エンジンのプログラムは、日々進化し続けています。そして、検索エンジンの進化に対応するために、SEO 対策も常に変化する必要があります。SEO 対策を業務として行っている会社は多数存在していますが、日々、試行錯誤が繰り返されているのです。

SEO 対策は、まずターゲットとするキーワードを決めるところからスタートします。その後、サイトの構造自体を整備する内部施工、サイトを取り巻く環境を整備する外部施工といった対策を行っていきます。

5-1-3 ターゲットとするキーワードの選定

まず、上位表示を狙うキーワードを決定します。このキーワードは、今後の SEO 対策を行う上でのベースとなる部分ですので、慎重に、また戦略的に選定する必要があります。具体的には、キーワードの的確性と競争性の 2 つの項目から考慮して選定します。

キーワードの的確性

‘サイトに掲載しているコンテンツ’と‘そのキーワードで検索してきたユーザーのニーズ’がマッチしている（関連性が高い）必要があります。これは最も重要な事柄で、ここがミスマッチしていると、サイトにユーザーが訪れても購買活動などの行動をとることなくサイトから離脱してしまいます。

サイトにユーザーが訪問してくれるのはとても大事なことですが、それでサイト運営の最終目的が必ずしも達成されるとは限りません。先程のオレンジ販売の例でいうと、‘オレンジの購入に興味のあるユーザー’にサイトに訪問して欲しいのであって、‘オレンジの栽培に興味のあるユーザー’には訪問してもらっても効果がありません。このように、サイトの最終目的（コンバージョン /Conversion）に即したユーザー層にアクセスしてもらえるキーワードを選定しなくてはなりません。

キーワードの競争性

多くのサイトがターゲットとして選定しているようなキーワードは、それだけサイト間での競争も激しくなります。サイトとしての実績や歴史があり、SEO 対策も入念に行われているサイトがひしめき合っている中で、後発の新しいサイトが上位表示に食い込んでいくのは容易ではありません。そこで、できるだけ競争性の低いキーワードから選定することも重要です。

また、競争性の非常に高いキーワード（いわゆる人気のキーワード）をビッグキーワードと呼ぶことがありますが、このようなビッグキーワードをターゲットとするときには、まずスモールキーワード（人気がそれほどないキーワード＝競争性が低いキーワード）から SEO 対策を開始し、徐々に最終目標のキーワードに近づいていくという方法も有効です。

①具体的な方法 1 －アクセス解析からのアプローチ

既存のサイトがある場合には、サイトのアクセス状況を把握することから始める必要があります。アクセス解析とは、サイトを訪問してくるユーザーに関する情報を収集し、分析することです。代表的なツールとしては Google マーケティングプラットフォームがあります（詳しくは第 8 章で述べます）。代表的な使用方法としては、どのような検索キーワードから訪問してきたユーザーが、その後サイト内でどのような行動をしているのかを把握します。

例として、個人向け住宅を主に扱う建築関係企業のサイト（仮にサイトAとします）におけるユーザー動向を考えてみましょう。‘住宅リフォーム’で検索して訪問してきたユーザーと、‘デザイナーズ住宅’で検索して訪問してきたユーザーとでは、同じ住宅建築でも住宅への細かいニーズが異なるので、両者のサイトA内での行動には違いが生じることが多くなります。2世帯住宅に改造したいと考え‘住宅リフォーム’というキーワードで検索してきたユーザーは、個性的な外観を紹介しているページには興味がなく、すぐに離脱してしまうでしょうし、個性的なデザインの住宅が欲しいと考え‘デザイナーズ住宅’で検索してきたユーザーは、高齢者向けの仕様を紹介しているページには興味がなく、やはりすぐに離脱してしまうでしょう。ユーザーのサイト内での動きを追跡、分析することで、現在の自社のサイトが実際に訴求しているユーザーのニーズを把握できることになるのです。

そしてこのようにユーザーの動きを分析した結果、ユーザーの離脱率が低く滞在時間が長いキーワードがあれば、そのようなキーワードから検索してきたユーザーにとって満足度が高いサイトであるといえ、SEO対策でも力を入れる価値が高いといえます。また、ユーザーの離脱率が高く滞在時間が短いキーワードでSEO対策を行うのであれば、SEO対策と並んで、サイトのコンテンツの整備が必要ということになります。キーワードの選定やSEO対策における中長期的な指標を得ることができます。

②具体的な方法2 －競合サイトからのアプローチ

競合他社でSEO対策がしっかり施されていると思われる企業のサイトが、どのようなキーワードを設定しているかを調べるというアプローチの方法もあります。

まず競合他社のサイトを開き、ソースコードを表示させます。ここで<title>タグ、<meta>タグ、<hn>タグ（<h1>など）などを参照すると、その企業がSEO対策の対象として考えているキーワードを見ることができます。

5-1-4 内部施工

続いて、サイトのHTMLなどのインターフェイス系のプログラミングを調整することで検索エンジンからの評価を向上させる、内部施工について見ていきます。

（1）検索エンジンへの登録

5-1-1 で検索エンジンのクローラーがインターネット上のサイトを巡回して、各サイトの情報を収集していることを見ました。しかし、サイトが大規模化するにつれて、サイトの全 Web ページをクローラーが巡回できないケースが発生しています。構造的にあまりに奥深いところにある Web ページや極端にリンクの少ない Web ページについては、いわゆる‘クローラー漏れ’のような状態が生じてしまうことがあるのです。そこで、積極的にクローラーに Web ページの情報を提供し、巡回を誘導する必要があります。これを検索エンジンへの登録と呼びます。

具体的には、Google の「Google Search Console」を利用する方法があります。Google にクロールしてほしい URL リストを送信するとクローラーが訪れて指定したページを取得し、インデックスに登録してくれます。

また、2022 年時点では、Yahoo! JAPAN も Google と同じ検索エンジンを使用しているので、同様の方法により、Yahoo! JAPAN での検索にも対応します。

（2）<title> タグへのキーワードの挿入

<title> タグは、ドキュメント（Web ページ）のタイトルを定義するタグです。SEO 対策上、最も重要なタグでもあります。ここにターゲットとするキーワードを挿入します。また、<title> タグはすべての Web ページに挿入する必要があります。

ただし、たくさんのキーワードをやみくもに入れれば良いというわけでもありません。同じ単語や語句を何度も繰り返すとキーワードスタッフィングとして、検索エンジンからスパム判定される可能性があるからです。キーワードの挿入は具体的で簡潔な記述をする必要があります。

・文字数

<title> タグの文字数は、Yahoo! JAPAN、Google ともに確実に表示されると思われる全角 30 文字前後におさえておくことが無難です。

・区切り文字

区切り文字を使用することも可能です。ただし全角パイプ（｜）の使用は避けた方が安全です。Google では全角パイプもそのまま表示されますが、Yahoo! JAPAN では半角パイプに変換されます。

(3) サイト内の相互リンク

Web サイト内での相互リンクを充実させることも、検索エンジンの評価を向上させるには有効です。これにより、より頻繁にクローラーが巡回しやすい状態になります。

(4) URL

あまりにも長い URL は、クローラーにピックアップされにくいといわれています。URL は、短くシンプルなもののほうがより効率的といえるでしょう。また、頻繁に URL を変えることも、内部施工として好ましくありません。

(5) テキスト本文の調整 (テキストマッチ)

コンテンツ内の文字（テキスト）に含まれるキーワードの個数の割合も、そのページがキーワードにマッチしたコンテンツかどうかを判断する事柄の 1 つといわれています。妥当な割合は 10% 前後といわれていますが、この数字を気にするというよりも、適度にキーワードに言及している（キーワードが多すぎも少なすぎもしない)、スパムと認定されない自然な状態にすることが重要です。

(6) <meta> タグの調整

<meta> タグ（メタタグ）とは、検索エンジンやブラウザに対して、その Web ページが記載されている言語や何について記載されているかの情報を示す役割のタグです。これも SEO 上重要なタグで、メタ・キーワードタグとメタ・ディスクリプションタグの 2 つがあります。

メタ・キーワードタグは、検索エンジンでヒットしてほしいキーワードを挿入することができるタグです。挿入する個数としては大体 10 個までが妥当です。

メタ・ディスクリプションタグは、そのページの簡単な紹介を挿入できるタグです。検索結果の下の部分に表示される、ページの解説部分に記載される文字に対応しているので、人間が読んでもわかりやすい、端的な表現を使い、一般的には 100 文字以内で記載します。

(7) HTML ソース関連

・WHATWG の Web 標準準拠

WHATWG が策定している Web 標準仕様に則った HTML の記述は、検索エンジンによる高評価に結び付きます。

・JavaScript や CSS の外部ファイル化

JavaScript や CSS を外部に置き、クローラーが読みやすい、シンプルな HTML の構造にすることも有効です。

・画像へのテキスト設定

メインメニューやコンテンツ内で、外観は画像リンクや画像タイトルに見えるものの、HTML 上ではテキスト表記にされていることを「隠しテキスト」と呼びます。不正に多用するとスパム認定されますが、適切に使用する限り、重要な SEO 対策です。

5-1-5　外部施工

検索エンジンは、サイトの内容を把握する際に、そのサイトがどれだけ重要度の高いサイトか、また、どのようなキーワードと関連性が高いかについて、点数を付けて判断しています。具体的には、どのようなサイトから、どれだけの個数のリンクを貼られているのか（これを‘被リンク’と呼びます）といった事柄を、サイトの重要度や関連性に関するバロメーターの1つとして捉えて、判断しています。つまり、より良質なサイトから、より多くの被リンクを得ているほど、検索エンジンからは優良なサイトと評価され、検索順位の向上に影響を及ぼすことになります。

そのため、外部施工では、良質な被リンクをいかに多数確保するかといったことが大切になります。これを‘外部リンクの増強’ということもあります。

具体的な方法としては、まず、個別に、良質なサイトを運営している企業などにコンタクトを取り、リンクの交渉をすることが挙げられます。その他、以下のような方法があります。

プレスリリース配信サービスの利用

プレスリリース配信とは、インターネット上の様々なメディアサイトに、企業のプレスリリースを配信するサービスです（多くのサービスは有料です）。本来は情報の配信が目的なのですが、配信会社のWebページから企業サイトにリンクを貼るので、結果的に、短期間で多数の被リンクを確保することができます。

リンク販売会社からの購入

複数のリンク群（これをリンクファームと呼びます）を販売している会社があります。外部施工として有効な場合もありますが、検索エンジンからスパムと一方的に認定されるリスクもあるので、活用する際は注意が必要です。

5-1-6 効果の検証

実施しているSEO対策の効果について定期的に検証し、改善を行っていくことが重要です。具体的には以下のような方法で検証を行います。

検索結果の順位

最もわかりやすい指標は、検索結果の順位です。SEO対策を施したキーワードによって検索順位がどのように変動しているかを、定期的に確認します。

アクセス解析ツールの使用

Google Analyticsなどのアクセス解析ツールを用いることで、実際にどれぐらいの数のユーザーが、どの検索キーワードからサイトに訪問しているのかを把握することができます。

Google Analyticsには複数のバージョンがあり、現行のバージョンであるGoogle Analytics 3（'GA3'または'ユニバーサルアナリティクス/UA'と呼ばれることもあります）は、今後全面的にGA4に移行していくことが決まっています。具体的には、無料版UAの計測が2023年7月1日に終了する旨が公式にアナウンスされており、GA4で前年同月データの比較を行う場合には2022年6月以降のデータを計測しておく必要があります。この時期までには原則として移行を完了させるのがよいでしょう。

GA4とUAの大きな違いは、測定方法がユーザー中心になったことです。従来のUAではスマートフォンやPCなどのデバイスごとにユーザー判別を行っていました。そのため同一ユーザーが異なるデバイスをまたいで使用している場合、たとえば「スマホ→ＰＣ→商品購入」のような行動をしているようなケースではデバイスごとに別ユーザーとしてカウントしている可能性がありました。GA4ではこのような場合でも同一ユーザーとして判断していくので、ユーザーの行動をより正確に把握できることが期待されています。この他、GA4には機械学習の機能も付加される予定です。

Google AdSenseの利用

Google AdSenseに申し込むと自社のWebページに検索内容に応じた広告が自動的に表示され、その広告がクリックされると、Webサイトのオーナーが収益を得ることができるというサービスです。これはSEOとは直接には関係がないサービスですが、検索エンジンがサイト内の文脈を読み取り、それに応じた広告を自動的に表示するというシステムなので、このサービスを用いることで、自社のサイトが検索エンジンからどのような内容のサイトとして処理されているのかについて、把握する際の目安の1つになります。

たとえば、あなたが化粧品についてのページを作成したにもかかわらず、ハンバーガーについての広告が表示されているのであれば、意図した内容とはまったく異なる内容のサイトとして検索エンジンが理解してしまっていることがわかります。このような場合には、速やかに内部施工などでの調整が必要です。

5-1-7　検索エンジンからのスパム認定について

前述のように、検索エンジンは、各サイトの情報をインターフェイス系のプログラム（HTMLなど）から収集しています。機械的にプログラムを読んで分類しており、人間のように文章や画像の内容を直接確認しているわけではないので、サイトのプログラムを細工することで、検索エンジンが騙される可能性があります。たとえば、まったく意味不明な日本語を羅列しているだけのサイトであっても、HTMLの記述によっては、検索エンジンが『これはよいサイト』と判断して分類する可能性があります。

そのような事態が頻発しないようにGoogleやYahoo! JAPANなどの検索エンジン運営会社は、検索エンジンを欺くような施策が施されていると判断したサイトに対して、ペナルティを課すことがあります。このペナルティを科す行為を、検索エンジン運営会社は‘スパムと認定する’などと表現することがあります。

ペナルティの種類は、サイトの検索順位を大幅に下げる、といったものから、最悪の場合には、サイトを検索結果から除外するといった厳しいものまであります。

検索エンジンは有力なものだけでも、Google、Yahoo! JAPAN、Bing など複数存在しており、ユーザーは自分が納得できる検索結果が表示されないことが続くと、他の検索エンジンのユーザーになってしまう可能性があります。そのため検索エンジン運用会社は、ユーザーが望む検索結果を表示させるための努力を常に行っており、自社の検索エンジンを欺くようなサイトに対しては、検索順位の引き下げや検索エンジン上で非表示（排除）とするなどの、各種の対策を施しているのです。

企業にとって、自社が運営するサイトがスパムと認定されたときの不利益は非常に大きいでしょう。特に検索エンジンから除外された場合には、事実上、インターネットから自社サイトが消失したも同然の事態といえます。企業は、スパム認定を受けることは極力避けなければなりません。

SEO 対策を行う上で、何が有効な SEO 対策で、なにがスパム行為なのか、といったことに関して、Google などがガイドラインを出しています。以下の本書の説明とガイドラインの双方をチェックし、行き過ぎた SEO 対策にならないよう注意する必要があります。

スパム行為の種類

内部要素に細工をするコンテンツスパムと、外部要素に細工をするリンクスパムの 2 つに分類されます。

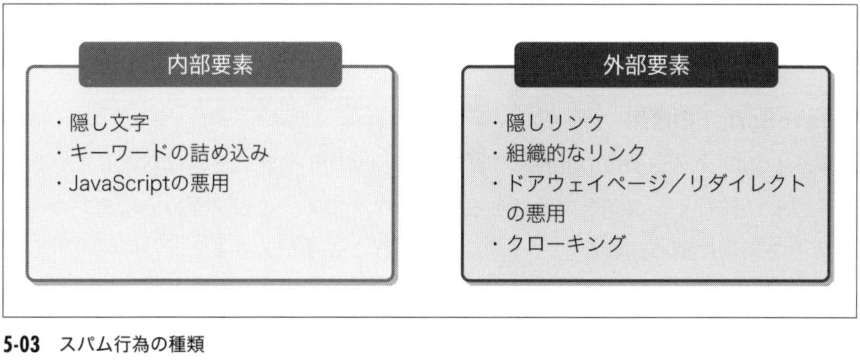

内部要素	外部要素
・隠し文字 ・キーワードの詰め込み ・JavaScriptの悪用	・隠しリンク ・組織的なリンク ・ドアウェイページ／リダイレクトの悪用 ・クローキング

5-03 スパム行為の種類

①内部要素

Lynx などのテキストベースのブラウザを使用してサイトを閲覧した際に、文章の並びや配置、順序が、人間の言語として違和感があるような場合にはスパム認定される可能性があります。この場合は、自然な表現になるよう修正を行う必要があります（ほとんどの検索エンジンのクローラーには、サイトは Lynx で見えるように映るので、これで違和感があるようならば、検索エンジンもスパムと認定する可能性が高いためです）。

・隠し文字

背景色と文字の色を同色にしたり(白い背景に白い文字で書くなど)、非常に小さな文字でテキストを記入するなど、人間には見えないようにしながら、検索エンジンにのみ読み取らせるものです。このような行為は、仮に意図しなかったとしても検索エンジンスパムとしてペナルティが科されることがあります。検索エンジン運営会社のガイドラインによれば、偽装目的の隠しテキストが含まれていると判断されたサイトは、インデックスから削除され、検索結果がページに表示されなくなります。

・キーワードの詰め込み

サイト内にキーワードを入れることは有効ですが、挿入しすぎるとスパムと認定されるおそれがあります。<meta> タグの「keyword」にキーワードをびっしり詰め込んだり、<img> タグの alt 属性にキーワードを羅列したりといった行為がこれにあたります。

・JavaScript の悪用

<noscript> タグや <noframes> タグは、JavaScript やフレームに対応していないブラウザに代替テキストを表示させるためのタグです。このタグの中にアンカーテキストを過剰に詰め込むと、スパムと認定されることがあります。

②外部要素

・隠しリンク

隠しリンクとは、前述の隠し文字のリンク版です。背景と同色もしくは近似色でリンクを置き、人間には見えないようにしながら、検索エンジンにのみ読み取らせようとする行為です。

・組織的なリンク

通常被リンクは、相互にリンクをする場合や他のサイトから有用だと思われたときに行われるものですが、これをもっと大規模に意図的に相互リンクをしているサイト群を構築して、あたかも大量のリンクを獲得しているサイトに見せようという方法です。

実際、過去には日本の企業でも、自社で構築したリンク群を大量に貼っていた会社が、Googleから排除されたことがありました。

・ドアウェイページ／リダイレクトの悪用

ドアウェイページとリダイレクトは、ホームページなどを移転したときに、訪問者を別のサイトへ誘導や移動をさせるための技術です。これを用いて徹底的に検索エンジンに最適化したページを作り、検索エンジンからそこにアクセスしてきたユーザーを検索結果とは異なる本来見せたいページに遷移させます。

・クローキング

訪問者が検索エンジンのクローラーと一般のユーザー（人間）とで、見せるページを振り分け、クローラーには、一般のユーザー（人間）は閲覧しない改変を施したWebページを見せる仕組みです。

5-1-8　LPO対策

検索エンジン、広告キャンペーンページなどからユーザーが最初に訪問するページ（これをランディングページと呼びます）を、ユーザーにとってより魅力あるもの、そしてクロージングに直結したものに工夫することで、コンバージョン率※を上げるという対策です。

たとえば、サイトへの訪問者数は多いのに、直帰率が高くコンバージョンに結び付かないといった現象が生じているときは、その原因は、ユーザーが最初に訪問し

コンバージョン率
サイト訪問者のうち、商品の購入や会員登録など、サイト運営の目的とする行為を行った人の割合のこと。

たWebページに問題がある可能性が高いのです。せっかくサイトにまでユーザーを誘導できていても、ランディングページの内容が悪いとユーザーをコンバージョンまで導くことができなくなってしまいます。これではSEO対策や広告にリソース（資源）を投入しても、ザルで水をすくうようなもので、期待する効果が得られません。

広告や検索画面からの訪問者に対し、いかにして自社のサイトや商品に興味をもってもらい、コンバージョンに結び付けるかを考えるのがLPO（Landing Page Optimization）対策です。

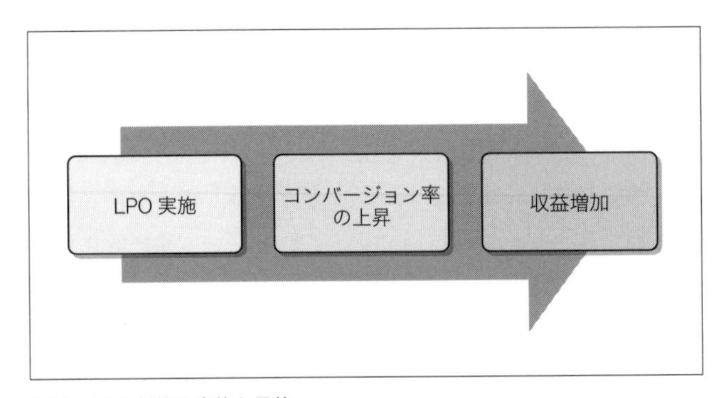

5-04　LPO対策の実施と目的

対策のポイントは、‘ランディングページを訪問したユーザーのニーズを可能な限り満たすような導線作り’にあります。

たとえば家電用品を扱うECサイトで、ノート型パソコンとデジタルテレビの特売キャンペーンを行うことになり、期間限定の専用の広告ページをインターネット上に開設したとします。その広告ページからECサイトに訪問してくるユーザーは、ノート型パソコンとデジタルテレビのどちらか、もしくは双方に興味があるので、ランディングページ（広告ページのどこかをクリックしてECサイトに遷移してくる際に、最初に訪問するページ）が‘お知らせ’のページなどになっていたのでは、ユーザーはすぐに離脱してしまう（直帰する）可能性が生じてくるのです。

理想的には、広告ページの中のノート型パソコンの部分をクリックしたユーザーはノート型パソコンの購入ページへ、デジタルテレビの部分をクリックしたユーザーはデジタルテレビの購入ページへ、それぞれ誘導できれば、ユーザーもストレスなくクロージングのステップへ進むことができ、コンバージョン率が上がる可能性が高まります。

このように、ユーザーを細かく振り分けることがLPO対策の基本です。振り分け方には、人力で行う場合（通常のLPO対策）とプログラムで行う場合（ダイナミックLPO）があります。通常のLPO対策は、ユーザーのニーズの種類と同数のランディングページを人力で制作し、ユーザーを誘導する方法です。ダイナミックLPOは、ユーザーの振り分けやランディングページの制作をプログラミングで行う方法です。

いずれも、ランディングページの制作そのものよりも、ランディングページを訪問するユーザーのニーズの正確な把握が重要になります。

5-1-9 EFO対策

EFO（Entry Form Optimization）対策とは、ユーザーの各種申し込みフォームを使用しやすく入力しやすい形式にすることで、コンバージョン率を高めようとする手法です。

せっかく申し込みのページまで訪問してくれたユーザーが離脱してしまうのは、企業側としては最も費用対効果の悪い状態です。最後の関門ともいえる入力ページを最適化することは、インターネットマーケティングにおいて重要な事柄です。申し込みフォームでユーザーが離脱する原因は、主に２つあります。

１つ目は、面倒で分かりにくいケースです。入力を要する項目が過剰だったり、全角半角の案内がないといった場合です。

２つ目は、ユーザーが不愉快になるケースです。必要のない個人情報の入力やアンケートへの回答を要求されるといった場合です。

特に‘この際だから、できるだけ個人情報を確保しよう’、‘購入の直前だから、少しぐらい量が多くてもアンケートに答えてくれるだろう’といった企業側の意図が見えてしまうと、ユーザーは不愉快になり、離脱してしまいます。このような状態の発生を避け、可能な限り各種の入力を行ってもらうことが大切です。

以下は、申し込みフォームを用意する際の主なチェックポイントです。

□マルチブラウザ対応は必ず実施する。
□スクロールが必要な縦長のフォームは、避けた方が無難である。
□スマートフォンでは、ラジオボタンとチェックボックスが使いやすいかを特に

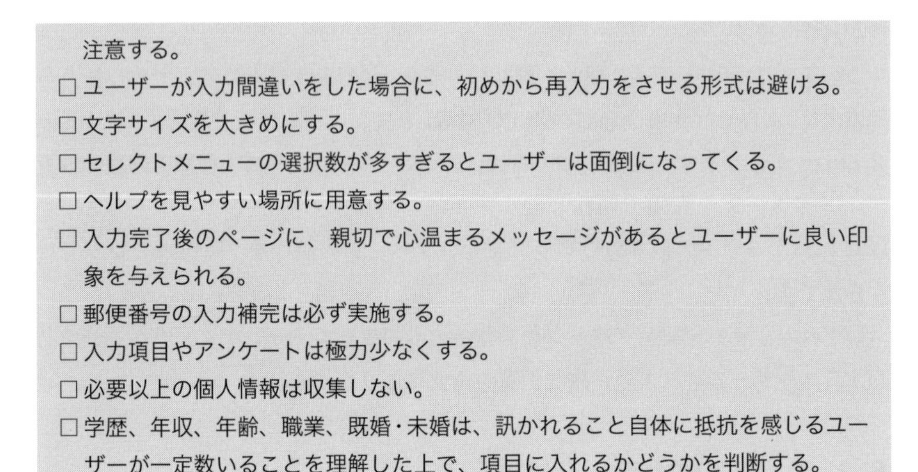
注意する。
□ユーザーが入力間違いをした場合に、初めから再入力をさせる形式は避ける。
□文字サイズを大きめにする。
□セレクトメニューの選択数が多すぎるとユーザーは面倒になってくる。
□ヘルプを見やすい場所に用意する。
□入力完了後のページに、親切で心温まるメッセージがあるとユーザーに良い印象を与えられる。
□郵便番号の入力補完は必ず実施する。
□入力項目やアンケートは極力少なくする。
□必要以上の個人情報は収集しない。
□学歴、年収、年齢、職業、既婚・未婚は、訊かれること自体に抵抗を感じるユーザーが一定数いることを理解した上で、項目に入れるかどうかを判断する。

5-1-10　DBマーケティング

DBマーケティング（データベースマーケティング）とは､既存のユーザー（顧客）の年齢や性別、居住地、購買傾向（購入商品、購買頻度）などをデータベース化し、データベースからユーザーのニーズや嗜好を分析してアプローチする方法です。

特にECサイトにおいては、実店舗の様に販売員とユーザーが直接やり取りをすることができないため、DBマーケティングによって、顧客一人一人にマッチした商品のPRを行うことがとても重要になってきます。

具体的には、レコメンデーション機能の実装や各ユーザーの嗜好に合致した商品のPRが記載された案内メールの送信などが考えられます。

レコメンデーション機能

ユーザーの過去の購買実績などから、それぞれのユーザーの嗜好に最も合致していると思われる商品のPRなどを、ユーザーが見ているサイト上に表示する機能で、いわゆる『おすすめ』機能のことを指します。

この分野では現在、Amazonが最先端といわれていますが、個人情報を収集し、活用するため批判も強い手法です。似た機能に、『この商品を買った人はこの商品も買っています』という案内をするケースもあり、これも同類の機能と考えることができます。

DBマーケティングは、消費者との接触機会（OCC/Opportunity to Contact Consumers）を有効に活用でき、PRの精度を向上させることができる優れた手法ですが、'個人情報の保護との兼ね合い'という困難なテーマが常に生じます。ここで最も大事なことは、この非常にセンシティブなテーマに、正面から向き合うことができるかどうかです。

ユーザーは、利便性を求めれば、その代わりに個人情報の保護が低下する場合もあることを実は良く理解しています。彼らが怒るのは、多くの場合、『どの程度の利便性と引き換えに、どの程度の個人情報がどのようなリスクにさらされるのか』という、利益とリスクの相関関係について、正確にユーザーに開示されない場合です。この相関関係について、しっかりとユーザーとコミュニケーションを取りながら進めていくことが重要です。

5-1-11 リレーションシップマーケティング／One to One マーケティング

既存のユーザーとの関係をより深め、個別のニーズに対応し、ユーザーのロイヤリティを高めることで利益を増加させる手法です。市場シェアを拡大するのではなく、1人のユーザーにおけるシェアの拡大を目指す考え方で、マス・マーケティングの対極にあると捉えられるケースが多いようです。また、リレーションシップマーケティングとOne to Oneマーケティングは、厳密には異なるという見解もありますが、本書では、両者を同様のものとして考えていきます。

リレーションシップマーケティング／One to Oneマーケティングの考え方の根底には、既存ユーザーの有効活用があります。新規ユーザーの獲得には相応のコストがかかりますし、投入しなければならないリソース（資源）も大きくなります。それであれば、既存のユーザーを大切にし、彼らと長期的に良好な関係を維持していく方が費用対効果が高いといった価値判断に基づいており、成熟市場がターゲットである場合により有効な手法です。

この手法が最も注目するのはLTV（Life Time Value／顧客生涯価値）です。これはユーザーが長期（場合によっては生涯）にわたって購入し続ける商品やサービスのトータル価値を表しており、生涯の購入総額においてシェアをどれだけ獲得するのかが重要となります。

5-1-12　フラッシュマーケティング

フラッシュマーケティングとは、商品やサービスを、あえて限定された短期間（一般的には、48時間や72時間）に限って大幅な割引価格で販売する方法です。

Grouponは、これに共同購入的要素を加味し、サービス購入希望者がSNSなどを利用して他の共同購入者を募る形態を採っています。これはインターネット上における消費者行動モデルであるAISASモデルに基づくマーケティング手法ともいえます。

この手法のメリットは、圧倒的なクロージング促進効果です。購入可能な時間が極めて限定されていますので、極端にいえば、『迷ったらとりあえず買う』という心理にユーザーを誘導することも可能です。DBD（Duration of Buying Decision／購買意思の持続時間）がタイトであるという、近時のインターネットマーケティングが抱える大きな課題を見事に克服している手法といえます。

注意すべき点は、そもそも割引に興味や関心のないユーザーには何の効果もないことです。割引に関心のないユーザー層は、確率的には比較的裕福な層であり、企業にとっては重要な消費者層でもあります。この層に対して効果がないばかりではなく、『自分が定価で買っている同じ商品やサービスを大幅な割引価格で販売している』と知ったとき、『では、私も割引で購入しよう』とは思わずに『別のものを購入しよう』と思ってしまう可能性すらあるということです。裕福層、富裕層をターゲットにしている場合は、慎重な検討が必要でしょう。

5-1-13　ソーシャルメディアマーケティング

ソーシャルメディアは、いまや日本のインターネット文化にしっかりと根付いたといえるでしょう。ここでは、ソーシャルメディアを用いたブランディングやマーケティング手法について見ていきましょう。

まずは各ソーシャルメディアの利用状況について見ていきます。

- Facebook　ユーザー数2,600万人（2022年11月時点）
- Twitter　ユーザー数4,500万人（2022年11月時点）
- LINE　ユーザー数9,200万人（2022年11月発表）
- Instagram　ユーザー数3,300万人（2022年11月発表）

ユーザーがソーシャルメディアを利用する動機などは以下のようになります。

インターネット利用者に占めるソーシャルネットワーキングサービスの利用者の割合は78.7%となっており、利用目的については、「従来からの知人とのコミュニケーションのため」88.6%、「知りたいことについて情報を探すため」63.7%、「ひまつぶしのため」35.8%となっています。そして13才から79才までの利用率は6割を超えています（図5-05、5-06、いずれも2021年）。

ここから見えてくるのは、目的意識をもって利用しているユーザーの姿です。「ひまつぶしのため」というのも、しっかりとした目的意識があるといえます。インターネット上には、ひまつぶしが可能なコンテンツは数えきれないほどありますが、相当数の人が、ひまつぶしのツールとしてソーシャルメディアを積極的に選択しており、顕在化した目的意識を有しているといえます。以前に比べてソーシャルメディアを利用している動機がますます明確になってきており、その結果、ソーシャルメディアに表示されている広告をユーザーが閲覧する可能性は低下していく傾向にあります。

企業は、他人のソーシャルメディアに広告を出稿したり、自社所有のソーシャルメディアで自社の宣伝ばかりを行うのではなく、それらに加えて、自社所有のソーシャルメディアをユーザーが興味を持つメディアとして捉える必要があります。長い時間をかけて、ユーザーを獲得しながら、メディアとして育成していくというスタンスが大切です。

企業によっては、自社のスタッフ数人でSNS担当者グループを作り、常に更新し続けて、ユーザーにとって興味深い情報などを発信しているところもあります。また中小企業で、人数的な余裕がない場合には、数社で連合してSNS担当者グループを作っているところもあります。

重要なことは広告的な雰囲気をユーザーに感じさせず、メディアコンテンツとして作成をしていくことです。成果を得るまで長時間を要する行為ではありますが、コンテンツとして成長すれば、自社で訴求力を持つ媒体を有することになり、ブランディングとしては、とても心強いものといえます。

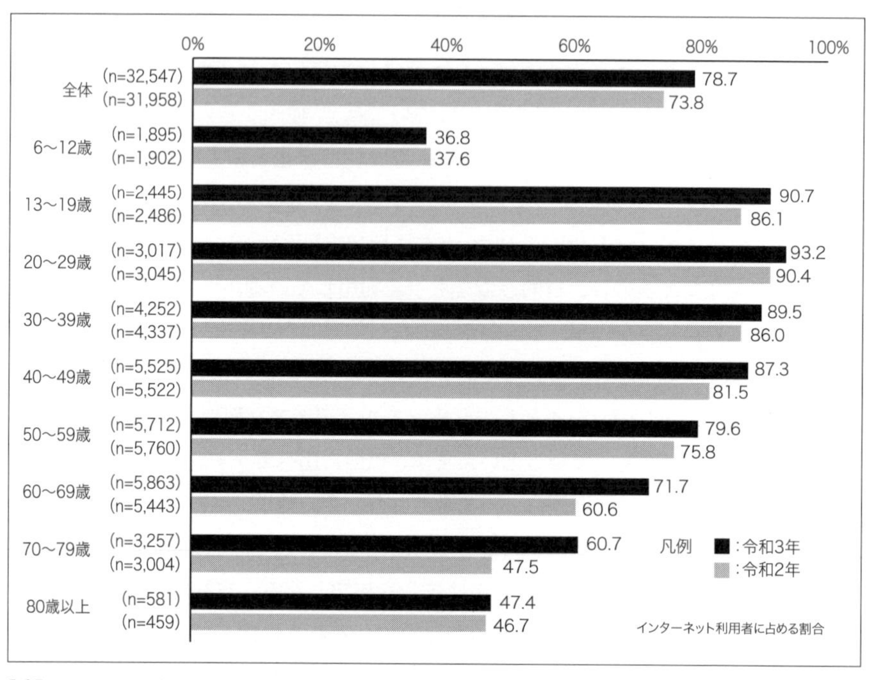

5-05　ソーシャルネットワーキングサービスの利用状況

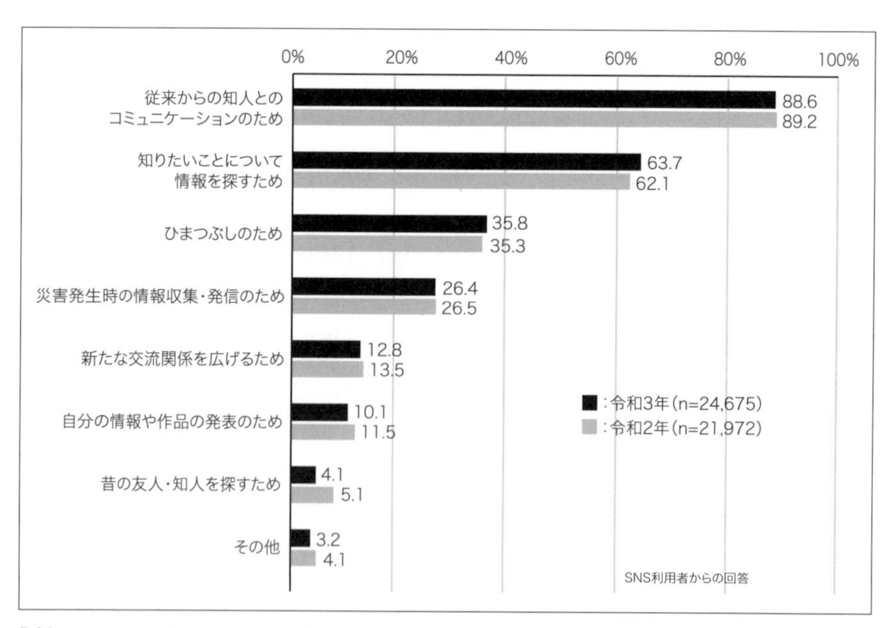

5-06　ソーシャルネットワーキングサービスの利用目的（複数回答）

5-1-14 オンラインセミナーの利用

オンラインセミナーとはWeb上で行われる各種セミナーのことです。まずは、以下にオンラインセミナーの仕組みについて述べます。

・セミナーの話者（講師）がカメラの前で話し、動画を配信する。
・資料は参加者がダウンロードして閲覧する。
・リアルタイム配信の場合は、配信時刻に合わせて、パソコンやタブレット、スマートフォンからWeb上で受講する。
・質問はチャットなどを使って行う。
・視聴は無料の場合が多い。

eラーニングの一種という人もいますが、eラーニングよりももっと手軽に、安価に利用できる点が特徴です。視聴者が知りたいポイントを、的確に短く伝えます。

このオンラインセミナーでは、話すテーマの中に自社や自社の商品やサービスに関する説明やコメントを織り込むことで、しっかりとユーザーにアピールをすることができます。またユーザーも、セミナーのテーマに関してある程度の興味を持っていることが多いので、訴求力も高くなります。

オンラインセミナーを実施する上でのポイントは、できるだけ‘勉強色’を出さずに、ユーザーの知的好奇心を満たすことのみに集中することです。回りくどい説明や、長々とした前置きはできるだけ避けて、面白いトピックスをダイレクトに、そして短く話すことです。ユーザーはテレビを見ているような気楽さで視聴していることが多いので、話す方も楽しませることに注力すると効果的です。

また、資料のダウンロード機能や質問機能は必要ないと考えると、シンプルにYouTubeにアップロードすることも考えられます。いわゆるYouTuberともいえますが、コンテンツの内容が興味深ければ、相当数のユーザーに視聴されることも可能です。

5-1-15 YouTuber / VTuberの活用

インターネット上のプロモーションにおいて、最近ではYouTuber、VTuberと呼ばれるプレイヤーを活用するケースが、少しずつですが増加してきています。

YouTuber、VTuberと呼ばれる人々は、自作の動画をYouTubeにアップロードしているプレイヤーです。動画1本あたりの時間は多くの場合3分～15分程度で、主にYouTuber、VTuberが単独でおしゃべりをしたり、ゲームの実況をしたり、様々なトライアルを行ったりしています。なおVTuberはYouTuberの一種で、キャラクター動画を用いている場合を指します。YouTuber、VTuberへは、YouTubeから、動画の再生回数、再生時間、チャンネル登録者数、掲載されている広告へのアクセス実績などに応じた報酬が支払われています。YouTuber、VTuberの中には、10万人以上のチャンネル登録者数を有するプレイヤーが一定数いますし、100万人以上のチャンネル登録者数を有するプレイヤーも少数ですが存在しています。これだけの視聴者を抱えているので、プレイヤーによっては企業とタイアップをし、特定の商品やサービスのPRを行ったりすることもあります。

企業からYouTuber、VTuberにコンタクトを取る場合、各プレイヤーに直接アプローチをすることもありますが、YouTuber、VTuberのマネジメントを行う会社と接触することも可能です。マネジメントを行う会社は、その形態により、タレントプロダクション型、マルチチャンネルネットワーク（MCN）型の2タイプに大きく分かれます。両者の最大の違いはYouTubeからの報酬の受け取り方です。タレントプロダクション型では、報酬は各プレイヤーに直接支払われるのに対し、MCN型では報酬はMCNに支払われ、MCNが管理費などを徴収した後に各プレイヤーに支払われています。MCNはYouTubeと個別の契約を締結しなければなりません。

企業側として理解しなければならないことは、YouTuber、VTuberと呼ばれるプレイヤーは各自が1つのメディアという点です。通常のタレントとは違い自力で視聴者を獲得してきているので、各プレイヤーにとって視聴者は最も大事な資産といえます。そしてその大事さは、場合によってはスポンサーである企業をも上回ります。企業がコミュニケーションをとる場合、この点をなによりも意識して対応することが重要です。

5-1-16　ライブ配信サービスの活用

インターネット上でのサービスで、リアルタイムでの動画配信サービスを指します。大がかりな機材がなくとも、PCやスマートフォンなどのデバイスから手軽に配信することが可能で、個人が配信者となっていることも多いです。配信者が手軽に安価に配信できるプラットフォームを提供するビジネスも展開されています。以下に、プラットフォームの一例を記載します。

・Twitch（ツイッチ）

Amazon.comが提供しており、コンシューマゲームやPCゲームなどのゲームの実況、e-Sports大会などに関連したイベントの配信、音楽、スポーツなど、エンターテインメントに力を入れています。

・SHOWROOM（ショールーム）

アイドルやタレント、モデルなどのライブ配信が特徴的です。視聴者とコミュニケーションを楽しむことができ、ギフティング（ギフトアイテムを投げること）も可能です。

・ツイキャス

Twitterと連携しています。2021年8月に、日本語版のサービス名を「TwitCasting」から「ツイキャス」に変更しています。

・ニコニコ生放送

ドワンゴとKADOKAWAが主催するサービスで、歴史のあるサービスの1つです。画面上にコメントが流れる弾幕ビデオサイトで有名なニコニコ動画の中のサービスです。

ライブ動画配信は、他のサービスと組み合わせることで様々な新しいサービスが発生しています。動画を見ながら商品を購入する、eコマースとライブ動画配信を組み合わせたライブコマースサービス、音楽イベントなどのチケット制有料配信サービスと組み合わせたチケット制ライブ動画配信サービスなど、今後も多様なサービスに派生していくでしょう。

5-1-17 動画コンテンツの制作の流れ

ここで、動画コンテンツを制作する場合の、一般的な流れについて見ていきましょう。

1. 動画コンテンツの目的

動画コンテンツの目的は　1）エンターテインメント　2）広告/PR　3）ライブコマースなどEC関連　4）その他、に大きく分けることができます。

1）エンターテインメント

エンターテインメントとして視聴するための動画です。YouTubeやTikTokなどで公開されている多くのコンテンツがこれに該当します。視聴者が､娯楽や教養、自己学習や情報収集のために視聴するもので、視聴者数と再生回数を増加させていくことが主要な目的です。

2）広告/PR

会社や商品、プロジェクト、個人など、特定のコンテンツやサービスを特定の属性の人々に周知していくことが目的です。

3）ライブコマースなどEC関連

特定の商品やサービスをインターネット上で購入してもらうことが目的となります。購入の他、申し込みや試聴などがコンバージョンとなっている場合も多くあります。

4）その他

上記1）～3）に該当しないものです。例えば、ある特定のテーマの動画をいくつも投稿し、どのような属性のユーザーが集まってくるのかを調べるなど、様々なものがあります。

2. 作成、運営上のポイント

1）冒頭の10秒をインパクトのあるものに

最近のユーザーは動画を見慣れていることに加え、TikTokなどの短時間の動画を視聴する機会が増加してきていることもあり、興味があるかないかを判断するための時間が非常に短いです。興味を感じられない状態で10秒以上視聴してくれる可能性は低いと思われます。冒頭10秒の表現には特に力を入れる必要があります。

2）時間の選択

Googleが調査分析データを提供しているサイト「Think With Google」では、動画広告の長さについて以下のような特徴や傾向があるとしています。

15秒の動画広告	ブランド認知度を高めるのに最適。
30秒の動画広告	ブランド好感度を高めるのに最適。 この中で最もスキップされにくい傾向。
2分の動画広告	ブランド好感度を高めるのに最適。最後まで視聴されにくい傾向。

これはあくまでも一例ですが、たとえば広告であれば、多くのユーザーに最後まで視聴してもらえるのは30秒程度が1つの限界といえるでしょう。コンテンツにとって最適の時間を調べていくことが必要です。

3）編集スキル

最近の視聴者の傾向として、テンポの悪い動画やインパクトの低い動画への忍耐力が非常に少ないといわれています。編集によって動画のテンポやインパクトのレベルを上げる必要があります。

・エフェクト

モーショングラフィック	テキストやイラストなどのグラフィックスに、動きや音をつけます。
トランジション	カット間のつなぎの演出。自然に見せたり、インパクトを与えたりします。
音声フェード	音量効果。「コンスタントゲイン」「コンスタントパワー」「指数フェード」の3種類があり、音声のフェード効果に違いがあります。
トランスフォーム	動画の位置、スケール、歪曲、回転、不透明度などを変化させます。
マスク	動画の特定の部分を選択した上で、動画の複製、露出、修正などを行います。

その他に、

・BGMや効果音の選定
・テロップの工夫

・ジャンプカットの活用

などが、基本的なスキルといえます。

3．その他の基本的なマニュアル

1）テロップの文字数と表示時間

一般的に動画に最適といわれるテロップの分量は、文字数で12文字以下、行数で2行以下といわれています。つまり1行あたり12文字以下、一度に表示する文字数は2行で24文字以下ということになります。また表示時間は、1秒間あたり4文字程度というのが、一般的です。

2）カットのパターン

シーンは原則7秒以内に転換することがセオリーです。それ以上だと視聴者に単調さを感じさせることが多いからです。

3）動画の構成

動画の構成を考える際、起承転結も基本なのですが、最近の短い動画を念頭に置いた場合にCAMS（キャムズ）をベースに考えることも増えてきています。CAMSとは、CATCH（つかみ）、APPEAL（得られる利益のアピール）、MOTIVATE（動機付け）、SUGGEST（行動の提案）で、動画をこれら4つのパートから構成する考えです。これは視聴者に購入などの特定の行為（コンバージョン）を促す場合に用いる考え方なのですが、APPEALを「動画の面白さ」、SUGGESTを「次の動画も見たいと思わせること」と考えると、エンターテインメントを目的とした動画の場合でも用いることができます。

また、動画の構成を事前に文書化したもの(シナリオ、スクリプト)を作成する際、各シーンに、「映像イメージ」と「テロップ（字幕）文章」「ナレーション文章」の3つを記載していくことが基本です。「ストーリーボード」や「絵コンテ」という場合もあります。4コマ漫画のように絵を用いて記載していくと、制作陣での情報の共有が進んで効率的です。

この項目の POINT

・SEO 対策を行う際には、検索エンジンからスパムと認定されないように細心の注意を払わなければならない。
・フラッシュマーケティングのメリットは圧倒的なクロージング促進効果によるが、一方で裕福層、富裕層の離反を招くリスクもある。
・動画を含むコンテンツはプロモーションの効果を左右する重要な要素。

5-2 イメージ戦略

イメージ戦略は、企業や商品、サービス、ブランドについてのレピュテーション向上のための対策です。SNSを積極的に用いる現在のインターネットマーケティングにおいて、最も重要度の高い部分でもあり、口コミ対策が中心になります。

5-2-1　口コミ情報の流れ

インターネット上で口コミ情報は、どのように流通しているのでしょうか。

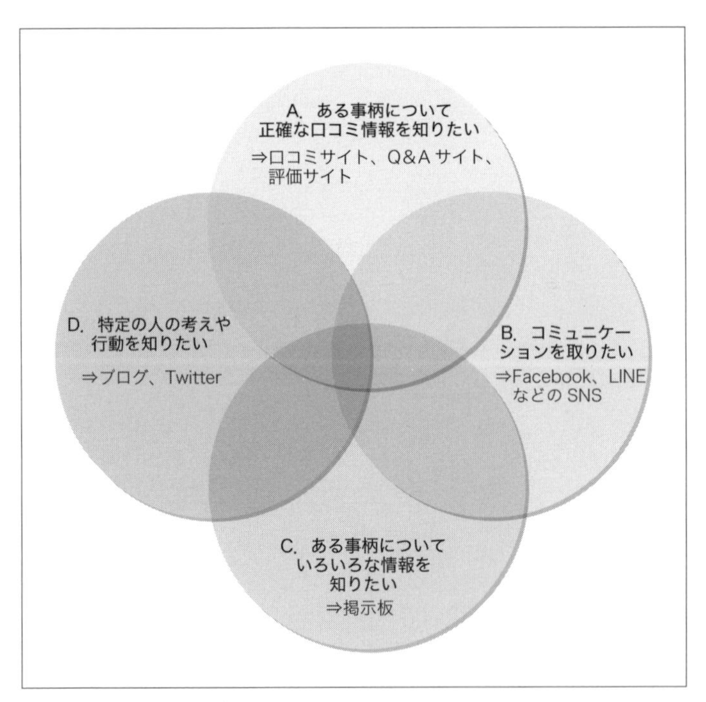

5-07　情報サイトの相関性

図5-07は、インターネットにおける主な情報サイトの相関図です。4つのゾーンに分類していますが、それぞれ固有の情報発信能力を持っています。ユーザーは、

これらの多様な情報サイトを欲求や目的によって使い分けています。

企業や商品、サービス、ブランドについての口コミ類については、4つのどのゾーンにも存在します。しかし、信用力という面では、Aゾーン（口コミサイト、Q&Aサイト、評価サイト）が最も強力です。各ゾーンで発生した口コミ情報は、最終的にAゾーンで高い評価を受ければ、信頼にあたる情報として、残りのゾーンにフィードバックされていきますが、Aゾーンの情報が最も頻繁にフィードバックされるのはBゾーンです。つまり、口コミ情報はABCDすべてのゾーンで発生しますが、Aゾーンでセレクションを受け、高評価のものがBゾーンで大規模に拡散されるといったサイクルを経ています。

多くの企業がSNSに注目し、SNS内で自社商品のブームを起こそうと対策を行っていますが、SNSは評価を製造するスペースではなく、ある程度固まった評価を爆発的に拡散させるためのスペースです。ここを間違えると、コストをかけてもなかなか成果が上がらないといった状況に陥る可能性があります。企業がサンプル商品などを配布して、ブログやFacebookで感想を述べてもらうようなPR手法も、最終的にその感想がAゾーンで記載されないと、まったく効果が生じない可能性があります。

5-2-2 口コミ対策の実施

PR対策の流れには、以下のようなものが考えられます。

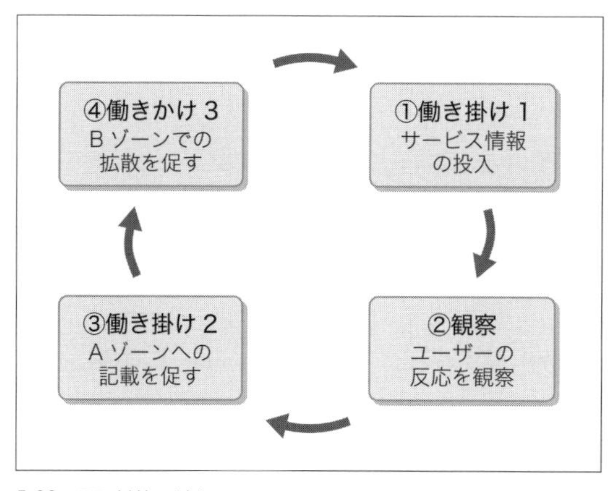

5-08 PR対策の流れ

(1) 働き掛け 1

商品やサービス、企業、ブランドに関する情報を、まず、BCD の各ゾーンに投入します。後述のバイラルマーケティングや buzz マーケティングの手法も有効です。サンプル商品をユーザーに配布したり、イベントを行うことも有効でしょう。いずれにしても、この段階で認知度を一定レベルまで上げる必要があります。

この際、企業としての取り組みや考え方、スタンスなども併せて述べることは、今後、ユーザーとの信頼関係を作り上げる上での基礎となっていきます。

(2) 観察

(1) を行った結果、ユーザーが BCD ゾーンでどのような反応を示しているのかを観察します（ここで反応があまりに悪い場合は、商品やサービス自体に問題があるのかもしれません）。

ユーザーの反応を見ながら、可能であれば、商品やサービスの修正や調整を行います。何回か修正と調整を行い、8 割以上のユーザーがポジティブに評価するようになれば、次のステップで高評価を得るための基礎ができている状態といえます。

(3) 働き掛け 2

A ゾーンに、商品やサービスのポジティブな記載がされるように働きかけます。これは決してサクラやヤラセをすることではありません。自社の商品やサービスの満足度について様々な角度から質問をすると、第三者のユーザーが回答として、商品やサービスの内容について記載してくれます。また、街頭やイベント会場で商品やサービスを消費者にテストしてもらい、その感想を自由に、その場でゾーンに記載してもらうことも有効です。

(2) の段階で良い反応が数多く出ているならば、ここでもポジティブなコメントが出る可能性は高くなります。

(4) 働き掛け 3

(3) でポジティブなコメントが多数出現すれば、それをまた (1) と同様に、バイラルマーケティングや buzz マーケティングなども用いながら拡散させます。

インターネットマーケティングでは、巨額の資金を投入してテレビ CM を流し続けるなどの、ユーザーに強く働きかけるタイプのPRができません。いつ、どのサイトの、どのWebページを見るかは、全面的にユーザーの選択に委ねられているからです。そのため、インターネットマーケティングにおけるイメージ戦略（口コミ対策）は、ユーザーの発言や評価が重要になります。

そして、ユーザーの発言や評価は、様々な場所や手段で登場します。ここで紹介している例に捉われることなく、臨機応変に対応しながら、その時々のベストな方法を模索していく必要があります。

5-2-3 バイラルマーケティング（viral marketing）とbuzzマーケティング

バイラルマーケティングとは、企業、商品、サービス、ブランドに関する「口コミ」を意図的に広めるPR手法です。既存のユーザーや有名人などにインセンティブを設けたり、その他の工夫を凝らして、商品やサービスを周囲に紹介、宣伝してもらいます。

これは同じユーザーの立場で、実際にその商品やサービスを利用した上でのコメントであれば、普段の広告では宣伝と思い関心を示さないような意見についても、「公正な情報」として信頼する可能性が高まるからです。

buzzマーケティングもバイラルマーケティングと同様に「口コミ」を意図的に広めるPR手法ですが、口コミを発生させるために、企業側がより積極的に踏み込んで、意見や発言の誘導まで行う場合もあります。

これらはいずれも程度が過ぎるとステルスマーケティングと判断され、一種のヤラセと思われるおそれがあります、この場合、プロモーション企画だけではなく、商品や企業のイメージにまで深刻な影響を与えることもあるので、特に注意が必要です。

5-2-4 ポジティブ情報とネガティブ情報

インターネットの特徴として、ユーザーから企業への意見の発信やユーザー同士による商品への感想や情報交換・共有が極めて容易に行われるということが挙げられます。ユーザー間で「～社の新商品はすごくよかった」というような情報が広がっていき、ヒット商品が生まれるということも起こり得ます。このようなユーザーの反応や検索回数、情報をインターネット上で追いかけていくと、ある商品や企業に対して、ユーザーがインターネット上でどのような関心やイメージを有しているのかを把握することができます。

反対に「～社の商品は、素材に健康上問題のある原材料を使っている」といったようなネガティブな情報もインターネットでは急速に広がる傾向があります。評価が固まりつつあるネガティブ情報が、SNSなどの拡散力のある情報経路に乗ってしまうと急速に拡散する可能性がありますので、ネガティブ情報の監視は必須の対策です。この様な、企業に対する評価、評判をチェックする行為をレピュテーションチェックといいます。

レピュテーションチェックでネガティブ情報を発見したとき、また、いまだ発生していなくても予防が必要と考えられるときは、拡散した場合の危険性について判断し、必要であれば以下のような対策を行います。

プッシュダウン

ポジティブな情報を掲載するコンテンツサイトを新規に制作し、それらの情報をSEO対策などを用いて検索エンジンの上位に表示させることで、相対的に問題のあるサイトの検索エンジン上の順位を押し下げます。コンテンツサイトは、ケースにもよりますが、数十個ほど制作する場合が多いようです。内容は、ポータルサイト形式、ニュースサイト形式、ブログ形式、キャンペーン形式など、その都度最適な形式のものをプログラム処理と人力で制作します。

オンラインメディアセンターの活用

オンラインメディアセンターとは、企業が管理するサイトで、『その企業の商品のユーザー同士で意見の交換や疑問・回答のやり取りを行う』、『コアユーザーや記者へ情報提供を行う』ためのものです。

商品などの疑問点や不満点について、ユーザー同士や自社のカスタマー対応社員などによってインターネット上で解決してもらうことで、問題の自然な解決を図ります。また、コアユーザーや記者などのメディア関係者に定期的に情報を提供することで、ユーザーやメディアに気軽にサイトに滞留してもらい、彼らとの情報ルートを確保します。これにより、ネガティブな情報の氾濫を事前に阻止します。

インターネットによって企業や商品に対するイメージが形成されていく中で、ネガティブ情報に対しては、敏感に対応してリスク管理を行うという姿勢が重要です。

この項目の POINT

- SNS は評価を製造するスペースではなく、ある程度固まった評価を爆発的に拡散させるためのスペースである。
- バイラルマーケティングや buzz マーケティングは、過度に行うとステルスマーケティング（やらせ）と思われるので注意が必要である。
- ネガティブ情報の収集や監視は、企業の PR 対策としては重要な対策の 1 つである。

5-3 サイトにおけるユーザビリティとデザイン理論

PR や広告を行ってユーザーをサイトに集めることができても、サイトの使い勝手が悪ければユーザーはすぐに去ってしまいます。ユーザビリティは、PR や広告の最後の仕上げでもあります。

5-3-1　ユーザビリティの基本

ユーザビリティとは、Web サイトにおけるユーザーの使いやすさを指します。

ユーザーがあるサイトを初めて訪問した際に、自分の求めるサイトかどうかの判断は、平均 6 ～ 8 秒で行うといわれています（多くの Web ディレクターの経験則に基づく数値なので、もちろん例外もあります）。

つまり、6 ～ 8 秒で魅力をアピールできなければユーザーは去ってしまうのです。せっかく広告や PR にコストをかけてユーザーを誘導しても、この短時間でのアピールに失敗すると何の効果も生みません。Web サイトは一面では、'ユーザーへのスーパーショートタイムのプレゼンテーション' と考える必要があります。Web サイトにおけるユーザーの使い勝手の良さ、ユーザビリティは、Web サイトの存続をかけた重要な問題といえるのです。

サイトを閲覧するのは人間なので、多くの人間がサイトを閲覧する際の行動や嗜好を論理的に把握することで、ユーザーにとって見やすく、使いやすく、心地よいサイトをデザインすることは可能です。ユーザビリティに則ったユーザーインターフェイスの構築が重要なのです。

ユーザビリティは、ISO 9241-11 では以下のように定義されています。

有効性（Effectiveness）	ユーザーがサイト上で、いかに正確かつ完全に目的を達成することができるか
効率性（Efficiency）	ユーザーがサイト上で、いかに容易に目的を達成することができるか
満足度（Satisfaction）	ユーザーがサイトを使用するに際して不快さを感じる場面がいかに少ないか
利用状況（Context of use）	ソフトウェアだけではなく、ハードや回線状況などを含めたユーザーの総合的な利用環境

どれも抽象的な表現ですが、ユーザビリティの原点ともいえる考え方です。ユーザーインターフェイスの構造やデザインを考えていて迷いや混乱が生じた際には、これらの項目に立ち返ってみると本質が見えてくることがあります。

それでは、主要なユーザビリティ上のポイントを見ていきましょう。

5-3-2　アイトラッキング（eye-tracking/ 視線対策）

新聞や雑誌では、人間はZ字型に視線を移動させていくといわれていますが、Webサイトでは、F字型に移動させていくといわれています。

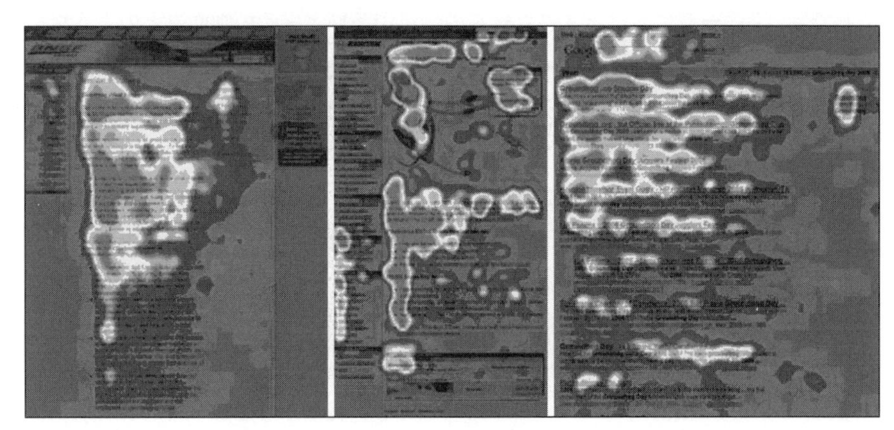

※出典：「F-Shaped Pattern For Reading Web Content (Jakob Nielsen's Alertbox)」より引用
http://www.useit.com/alertbox/reading_pattern.html

5-09　アイトラッキング事例

この理論については、'例外が多すぎる'、'古典的すぎて現在の状況には適さない'といった批判も多いのですが、極めて重要、かつ今でも十分に活用できる理論です。

この理論から導き出されるポイントが2つあります。

まず1つ目は、ページ左上部に、このサイトやページにはどのような類の情報があるのかを推測させるようなテキストや画像を配置すると効果的な場合が多いという点です。

2つ目は、斜め読みしやすい構成にした方が良いという点です。日本語や英語では、左から右に向かって文字が並びます。F字型に視線が動いているのは、各段落の先頭の部分を拾い読みしているからと考えられます。そこで、1つの段落（文章の物理的なまとまり）ごとにポイントは1つとし、かつ、そのポイントを段落（文章の物理的なまとまり）の先頭の部分に配置をすると、F字型の斜め読みに対応しやすいということになります。

この2つのポイントを考慮し、サイトのページにおけるデザイン構成を検討します。

また、アイトラッキングを考慮する際には、ファーストビューも意識する必要があります。

サイトでは、縦や横に画面を自由にスクロールさせることができます。これはGoogleマップのような、地図系のコンテンツでは威力を発揮しますが、通常のサイトでは、1ページにおけるスクロールの分量が多いと、その画面にどのような情報があるのかについての予測が困難になり、ユーザーはサイトから離脱する可能性が高くなるといわれています。そのため、ユーザーが初見でサイトを閲覧した際に、一目でそのページの内容が把握できるようなデザイン構成にする必要があります。

ユーザーがストレスなく一目で捉えることのできる範囲（いわゆるファーストビュー）は、一般的に、縦幅550～600pxといわれています。この範囲に、ページのすべてのコンテンツを入れなければならないという訳ではありませんが、少なくともページ全体の概略とユーザーへの訴求ポイントについては、この範囲の中にしっかりと配置する必要があります。

また、一般的に横方向のスクロールについても、長すぎるとユーザーがストレスを感じるため、可能な限り避けた方が無難といえます。特に問題がない場合、横幅は950px近辺が適切といえます。

なお、Googleマップのような地図系のコンテンツでは、そのページに記載されている情報が地図であることをユーザーは理解しているので、どれほど画面をスクロールしようとストレスを感じません。一方で、たとえば通常の企業サイトの場合、縦横に頻繁にスクロールしないとそのサイトに掲載されている情報の種類について把握できない場合は、ユーザーにとって、ストレスを感じる状況になる可能性が高いといえます。

以下は、これらのアイトラッキングを踏まえた上で、さらに工夫を凝らしているレイアウト構成の例です。

(1) 視線の誘導 - 自然に視線を誘導するレイアウト

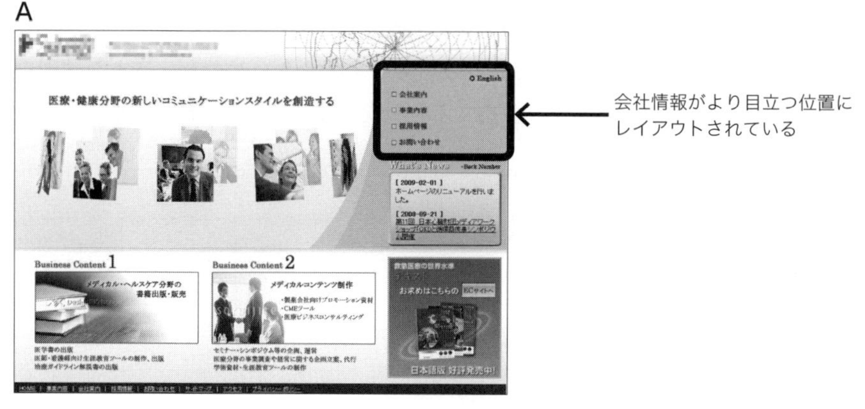

5-10 Webページのレイアウトパターン

Aは、ユーザーが自然に視線を誘導することができるレイアウトです。

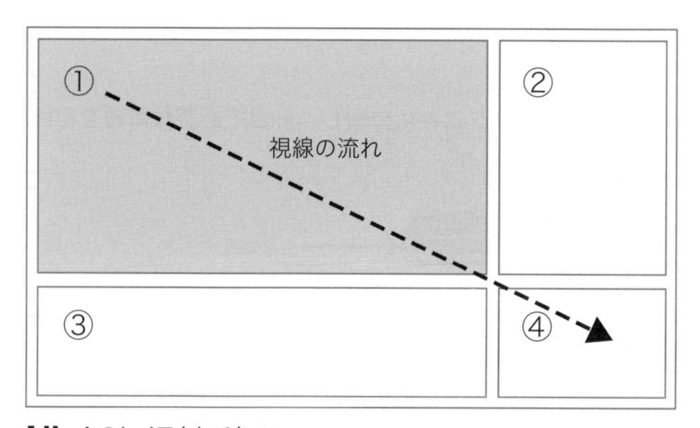

5-11 Aのレイアウトパターン

まず、Aは、①ヘッダーの左下のコンテンツで、人々の笑顔の写真が動きをもって現れ、「人に温かい会社」というイメージを与えます。つまり、強く視線を集める動画像などのビジュアル素材を、導線の基点（①）として配置しているのです。

その後、ユーザーの目線は、②「会社案内等、最新情報」③「2つの事業内容」から、④「最新書籍」へと移っていきます。つまり、ユーザーの目線が、左上から右下へと、自然に誘導されるようなレイアウトになっています。

　また、会社案内、事業内容、採用情報、お問い合わせを、次項のBのようにメイン画像の上部分に配置するのではなく、メイン画像の右部分に配置しているのは、会社についてより詳しく知りたいユーザーに配慮したものです。

　さらに、Aはメイン画像1枚と2つのバナーを組み合わせたシンプルな構図なので、水平方向のベクトルを感じ、落ち着きや安定感をユーザーに与えます。

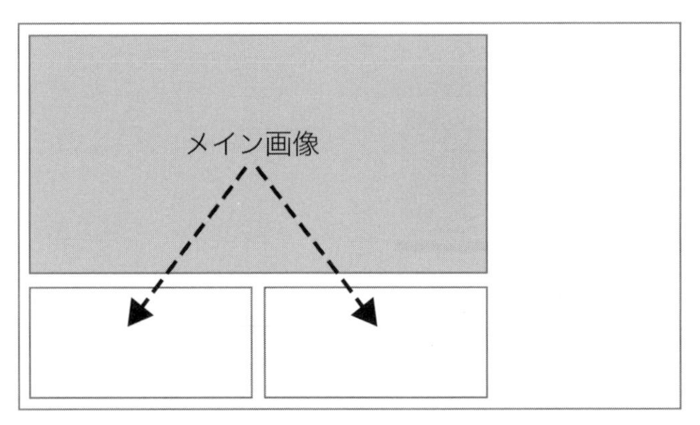

5-12　Aのレイアウト特性

(2) 情報の整理 - ページをブロックごとに分断し、一目で必要な情報を把握

5-13　Webページのレイアウトパターン

　Bは、①ナビゲーションメニュー、②メイン画像、③トピックス（プロモーション）、④事業内容1つ目、⑤事業内容2つ目、⑥最新情報、⑦商品告知（プロモーショ

ン）といった各情報をバランス良く配置し、会社に関する事項情報が、一目でわかるようになっています。

これは、ポータルサイトのように多彩なコンテンツを含む大きなサイトで多く見られる手法で、様々なリンク先へ直接アクセスできる入口をファーストビューの中に効率よくまとめる狙いがあります。

しかし、一目ですべての情報が網羅され、使いやすい一方で、企業サイトなどで用いると、一番その企業が訴えたい情報がどれかがぼけてしまう難点があります。

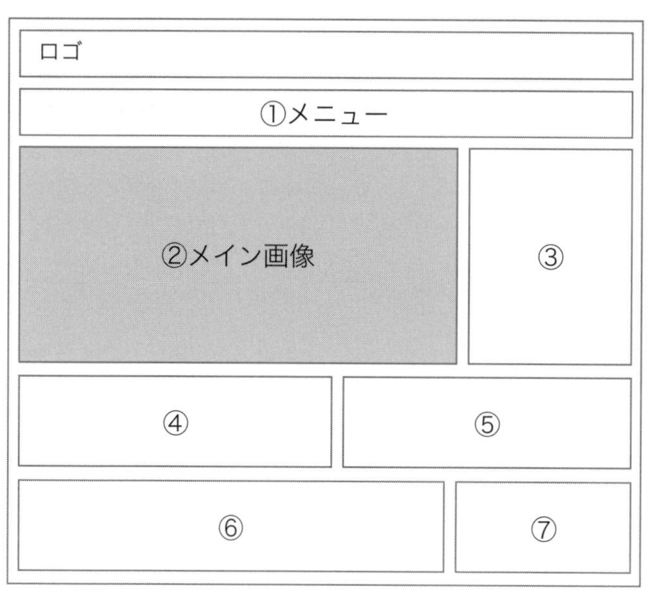

5-14 Bのレイアウトパターン

(3) 特定の情報に力点を置く - ユーザーへの印象付け

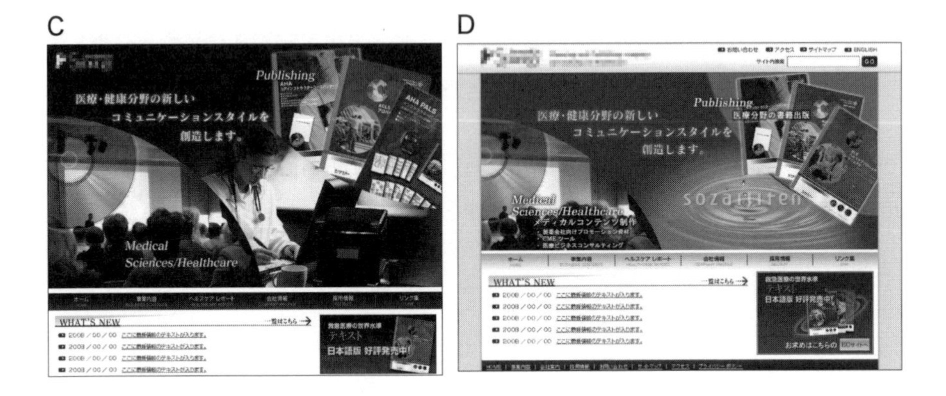

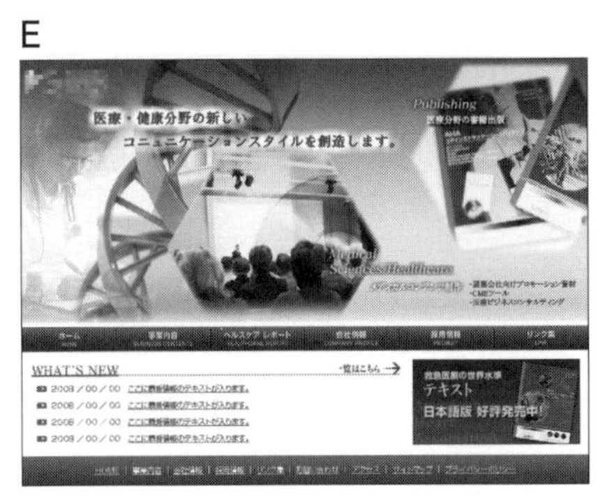

5-15　Webページのレイアウトパターン

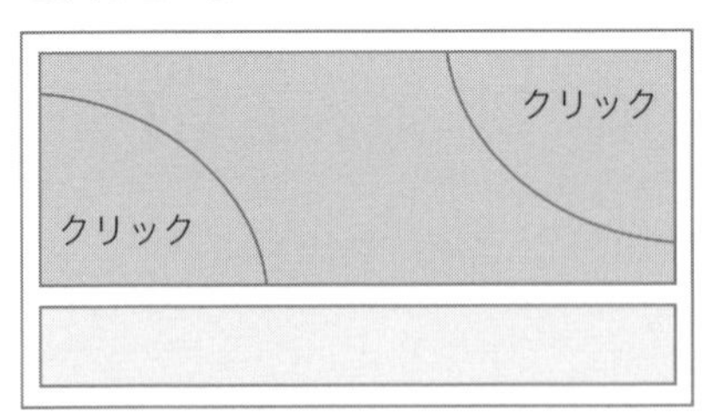

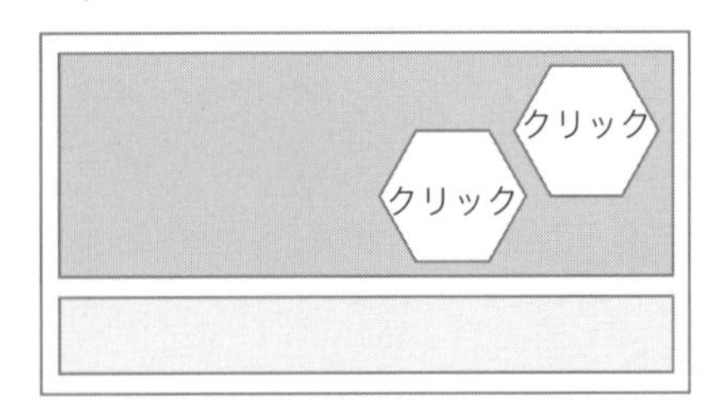

5-16　事例C～Dのモデルパターン

メイン画像を大きく配置することで、企業イメージを強調して、その他のインフォメーションは、わざとテキストベースで小さく配置するというレイアウトは、企業イメージをより際立たせるためによく使われる手法です。つまり、ファーストビューの印象を左右するのは文字よりもビジュアル要素の比重が大きいため、作り込んだ写真やグラフィックなどを強調するのが効果的です。

ファーストビューで企業の印象を決定するトップページで多く使われる、計算された手法ともいえます。

モデルC・D・E

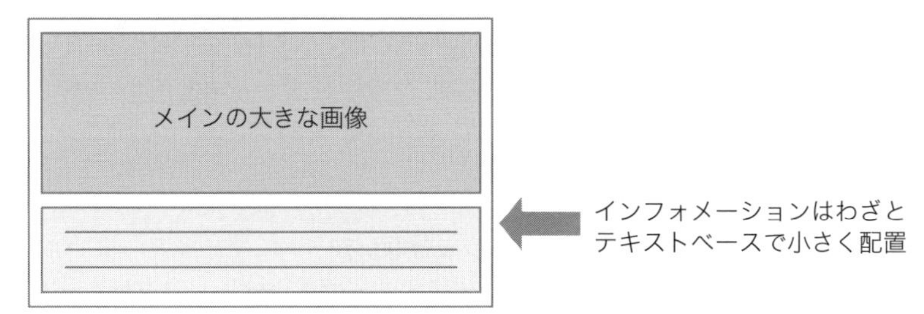

5-17　事例C～Eのモデルパターン

また、その中でも、特に、CとDは、メイン画像の中で対比の構図を用いて、より一層2つの事業が印象付けられるようになっています。

モデルC・Dのメイン画像

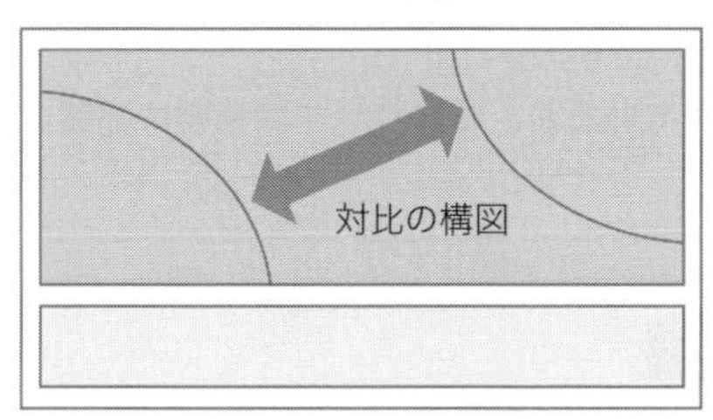

5-18　事例C、Dのメイン画像の構図

2つのものを並べてレイアウトする「対比」の構図は、グラフィックデザインでも頻繁に使われる手法です。両者を意図的に比べることでシンメトリーなレイアウトとなり、安定感や落ち着きを生み出します。

5-3-3　発生しがちなユーザビリティ上の問題点

多くのサイトに共通する代表的なポイントは、以下のとおりです。これらのポイントを考慮してサイトのデザインを決定する必要があります。

【サイトを通常利用する際のユーザビリティ】

- □ ページを表示するまでの読み込み時間が長すぎないか（ページ表示の際に3～6秒以上かかると、ユーザーがストレスを受けるといわれています）
- □ テキストと背景のコントラストは適切か（配色上、文字が読みにくくなっていないか）
- □ フォントサイズ、行間、文字間は妥当か
- □ プラグインがなければ閲覧できないコンテンツはないか
- □ 様々なブラウザで適切に表示されているか確認する（ブラウザチェックは行っているか）
- □ カンパニーロゴが分かりやすい位置に置かれているか
- □ ページの各要所に、ページの内容やコンテンツの内容を端的に理解してもらうためのキャッチフレーズが適切に設定されているか
- □ 企業情報のページは明確な場所にあるか
- □ 電話番号やメールアドレスなど、コンタクトするための情報を記載したページ（コンタクトページ）は明確な場所にあるか
- □ 1ページの内容は、1分以内にほぼ把握できる内容か
- □ FAQ（よく尋ねられる疑問）などをまとめているか、わかりやすい場所に配置しているか

【サイト内を移動する際のユーザビリティ】

- □ 何についてのサイトやページであるのかについて、5秒で大まかに理解できる表現になっているか
- □ すべてのページに、前（1階層上）のページに戻るためのボタンがあるか
- □ すべてのページからトップページへ戻れるか
- □ グローバルナビゲーションは、全ページに、同じ形状、位置に設置してあるか
- □ メインナビゲーションはわかりやすいものか
- □ ロゴをクリックするとホームに遷移するか
- □ テキスト（文字）の中で、リンクが張ってあるテキストについて、青い色にアンダーラインなどがされているか
- □ クリック後のリンクはクリック前と異なる色で示されるか

- □ サイト内検索用の検索ボックスは実装されているか
- □ パンくずリスト※は全ページに設置されているか
- □ エラーページから他のコンテンツへ移動できるか
- □ リンク切れがないか
- □ サイトマップがあるか

【セキュリティ関連のユーザビリティ】

- □ 個人情報を入力するページではプライバシーポリシーが明示されているか
- □ 収集する個人情報の種類や手段が明示されているか
- □ 申し込みや決済など、個人情報をデータ送信する場合には、暗号化技術を使用（SSL）している旨が明記されているか

【特定のコンテンツを利用する場合のユーザビリティ】

- □ 重要なコンテンツは、スクロールせずに閲覧できるように設定されているか
- □ 広告とコンテンツの区別は明確になっているか
- □ 情報の送信や決済など、ユーザーが重要な選択を行う場合に選択についての確認画面を表示しているか
- □ ユーザーの理解できない専門用語や表現を使用していないか
- □ 個人情報を送信したユーザーに対しての感謝のメッセージを表示しているか(サンキューページは設置しているか)
- □ 入力フォームにおいて、必須項目には「必須」の記載がされているか
- □ 入力フォームに入力した後、確認画面が表示される設定になっているか

なお、それぞれのサイトごとに、目的、サービス、ユーザー層は異なりますので、ユーザビリティ上の重要な箇所も、サイトごとに異なります。そのため、自社のサイトにおけるユーザビリティは、いわばオーダーメイドで検討していく必要があります。

5-3-4 UI戦略

ここまでユーザビリティとデザインについて述べてきました。ユーザーの反応を

パンくずリスト
ユーザーの見ているページがサイト内のどの階層に当たるのかを視覚的にわかりやすく表示したもの。基本的にサイトの上部に表示される。

見ながらユーザビリティを改善していくことが原則ではありますが、一方で現在のユーザーは使いづらいコンテンツへの見切りが極めて早く、「不便だな」「使いづらいな」と少しでも感じた時点で、それ以上の使用を止めて、コンテンツから離脱してしまうケースがかなり存在します。つまり、ユーザーの反応を観察して適宜改善していこうとしている間に、ユーザーが消失してしまう可能性が十分にあるということです。そこで、ユーザビリティの考えに心理分析的なアプローチを強く加えた上で理論化し、ユーザーがどのようなときにどのように感じて行動するのかについて、あらかじめ予想を立てようという試みがなされています。このような諸理論を、ユーザーとコンテンツとの境界線（ユーザーインターフェイス/User Interface）を理解するための理論として、UI理論と呼ぶことがあります。以下に代表的なUI理論を記載します。

エンダウド・プログレス効果

ゴールに向かって前進していることを感じたとき、ゴールに向かうモチベーションを上げようとする心理的効果です。人は自分が少しでもゴールに向かって前進していると感じると、「このままゴールまで進みたい」というモチベーションが発動するといわれています。たとえばスタンプカードの1つ目が押された状態で顧客に渡すと、スタンプカードの最後までスタンプを押してもらいたいと何となく思うようになり、その顧客の購買活動が向上していく可能性が上がります。

UIにおいても、ユーザーにある行動を要求するのではなく、既にタスクが一部終了している、ステップが順調に進捗していると認識してもらうことで、ユーザーのモチベーションを自然に向上させることが可能です。

輪郭線バイアス

人は鋭い角度を持つオブジェクトよりもカーブのあるオブジェクトを好む傾向にあるという心理現象です。脳の扁桃体（恐怖や不安を感じる部分）が、鋭角のオブジェクトを、無意識に危険性のあるものとして認識するためといわれています。

普段は鋭角のオブジェクトをなるべく使わず、丸みを印象づけるようなデザインのほうが、ユーザーにストレスを与えづらいでしょう。注意を促す際などは、あえて鋭角のオブジェクトでデザインすることで緊張感を与えることができます。

ナッジの設置

ナッジ（nudge）とは「ひじで小突く」「そっと押して動かす」の意味で、ユーザーの選択や行動を望ましい方向に導くための仕組みを意味します。しばしば母ゾウが子ゾウを鼻でやさしく押し動かす様相に例えられます。

たとえばレストランでは、多くのメニューが並んでいる中に「おすすめ」と書かれているメニューがあると、その商品が注文されやすくなります。UIにおいても、ユーザーを自然に適切な行動に導くために必要なものとして考えられています。ナッジについては、さらに具体的な6原則が提唱されています。

・**インセンティブの提供**
ある選択をすることで得られる利点を明確化することで、選択することを後押ししてあげることです。インセンティブは、金銭的インセンティブ、道徳的インセンティブ、社会的インセンティブ、群集心理インセンティブの4つがあります。

・**マッピングの理解**
ある選択と、その選択によって発生する結果の関係をわかりやすくすることです。

・**デフォルトの提供**
決断ができない、判断ができないユーザー用に、あらかじめ定められたものを用意しておくことです。

・**フィードバックの付与**
選択した結果をフィードバックによって正しく伝えることです。

・**エラーの予測**
間違った選択を未然に防ぐことです。

・**複雑な選択の構造化**
複雑な選択を構造化し、選択しやすくすることです。

ユーザーは決断ができないと、そのコンテンツやサービスから離脱してしまうおそれがあります。スムーズな決断を導くための仕組みは有効です。

認知容易性

人は自身が容易に認知できるものに好意を抱くという心理特性です。認知心理学者ダニエル・カーネマンによる、『ファスト＆スロー（上・下）』の中に登場する考えです。

具体的には、以下のようなものに好意を抱きやすいといいます。

・繰り返した経験
・見やすい表示
・見覚えのあるスタイル
・発音しやすい言葉
・先行刺激（プライム）がある
・精神状態がよい

言い換えると、「自身が慣れ親しんだもの」ということができます。UIにおいても、ユーザーの中に自然に「こういうサービスの画面はこういうもの」というイメージが定着している場合があります。斬新なデザインや画期的な操作性は、それがたとえ優れたものであったとしても、認知容易性の面で不利に働く可能性があるので、注意が必要です。

ミラーの法則

人間のワーキングメモリー（作業をするための情報の一時記憶）上で正しく記憶できる情報の個数は7±2であるという考え方です。この7±2は「マジカルナンバー」と表現されることもあります。なお、マジカルナンバーについては、2001年にネルソン・コーワン氏が書いた論文（The magical number 4 in short-term memory※）では4±1と述べられています。

いずれにしても、ユーザーが一度に対応・処理できる情報の個数は、3個から多くても9個ということになります。一般的には7個程度が限界ではないでしょうか。ユーザーに一度にたくさんの情報を見せると、本能的な圧迫感を感じさせるおそれがあります。ユーザーが1回で目にする情報の数については配慮をする必要があるでしょう。

ゲシュタルト原則

人がコンテンツを見た際、無意識にグループ化して捉える心理現象です。以下のようにいくつかのパターンがあります。

The magical number 4 in short-term memory
https://www.researchgate.net/publication/11830840

・近接　　：近くにあるもの同士をグループと捉えます
・同類　　：色・形・大きさなど共通したもの同士をグループと捉えます
・連続　　：連続的な要素同士をグループと捉えます
・閉合　　：不完全な要素を補い完全なものと捉えます
・対称　　：対になっているもの同士をグループと捉えます
・共同運命：同じ動きをするもの同士をグループと捉えます
・図と地面：図（前景）と面（背景）を分離して捉えます

人はコンテンツを見ると、本能的にビジュアルからグループ化して、全体構造を把握しようとするといわれます。多くの情報をそのまま理解しようとするのではなく、何らかの関係性のかたまりに分類した上で理解しようとしています。

ピークエンドの法則

人の評価は､全体平均ではなくピーク時と終了時の印象で決まるという考えです。あるサービスへのユーザーの評価は、このサービスを最も頻繁に使用したときの印象、このサービスを最後に使用したときの印象で左右されるという内容です。

たとえばゲームなどでは、最も難解な部分とエンディングの部分の印象で、そのゲームの評価が左右されるということになります。ゲームのエンディングを壮大にし、エンドロールを長々と流すことは、ユーザーに「このゲームは素晴らしかった」という評価を、時間を掛けて刷り込むことにつながるので、極めて大事なことです。UIの戦略上、十分に検討しなければいけないポイントです。

知覚アフォーダンス

人はある物体を見た際に、その形状から咄嗟に内容を予想する習慣があるという考えです。予想に用いる形状的な要素をシグニファイア（Signifier）ということがあります。

ユーザーはUIを見ているとき、アイテムの形状からその内容を予想します。そのアイテムでどのような操作ができるか、ユーザーの感覚的な認知に沿うことが重要です。『押せるようには見えないボタン』『開きそうに見えない開閉メニュー』『注意喚起の意味を連想させないデザインのモーダルウィンドウ』など、ユーザーの予想に反するものは可能な限り避けましょう。

決断疲れ

負荷の大きい意思決定を長い間続けると、精神的なリソースが消耗していく心理現象です。自我消耗ともいいます。決断疲れの状態になると、人は意思決定を回避するようになり、決断を後回しにしたり現状維持を選んだりするようになります。

ECサイトや、動画や音楽配信サービスなど、膨大な数の商品を扱うサービスでは、ユーザーに決断疲れを起こさせないような工夫が必要です。ECサイトでの「ウィッシュリスト」や「あとで買う」機能は、意思決定をしなくても済むように、という決断疲れを防止するための機能といえます。

ユーザーに多数の事項の入力を要求する入力フォームなどにおいても、入力を一時中断できる機能や、入力をサポートする機能など、決断疲れへの配慮が必要です。

再認記憶の有利性

再生記憶よりも再認記憶の方が優れているという考え方です。自身の経験を一から思い出す（再生記憶）よりも、与えられた選択肢の中から思い出す（再認記憶）ほうが容易であるという考えです。

たとえばアンケートの場合、商品を利用した感想を白地で記載してもらうよりも、予想されるいくつかの感想を記載してある方が、ユーザーはそれに続けて記載していくことでスムーズに回答が進むことが多いといわれています。

サイモン効果

情報が表記されている位置と、情報の中身の意味が一致しないと、ユーザーはストレスを感じたり混乱したりして理解に時間がかかる、という心理現象です。

たとえば、画面の右側に「右」という文字を置く場合と、画面の左側に「右」という文字を置く場合とでは、後者の方が理解に時間がかかってしまいます。特に最近のユーザーは視覚的に判断する傾向が強いので、位置と中身は可能なかぎり一致させておくことが有効です。ユーザーに意味のないストレスをかけることになり、サービスの使いづらさにつながってしまいます。

5-3-5　色彩計画（カラーマネジメント）

人は色彩に対して、無意識にある一定の反応を示すといわれています。サイトのどの部分にどのようなカラーを用いるかは、ユーザーの心理に対して大きな影響を与え、ユーザビリティにもつながるので、注意する必要があります。

サイトにおけるカラーを考える上では、色相、明度、彩度の3属性（マンセル・カラー・システム(Munsell color system)）とWebセーフカラー(web-safe-colors)について理解しておく必要があります。

色相

色味、つまり色の種類そのものを表しており、最も基本的な概念です。マンセル・カラー・システムでは、赤、黄、緑、青、紫（R、Y、G、B、P）の5色を基本色として、これらをさらに細分化することで、最終的に100色の色相を設定しています。

色相で表現されているそれぞれの色について明るさを調整することが‘明度’であり、鮮やかさを調整することが‘彩度’となります。

明度

色の明るさを表します。0～10に数値で表し、数値が10に近いほど明度が高くなり、色は白に近づいていきます。数値が0に近いほど明度は低くなり、色は黒に近づきます。

明るい部屋では部屋の中の色が白っぽく感じられたり、暗い部屋では部屋の中の色が黒っぽく感じるというのは、この明度の問題といえます。

彩度

色の鮮やかさを表します。彩度が高くなると純色に近づき、低くなると無彩色に近づきます。咲いたばかりの花が鮮やかに見えたり、枯れていく花がくすんで見えるのは、彩度の問題といえます。なお、純色は各色相の中で最も彩度が高い鮮やかな色で、「ビビッド色」ともいいます。

トーン

トーンとは色調を表します。明度と彩度をまとめて1つの概念で表現したものです。

同じトーンの色は、色相が変わってもそのトーンから受ける感情効果は共通しているといわれています。そのため、イメージによる感情効果を検討する際によく用いられます。

Webセーフカラー（web-safe-colors）

インターネット上でカラー画像などを公開した場合、ユーザー環境（コンピューターやOSの違い）によっては正しく色が再現されないことがあります。そこで、HTML上のコードで色を指定することにより、ユーザー環境に左右されることなく、ほぼ同じ色を表示できることを保証したカラーを設定しています。現在、216色の色があります。

5-3-6　キャラクターデザインの重要性

今まで主にUI関連のデザインについて述べてきましたが、ここからはキャラクターのデザインについても考察をしたいと思います。キャラクターのデザインといわれても唐突感があるかもしれませんが、近年は大変なキャラクターブームといえます。ゲームをはじめ、インターネット上の多くのコンテンツにおいても盛んにキャラクターを登場させるようになりつつあります。デザインレベルの高いキャラクターは、ユーザーに安心感や親近感、没入感を与えたり、共感を発生させたりすることが可能だからです。激しいビジネスの競争の中でコンテンツの精度を一定レベルまで上げると、そこから先は紙一重の差の勝負になるケースが多くなってきます。そのような状況では、ユーザーの心理にダイレクトに作用できる可能性があるキャラクターの存在は、ビジネス上の重要な要素となり得ます。

わかりやすい例としてゲームのキャラクターを考えてみましょう。2021年のソーシャルゲームの売上予想のランキング（Game-i）は以下のようになります。

1位　ウマ娘プリティーダービー
2位　モンスターストライク
3位　プロ野球スピリッツA
4位　パズル&ドラゴン
5位　Fate/Grand Order
6位　荒野行動
7位　ポケモンGo
8位　ドラゴンクエストウォーク
9位　原神
10位　ドラゴンボールZ　ドッカンバトル

この中で、3位と10位のタイトルはIP（Intellectual Property）コンテンツであり、8位のタイトルは既にレジェンド化しているシリーズのゲームで、完全オリジナルで制作しているタイトルは残りの7つといえます。そして、この7つの中で、ゲーム中にキャラクター収集系の要素があるタイトルは、1位、2位、4位、5位、7位、9位と、実に6つに及びます。近年、非IPでオリジナルのゲームを制作する場合には、キャラクターの要素が非常に重要となっているのがわかると思います。最近のゲーム制作においては、キャラクターデザインの成否が、ゲームのヒットを左右している側面があるといえます。

非ゲームのコンテンツにおいても、キャラクターはコンテンツの魅力を引き出すための様々な役割を担いつつあります。ナビゲーターとしてユーザーを特定の判断に誘導する役割、場面やシチュエーションの切り替えを違和感なく進める進行役としての役割、笑顔や微笑みを表現することで落ち着きや安心感を与える役割、未来的なコスチュームやクラシカルなコスチュームでコンテンツの世界観を伝える役割など、多様な使用のされかたをしています。また、キャラクターの外観も2Dにとどまらず、3D化されるケースも増えており、さらに3D化した上で、モーションキャプチャーなどを用いてリアルで精巧な動きを表現するケースもよく見られるようになりつつあります。さらに、将来的にはAIと組み合わせることで、インターネット上での顧客対応全般や、企業の受付、博物館や美術館の案内役など、幅広い活用が検討されています。

キャラクターのデザインは、おおよそ以下の流れで行われます。

1．キャラクターの存在している世界を設定する

現代、近未来、遠い未来、近い過去、遥かな過去、さらには全く異なる異世界など、様々な世界が設定可能です。キャラクターがいずれかの世界で生きているのか（世界観ともいいます）を設定する必要があります。この設定を細かく行うほどに、キャラクターのディテールに厚みが増します。世界観を言葉だけではなくビジュアルでも表現するために、イメージボードと呼ばれる一枚絵を複数制作することもあります。

2. キャラクターの人格を設定する

年齢、性別、家庭環境や友人関係などを設定していき、どのような人生を送ってきたのか、そして今どのような人物であるかを設定します。ペルソナともいえます。この人格設定を細かく行うことによって、キャラクターの魅力が具現化されていきます。

3. 与えたい第一印象とは何かを決定する

キャラクターの長所はユーザーの視覚にダイレクトに訴求することです。キャラクターを見たユーザーに、サービスやコンテンツの内容について特定のイメージを持たせることが（うっすらとした印象を潜在的に与える程度ではあるかもしれませんが）可能です。キャラクターを見たユーザーに抱かせたい第一印象を、あらかじめ確定させておくことは、デザインを戦略的に捉えることにつながります。

4. 具体的なデザイン作業を開始

一般的には、いきなり完成版を目指すのではなく、ラフ的なものから開始して次第に精度を高めていくことが多いでしょう。こうすることで、デザインをやり直す際にも、どこまで立ち戻るべきかが明確になりやすく、デザインする行為が迷走することを避けやすくなるでしょう。

キャラクターデザインは特にクリエイティブな領域の業務となりますが、ぜひ魅力的なキャラクターを生み出していただければと思います。

この項目の POINT

- ユーザビリティの重要性は日々増してきており、UI に特化した理論、UI 理論と呼ばれるものも登場してきている。
- アイトラッキング（視線対策）、レイアウト、操作性は、ユーザビリティにおける重要な事柄である。
- 色彩計画（カラーマネジメント）も意外にユーザーへの影響が大きいので、十分考慮する必要がある。

5-4 インターネットとマスメディア

PRや広告を行う際は、インターネットを利用する場合とマスメディアを利用する場合があり、それぞれの長所と短所があります。両者を上手に組み合わせて効率よく活用することが求められます。

5-4-1 インターネットがマスメディアに与えている影響

インターネットがマスメディアに与えている影響は多岐にわたりますが、最大のインパクトは、PRや広告の部分だといわれています。従来はマスメディアが無類の強さを発揮していたのですが、インターネットがPRや広告の概念を根底から大きく変えつつあります。それは費用対効果という考え方の浸透です。

従来マスメディアでは、PRや広告の効果は認知度などで測られており、特定のPRや広告が、特定の購買行動にどれほど効果を発揮しているかについて言及されることは少なかったと思われます。しかし、インターネットにおけるPRや広告は、それぞれのPRや広告が、どのようなターゲットにどれだけの効果を生んでいるのかについて検証することが可能なため、マスメディアでのPRや広告の効果についても、企業が関心を示すようになりつつあるのです。

たとえば、広告については、インターネット上の広告とマスメディア上の広告とでは以下のような違いがあります。

- マスメディアでは、広告を見る層が広く、その対象を絞り込むことができないが、インターネット広告では、広告主のプロダクトやサービスに何らかの関心や購買意欲を持つ層に絞り込んで訴えることができる。
- マスメディアで広告を行うには、高額な費用が必要だが、インターネットなら費用に見合った広告を行うことができる。
- マスメディアの広告では、広告の具体的効果を検証しにくいが、インターネット広告では、ユーザーの行動や広告の効果を具体的に検証できる。

インターネットを利用したPRや広告と比較すると、マスメディアを利用したPRや広告が、費用対効果の分かりにくいものに見えてしまうケースが生じてきているのです。

また、インターネット上では、特に近年のソーシャルメディアの台頭により、よりミクロな情報、スピード感のある情報を提供できるようになってきており、ローカルな情報やマイナーな分野ではあるものの根強いファンがいるような分野に対しても、PRや広告を効率よく投入できる環境が整いつつあります。この面でも、マスメディアを用いたPRや広告は、企業にとって物足りなく見えてくるのです。

しかしながら、インターネットにはデマや根拠のない情報が多く存在しているため、コストをかけて投入したPRや広告がそれらのノイズ的な情報の影響を受けた場合、費用対効果が大きく低下するというリスクがあります。また、PRや広告を行っても、必ず情報が拡散するとは限らないといった大きな欠点もあります。より多くの人に、特にイメージ的な情報を確実に伝えようとするならば、やはりマスメディアの影響力の方がインターネットに優っているのです。

これからは、マスメディアとインターネットが相互に補完し合いながら、併せて1つのメディアとして発展していくと思われます。インターネットマーケティングにおいても、マスメディアとの相関関係を常に念頭に置きながら、戦略を考える必要があります。

その際の重要な考え方として、クロスメディアという考え方があります。

5-4-2　クロスメディア

クロスメディアとは、ある商品やサービスなどの情報を、複数のメディア（Web、テレビ、新聞、雑誌、ラジオなど）を通じてターゲットとなる消費者に波状的に送るマーケティング手法の総称です。意味する範囲が非常に大きく、手法というよりも一種のコンセプトに近い、概略的な呼び方ではありますが、近時よく使用される重要なキーワードです。

クロスメディアでは、コンタクトポイントを中心にして戦略を練っていくのがセオリーです。

コンタクトポイントとは、消費者との接触ポイントを意味し、購入前コンタクトポイント・購入時コンタクトポイント・購入後コンタクトポイント・影響コンタクトポイントの4つに分けて考えます。

この中で、影響コンタクトポイントとは、まだ商品へのニーズすら感じていない消費者（潜在的消費者）へのコンタクトを意味し、企業がマーケティング目的以外で行う様々な活動（CSR活動、IR活動、リクルーティング活動、調達活動など）を通じて、これら潜在的消費者がニーズを認識し始め、顕在的消費者となったときに企業や商品を思い出してもらおうという戦術です。

購入前コンタクトポイント	購入時コンタクトポイント	購入後コンタクトポイント	影響コンタクトポイント
・テレビCM ・ラジオCM ・雑誌広告 ・新聞広告 ・Webサイト	・営業担当者 ・小売り店舗 ・各種製品資料 ・商品 ・Webサイト	・商品 ・説明書などの資料 ・Webサイト ・サポートスタッフ ・メンテナンスの機会	・CSR,IR活動 ・リクルーティング活動 ・調達活動 ・社内報 ・Webサイト

5-19 コンタクトポイント

上記の表以外にも、交通広告、屋外広告、口コミ、フリーペーパー、クーポンサイト、SNSサイトなど、コンタクトツールは無数に存在しています。これらのコンタクトツールをコンタクトポイントにあてはめ、自社にとって最も費用対効果の高い手法を比較、検討し、プランニングすることがクロスマーケティングです。自社を取り巻く商品、ロケーション、時期、知名度、ブランドイメージ、シェア、そしてPRに投入できるコストといった様々な要因を考慮しながら、自社にとって最適なクロスマーケティング手法を模索していく必要があります。

クロスマーケティングにおけるWebサイトの役割を考える上で重要な視点はクロージングとの距離感です。

一般的には、購入前にWebサイトを訪問するユーザーは購入を真剣に検討しており、Webからより詳細な情報を得た上で、ゆっくりと落ち着いて検討したい場合が多いと考えられます。そのときに、サイトにある情報が、店舗にあるパンフレットなどと同じ内容しかなければユーザーはがっかりするかもしれず、反対に豊富で詳細な情報が掲載されていれば購入を後押しすることができるでしょう。

また、購入時にWebサイトを訪問するユーザーは、すでに商品などの購入を決めているケースが多く、スピーディーに商品などを簡単に購入できるようなサイト構造になっていないと、かえって面倒になり、購入を中断してしまうおそれがあります。

Webの特徴をよく理解し、特に場面ごとのクロージングとの距離感を考えた上で、Webサイトをマーケティングに用いる必要があります。

5-4-3　テレビとインターネットの動画コンテンツの違い

同じ映像コンテンツでも、YouTubeに代表されるインターネット上の動画コンテンツとテレビのコンテンツでは、大きな違いがあります。まずYouTubeの視聴時間のデータを見てください。日本人全体の1日あたりのYouTubeの視聴時間は、30分～2時間未満が全体の1/3に達しています。10代、20代、30代に限れば35%を超えています（ここ15年ほどで日本人の生活スタイルに動画は完全に定着したといえるでしょう）。

なぜYouTubeなどの動画コンテンツは、これほど視聴されるのでしょうか。それは、視聴者の様々な属性に細かくフィットしていくからだと考えられています。たとえばYouTubeでは、チャンネルの登録者数が100万人に達すると、収支的にも高レベルで安定することが多く、多くの配信者が目標としている値です（もちろん登録者だけで再生数が少なければ収益は低下してくるので、あくまでも一般論です）。それでは、この100万人という数字は、日本のマーケット全体で考えるとどのような数字なのでしょうか。

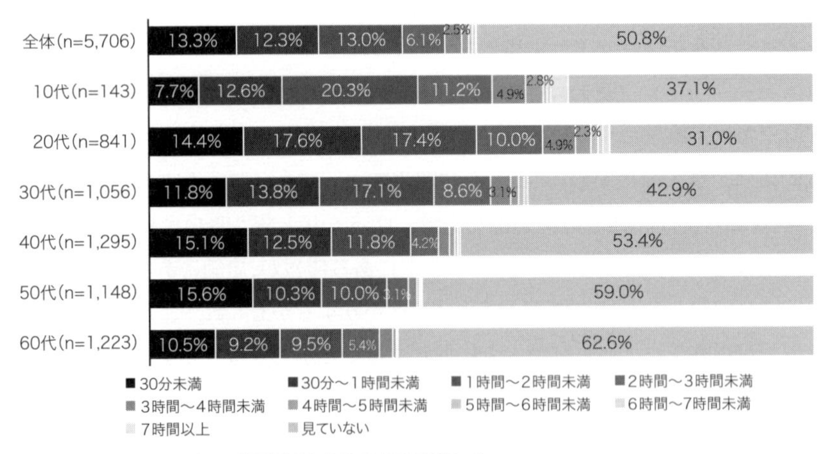

5-20　動画配信サービスの視聴時間（MMD研究所調べ）

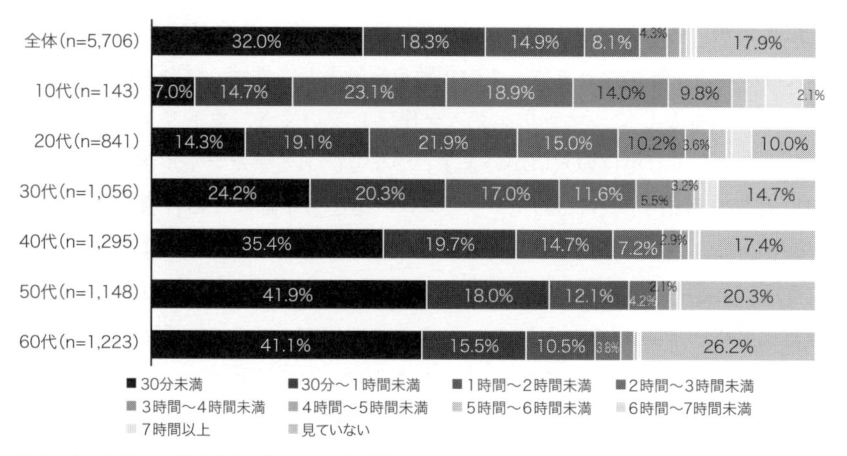

5-21 YouTubeの視聴時間（MMD研究所調べ）

下図は、2021年10月1日時点における、我が国の年齢別人口の推計です。

年齢(歳)	男性	女性	総数
20	624	597	1221
21	638	607	1245
22	637	610	1247
23	652	622	1274
24	654	623	1277
25	656	622	1278
26	664	629	1293
27	661	625	1286
28	646	610	1256
29	650	616	1266
30	644	613	1257
31	655	626	1281
32	665	637	1302
33	685	655	1341
34	702	674	1375
35	711	682	1393
36	734	710	1444
37	758	735	1492
38	766	745	1511
39	766	746	1513

年齢(歳)	男性	女性	総数
40	773	751	1524
41	807	785	1592
42	827	803	1630
43	857	834	1691
44	880	855	1735
45	921	895	1816
46	958	933	1891
47	1012	985	1997
48	1027	1006	2032
49	1009	986	1995
50	978	959	1936
51	946	930	1876
52	929	917	1846
53	905	895	1800
54	901	893	1794
55	700	700	1400
56	862	861	1723
57	806	807	1613
58	784	787	1571
59	757	762	1518

5-22 日本の年齢別人口の推計（単位千人）

ご覧のように、我が国では20代から50代までのすべての年齢あたりに120万人以上の人口がいると推定されています。20歳から25歳までだけでも750万人以上の人口がいることになります。この年齢を縦軸とし、性別、学歴、職歴、可処分所得などを横軸として、マトリックスを作成していくと、マトリックス上の1つずつの升でも数十万単位の人口がいます。つまり、あるチャンネルが最速で登録者数100万人を目指す場合には、ターゲットの属性を年齢などの各項目において細かく絞り込むことが効率的ということになります。多くのチャンネルがターゲットの絞り込みに励む結果、YouTube内には細かくカスタマイズ化されたコンテンツが豊富にストックされることになります。ここにYouTubeの優れたレコメンデーション機能（各ユーザーの嗜好を推測した上で、おすすめのコンテンツを表示する機能）が動作するので、ユーザーから見たYouTubeのイメージは、「自分の好みのコンテンツがたくさんあるサービス」となってきます。

テレビに代表される従来のメディアサービスではここまでの絞り込みは構造的に困難ですので、動画コンテンツの優位性はしばらくの間は揺るがないという考えも増えつつあります。このあたりについては今後も注視していく必要があります。

この項目のPOINT

- インターネットにおけるPRや広告は、費用対効果を細かく検証できる点が大きな特徴。
- より多くの人に、特にイメージ的な情報を確実に伝えようとするならば、マスメディアを用いたPRや広告は有効。
- クロスマーケティングは、今後のPRや広告を考える上での基本になるアプローチの１つ。

第5章の関連用語

オンデマンド方式
ユーザーからの要求があった時に、ジャストインタイムでサービスを提供する方式。インターネット上でのデータの提供によるサービス（文章の表示や動画の視聴など）は、ほとんどすべてがオンデマンド方式といえる。

ASPサービス：Application Service Provider Service
主に企業を対象としたサービスで、顧客にアプリケーションをレンタルするサービス。

アフィリエイト
ブログやサイト（元サイト）などにバナーを貼っておき、そのバナーをクリックして別サイトに移動したユーザーが申し込みや購入を行ったとき、元サイトのオーナーに一定の報酬が支払われる広告手法。

ウェブマスターツール
Googleが提供する無料のツールで、Googleが登録した自社のWebサイトをどのように認識しているかという情報を提供してくれるもの。
代表的なものに、Google Search Consoleがある。

サイトマップ
サイト内のページリンクをまとめたファイルのことであり、サイト上のページや動画などのファイルについての情報や、各ファイルの関係を伝える役割を持つ。

エンゲージメント
ユーザーの、商品やサービスに対する愛着や企業とのつながりの強さを示す。

カスタマージャーニー
顧客がどのように商品やサービスを認知し、関心を向け、購入に至るのかについて、顧客の行動や心理を時系列的に可視化したもの。

スパチャ
スーパーチャット（Super Chat）の略称で、ライブチャットを利用したYouTube動画に対して有料でコメントをする機能。より高額な金額を払うことで、自分のコメントを目立たせることができる。

ファンマーケティング

自社の顧客を熱狂的な「ファン」とすることで、中長期的に安定した売り上げを築くマーケティング戦略のこと。

第6章

インターネット広告

現在インターネット広告には様々な種類がありますが、それぞれ‘どういうシチュエーションの、どういうユーザー層に訴求することを目的としているのか’といった視点で捉えると理解が深まります。
また、インターネット広告はメリット、デメリットがはっきりしていることも特徴です。これらをよく理解し、状況に合わせて各種の広告を使い分けることが求められます。

この章では、インターネット広告について、ただ知識を覚えるのではなく、その本質を理解してもらうことを目指しています。手法の変化が特に激しいインターネット広告において、本質を理解することは最も重要なことです。

6-1 インターネット広告　概論

インターネット広告には非常にたくさんの種類がありますが、共通する本質的な考え方や特徴があります。まずはそれらを理解することが必要です。

6-1-1　歴史

インターネット広告は、1994年、Webマガジンのホットワイアード※創刊に際して、14社分のバナー広告が掲載されたのが始まりとされています。その後、日本においては、1996年に検索サイトの草分けである「Yahoo! JAPAN」がサービスを開始し、電通とソフトバンクによりインターネット広告を専門に扱う広告代理店が設立されました。これが日本でのインターネット広告のスタートといわれています。

その後インターネット広告は、ブロードバンドなどのインターネット環境の普及、携帯電話の普及に伴い、存在感を増してきました。

広告費全体に占めるインターネット広告費のシェアは、2004年にラジオ広告費を、2007年に雑誌広告費を、2009年に新聞広告費を抜き、そして2010年には、新聞広告費とラジオ広告費を足した水準にまで到達しています。

そして2019年にはインターネット広告費はテレビメディアを抜きました。2021年にはインターネット広告費は2.7兆円を超え、マスコミ四媒体広告費2.4兆円を超えました。それに伴いインターネット上の広告媒体を取り扱う広告代理店も次々に株式市場へ上場を果たしており、今後もその存在感は高まっていくと考えられています。

インターネット広告は誕生から現在にいたるまで様々な手法が考案されてきています。各手法の呼称も明確に統一されていないことが多く、更にそこに、最近の技術革新による新手法が複数登場してきているため、学んでいると混乱しがちなところでもあります。細かい手法も大事ですが、より本質的な部分に着目してほしいと思います。インターネット広告は、リスティング広告、Web広告、メール広告、SNS広告、コンテンツ内広告の5つに大きく分類して考えることができます。

広告費 媒体	広告費（億円）			前年比（%）		構成比（%）		
	2019年	2020年	2021年	2020年	2021年	2019年	2020年	2021年
総広告費	69,381	61,594	67,998	88.8	110.4	100.0	100.0	100.0
マスコミ四媒体広告費	26,094	22,536	24,538	86.4	108.9	37.6	36.6	36.1
新聞	4,547	3,688	3,815	81.1	103.4	6.6	6.0	5.6
雑誌	1,675	1,223	1,224	73.0	100.1	2.4	2.0	1.8
ラジオ	1,260	1,066	1,106	84.6	103.8	1.8	1.7	1.6
テレビメディア	18,612	16,559	18,393	89.0	111.1	26.8	26.9	27.1
地上波テレビ	17,345	15,386	17,184	88.7	111.7	25.0	25.0	25.3
衛星メディア関連	1,267	1,173	1,209	92.6	103.1	1.8	1.9	1.8
インターネット広告費	21,048	22,290	27,052	105.9	121.4	30.3	36.2	39.8
媒体費	16,630	17,567	21,571	105.6	122.8	24.0	28.5	31.7
うちマス四媒体由来のデジタル広告費	715	803	1,061	112.3	132.1	1.0	1.3	1.6
新聞デジタル	146	173	213	118.5	123.1	0.2	0.3	0.3
雑誌デジタル	405	446	580	110.1	130.0	0.6	0.7	0.9
ラジオデジタル	10	11	14	110.0	127.3	0.0	0.0	0.0
テレビメディアデジタル	154	173	254	112.3	146.8	0.2	0.3	0.4
テレビメディア関連動画広告	150	170	249	113.3	146.5	0.2	0.3	0.4
物販系 EC プラットフォーム広告費	1,064	1,321	1,631	124.2	123.5	1.5	2.1	2.4
制作費	3,354	3,402	3,850	101.4	113.2	4.8	5.5	5.7
プロモーションメディア広告費	22,239	16,768	16,408	75.4	97.9	32.1	27.2	24.1
屋外	3,219	2,715	2,740	84.3	100.9	4.6	4.4	4.0
交通	2,062	1,568	1,346	76.0	85.8	3.0	2.6	2.0
折込	3,559	2,525	2,631	70.9	104.2	5.1	4.1	3.9
DM（ダイレクト・@メール）	3,642	3,290	3,446	90.3	104.7	5.3	5.3	5.1
フリーペーパー	2,110	1,539	1,442	72.9	93.7	3.1	2.5	2.1
POP	1,970	1,658	1,573	84.2	94.9	2.8	2.7	2.3
イベント・展示・映像ほか	5,677	3,473	3,230	61.2	93.0	8.2	5.6	4.7

6-01 媒体別広告費の推移（単位：億円）

ホットワイアード
最新のWebテクニック、インターネットの流行などを紹介するウェブマガジン。

6-1-2　インターネット広告の特徴

次に、インターネット広告のメリット、デメリットについて見ていきます。

メリット	デメリット
・少額からの実施が可能 ・多様で的確なターゲティング ・詳細な効果測定 ・海外への出稿が容易 ・ニッチな層にも効率的なアプローチが可能 ・購入や申し込みの行為と直結している	・テレビCMのように強制的に閲覧させることはユーザーの反感をかうおそれがある ・情報が氾濫しており、競争相手が多い ・インターネットを利用する層にしかアプローチができない ・ネット環境に影響される

6-02　インターネット広告のメリットとデメリット

(1) メリット

・選択可能性と即効性

インターネット広告と従来の広告の違いの1つに、関心のある消費者にピンポイントで広告を提供できるという点（選択可能性）が挙げられます。

たとえばテレビCMを見ている場合、もちろん能動的にCMを見ているケースもありますが、そこにCMが流れているから何となく見ているといったケースが圧倒的に多いと思われます。またテレビCMは、個別の視聴者の興味に合わせた内容をチョイスして流すことができないので、男性向け商品を女性の視聴者に表示したり、若者向けの広告を老人に表示したりという事態が数多く発生してしまいます。

しかし、インターネット広告は違います。ユーザーがあるキーワードを検索しているとき、そのキーワードに関する事柄について何らかの興味を持っているのは確実で、そしてそのキーワードと関連のある広告を表示しています。インターネット広告は闇雲に広告を流しているのではなく、ある程度セグメンテーションを行っているのです。

また、ユーザーがすぐに購入動作に移れること（即効性）も特徴です。

テレビCMや雑誌などの従来の広告では、視聴者や読者がその広告に興味を持ったとしても、その瞬間に購入することはできません。しかし、インターネット広告の場合、ハイパーリンクの活用が可能であることなどから、広告からリンク先のサイトなどを通じ、一連の流れで購入をすることができるのです。

・少額から実施が可能

インターネット広告には、少額からの実施が可能なものも数多くあります。たとえば、クリック保証型のリスティング広告などは、予算を広告主が決定することができるので、少額からでも広告を出稿することができます。

これまで思うような広告を出稿することができなかった中小企業も、インターネット広告を出稿することができるようになりました。

・詳細な効果測定

インターネット広告は、アクセス解析などを行うことで、広告の費用対効果について、事後に検証することができます。

テレビ CM や新聞雑誌広告などの従来型のメディアでは、広告を見て購入意欲が発生してから実際の購入までのステップが連続的ではないので、ある広告が実際にどれだけの費用対効果を生み出しているかについて判断することは困難でした。

しかし、インターネット広告の場合は、広告を見ることと購入することの両ステップに連続性があることが多いので（もちろん、そうではないケースも存在します）、どのような広告が効果的なのかについて、データに基づいた客観的な検証が可能になります。広告の効果や問題点を明確に‘見える化’することができ、戦略的に対策を練ることができるようになります。

・国際的なビジネスが可能になる

インターネット広告では、特定の外国や地域を狙って広告を出稿することができます。言語やネットワークの普及度といった問題はありますが、他の広告媒体に比べれば、格段に容易に、外国への広告の出稿を実現できます。この点はあまり目立ちませんが、インターネット広告の重要なメリットです。

(2) デメリット

・情報が氾濫し、競争相手が多い

インターネットは誰でも気軽に情報発信ができるため、様々な情報が氾濫しており、中には明らかな誤解や誹謗、中傷もあります。これらの不正確な情報も正確な情報と等しく流通するため、広告の内容や表現に対しても、ネガティブな評判が拡散することがあります。一旦このような状況が発生し、広告の内容自体に対してユーザーが不信感を持つようになってしまうと、広告効果は大きく損なわれてしまいます。

また、大量の情報が存在すればその分競争相手も多く、他の広告との差別化を図ることが困難という面もあります。

・広告を出稿する側にも、インターネットマーケティングに関する知識が求められる

インターネットで広告を出稿する場合には、出稿側にも、インターネットマーケティングについての知識が求められます。広告の内容や分量、価格的な部分まで、出稿側で調整が可能ということは、それらを自社で判断することを求められることにもなるからです。

もちろん、それらの判断も含めて広告代理店にすべて任せるのも1つの方法ですが、それでも広告効果の検証の段階では、各種の知識が必要になってきます。

・インターネット接続環境の違い

どんなにレイアウトを工夫した素晴らしいWebサイトを制作したとしても、すべてのユーザーのブラウザで完全に同じように再現されるとは限りません。ユーザーの利用端末によって表示のされ方が異なってくるからです。また、高画質な画像や音声を挿入したり、動画によるストリーミング広告※を挿入する場合などは、回線環境によっては、スムーズに表示されない可能性があります。このようにインターネット接続環境の違いにより、すべてのユーザーに完全に同質なメッセージを伝達することが困難なケースが存在します。

・インターネットを利用する層にしか広告を届けられない

これは当たり前のことですが、インターネット広告は物理的にインターネットを利用しているユーザーにしか訴求効果がありません。近年、モバイル端末も含めると、インターネットの普及率は非常に高いですが、やはり高齢者、特に70歳以上の世代での普及率は低く、各世代間において、インターネット広告の効果に差があるのが現状です。

ストリーミング広告
データを受信しながら、同時に動画を再生し、広告を表示するもののこと。

6-1-3 プル型・プッシュ型広告

広告における基本的な考え方として、プル型広告とプッシュ型広告というものがありますが、これはインターネット広告にもあてはまる重要な考え方です。

プル型広告は待ちの広告ともいわれ、消費者の需要を喚起し、その需要を自社の利益へと誘導していく方法です。

それに対し、プッシュ型広告は攻めの広告ともいわれ、顧客に対してダイレクトに働きかけていく広告です。

実際の広告の場面では、どちらか一方のみを行うということはなく、2つの方法を併用して運用していきます。たとえば、インターネット広告でモデルルームの広告を出稿して需要を喚起し（プル型広告）、それを見てモデルルームに来店した消費者にメールアドレスを聞き、後日、キャンペーン広告の電子メールを送信する（プッシュ型広告）といった具合です。

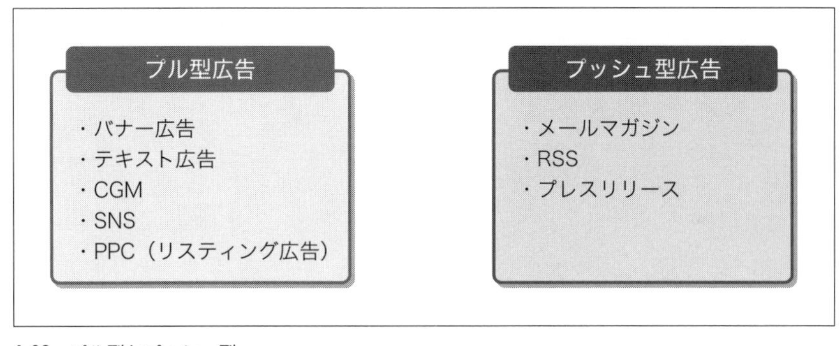

6-03 プル型とプッシュ型

プル型広告では、ユーザー自身に能動的にアクセスしてもらう方法が中心になります。バナー広告やテキスト広告、ホームページ、ブログやCGM、SNSなどがこれにあたります。

このプル型広告において重要性が増しているのが、Yahoo! JAPANやGoogleといった検索エンジン対策です。プル型広告の場合、ユーザー自体に広告を見つけてもらわなくてはならないので、検索エンジン連動型広告（PPC広告→リスティング広告のこと）などが特に重要になるからです。

一方プッシュ型は、受け手の側に一方的に情報を送信する方法を指します。メールマガジンなどのメールを用いた広告や、サイトの更新情報を簡単にまとめたものを送信するRSS広告、企業からメディアに対する一方的な声明であるプレスリリースなどがこれにあたります。

このプル型広告とプッシュ型広告を、それぞれの戦略に応じてバランスよく使い分けることの必要性を念頭において、具体的な広告戦略を考えていきます。

この項目のPOINT

- インターネット広告は、媒体別総広告費で、テレビを抜いて国内第1位の規模にまで成長している。
- インターネット広告にもプル型とプッシュ型という分類の仕方があり、これはインターネット広告を理解する上で重要な概念である。

6-2 インターネット広告の種類と特徴

インターネット広告を、広告の形態に着目し、リスティング広告、Web 広告、メール広告、モバイル広告に分類し、それぞれの広告手法の特徴を理解していきます。まず、最もシェアが高いリスティング広告を中心に見ていきます。

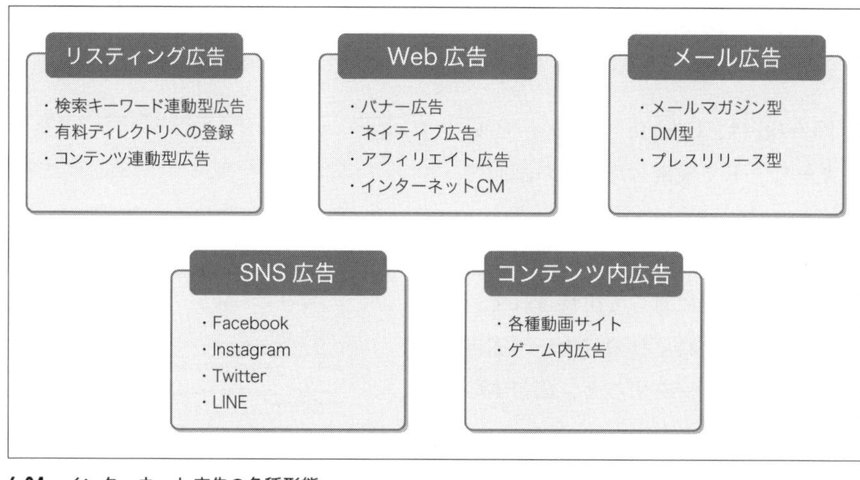

6-04　インターネット広告の各種形態

6-2-1　リスティング広告（検索キーワード連動型広告）

リスティング広告は、狭義では検索キーワード連動型広告を指し、広義では有料のディレクトリ登録とコンテンツ連動型広告を含みます。

本書では特に断りのない限り、リスティング広告は狭義の意味（検索キーワード連動型広告）で使用します。

（1）リスティング広告の基本

リスティング広告とは、広告主があらかじめ指定したキーワードが検索サイトで検索されたときに、その検索結果ページに広告バナーを表示させる手法です。

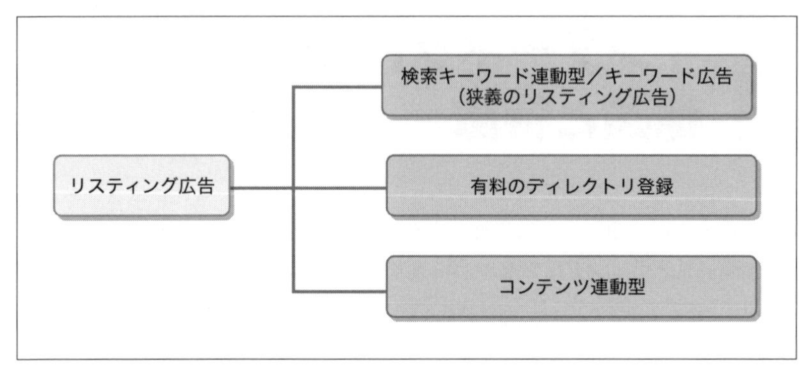

6-05　リスティング広告の種類

図6-06は、Googleで『FX』というキーワードで検索したときの画面です。

広告 と表示された部分が、『FX』というキーワードに対して出稿されている広告です。それぞれのバナー（広告バナー）をクリックすると、広告主のページに遷移します。

リスティング広告には、以下のような独特の仕組みがあります。

6-06　Googleのリスティング広告

- 広告費の支払い方には、前払いと後払いがある。
- 前払い金額は、基本的に広告主が自由に設定できる（ただし、最低必要金額が設定されていることが多い）。
- 前払いした場合、広告バナーがクリックされてその金額が消費されるまで、広告は表示され続ける。
- クリック単価は入札制なので、人

気のキーワードはクリック単価が高く、人気のないキーワードはクリック単価が安い。

(2) リスティング広告の特徴

リスティング広告には、優れたメリットが大きく分けて3つあります。

・広告としての精度が高い

一般に、ユーザーがあるキーワードについて検索を行うということは、そのキーワードについて関心や興味、もしくは何らかの欲求を備えている可能性が高いものです。そのようなユーザーに直接アプローチできるリスティング広告は、必然的に広告効果が高く（精度が高く）なります。

・広告費を自分で決定できる

前払いにすることで、広告費を広告主が自由に設定することができます。少額からでもスタートすることができるので、広告予算の少ない中小企業でも有効に広告を出稿できます。

・広告効果を検証できる

アクセス解析など（第8章参照）により、広告がどの程度効果を出しているのかを把握することができます。

一方でデメリットや限界もあります。

・近年のユーザーは、広告バナーをクリックしなくなってきている

第1章でも述べましたが、リスティング広告における広告バナーのクリック率（CTR/ Click Through Rate）は、かなり低くなってきています。

・高額な広告費が必要となる場合もある

人気のあるキーワードは、クリック単価が1,000円を超える場合もあり（1,000回クリックされれば1,000,000円)、費用対効果が良いとは必ずしもいえません。

・クリック数の信用性

広告効果のない無駄、無意味なクリック（この場合でも広告費用は発生している）について、検索エンジンの運営側が、どこまで正確に排除できているのか不明確です。

これらの長所、短所や限界をよく理解し、効果的に活用していく必要があります。

(3) リスティング広告の実施の手順

それでは、リスティング広告を実施する際のポイントについて見ていきます。

手順としては、キーワード・広告文・広告予算の決定、広告開始、効果の測定、分析と改善、の繰り返しになります。

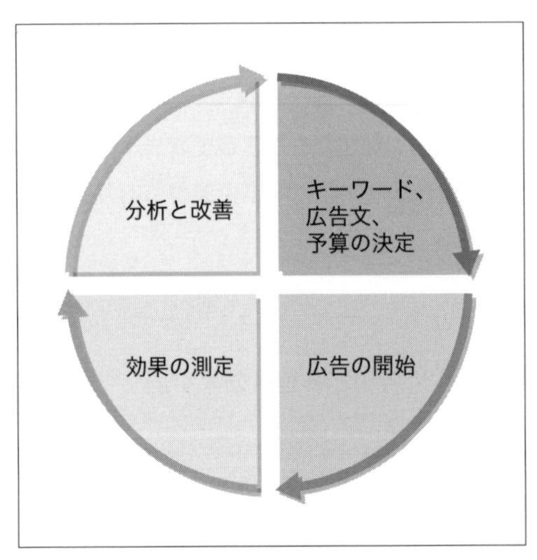

6-07　リスティング広告の実施フロー

・キーワード、広告文、広告予算の決定

キーワードについては、まずはキーワードの的確性から考えます。この部分は、第5章SEO対策の‘キーワードの的確性’の部分と同様です。簡潔にいうと、サイトの最終目的（コンバージョン／Conversion）に即したユーザー層にアプローチできるキーワードを選定するということになります（詳しくは第5章参照）。

広告文については、ストレートで分かりやすい内容にする必要があります。リスティング広告はテレビCMや看板などと違い、いつでも広告文を変更することができるので、一般的な表現からスタートし、効果を見ながら必要があれば少しずつ変化させていきます。

予算も、最初は前払いにしておき、比較的低額から開始するのが無難です。リスティング広告では、後から予算の変更もできるので、まずは低額からスタートし、前払金の消費していくスピードなどを分析することが重要です。

また、キーワードは必ず複数個で開始します。それにより効果測定が有効に行えます。

・最初はスモールキーワードから開始する

キーワードは、検索エンジンで検索される回数の多い順に、ビッグキーワード、ミドルキーワード、スモールキーワードと分類されることがあります。

ビッグキーワードは検索される回数も多く、通常はリスティング広告でも人気の高いキーワードです。したがって多くの場合、クリック単価も高額になります。

もちろん予算が多ければ、ビッグキーワードでリスティング広告を始めるのも一案なのですが、予算に制限がある場合にはスモールキーワードから開始することが有効です。

ビッグキーワードは、非常に抽象的で大きな枠組みとしての言葉なので、明確な目的や対象が定まっていないユーザーが相当数検索していることが多い傾向があります。

一方でスモールキーワードは、検索数は少ないのですが、抽象度の低い具体的な言葉なので、目的や対象が明確になっているユーザーが使用している可能性が高いのです。

	広告費	検索数	関連度	具体例
ビッグキーワード	高い	多い	低い	スポーツ
ミドルキーワード	中間	中間	中間	サッカー
スモールキーワード	低い	少ない	高い	なでしこジャパン

6-08 キーワードのタイプと特性

スモールキーワードを選択することで、全体の検索数は減りますが、低予算で、そして他社との競争を避けながら、コンバージョンの可能性の高いユーザーに効率よくアプローチしていくという戦略を取ることができます。

・効果測定 / 分析・改善

広告を開始したら、アクセス解析などの効果測定を日々行います。効果測定については第8章で詳しく述べますが、ポイントは複数のキーワードを比較検討することです。

同じようなキーワードであるにもかかわらずクリック率が大きく異なるような場合は、ユーザーの動向を把握するチャンスです。僅かなキーワードの違いでユーザーの行動が変わるということは、その僅かな違いの中に、そのキーワードで集客を行う際の重要な要因が隠されているからです。

(4) リスティング広告のコツ

リスティング広告のコツは、1回で効果を得ようとしないことです。広告文はいつでも変更できますし、新しいキーワードを追加することも可能です。最初は少額から半ばリサーチのつもりで、試行錯誤を繰り返しながら進めることが重要です。

キーワードごとに検索してくるユーザーの属性や特徴は様々です。実際にリスティング広告を行いながら、そのキーワードにおけるユーザーの特性を把握することが近道です。

(5) ディレクトリ登録※

各種サイトのディレクトリに手動で登録する手法です。登録されることで訪問者が増え、SEO対策からも有効なことが多いです。

(6) コンテンツ連動型広告

コンテンツ連動型広告とは、Webに掲載されているコンテンツの文脈やキーワードを解析し、関連性が高いと思われる広告を自動的に選択して表示する手法です。広告内容と関連性が高いコンテンツを選択して広告を表示させるので、広告精度の向上が期待できます。

ディレクトリ登録
ディレクトリ型検索サイトに自社のWebサイトを登録してもらうこと。

6-2-2 Web広告

インターネット上に掲載されるプル型広告です。インターネット広告の代表的なものであり、多種多様ですが、大きく分けて、バナー広告、ネイティブ広告、アフィリエイト広告、インターネットCMに分けられます。

(1) バナー広告

インターネット広告として最も広く用いられている広告手法です。サイトに広告の画像（バナー）を貼り、広告主のサイトにリンクします。サイズは様々ですが、スモールバナー、レギュラーバナー、ラージバナーという3つのサイズが、一般社団法人インターネット広告推進協議会（JIAA）で推奨サイズとして規定されています。バナー広告の表示方法としては､広告枠に1つの広告を表示させる方法と、1つの広告枠に複数の広告を順番で表示させる方法（ローテーション方式）があります。バナー広告は、たとえクリックされなくてもバナー広告自体が一定の割合でユーザーの目に入るため、その分、知名度や認知度は向上します。このような効果をインプレッション効果※といいます。一方で、広告によってユーザーを目的のサイトに誘導する効果を、トラフィック効果といいます。バナー広告は、インプレッション効果とトラフィック効果の両面を備えた広告であるともいえます。

バナー広告には、その表示の具体的な方法によって様々なタイプが存在します。それらの一例を以下に紹介します。

バッジ広告

その名が表すように、インターネットのWebページに表示される小さめの広告です。胸につけるバッジのように小さくてどこにでも表示できる広告という特徴をもつことから、この名前が付けられています。広告のサイズとしては小さいので、スポンサー名やロゴなどシンプルなデザインになっています。

レクタングル広告

インターネット広告のうち、サイズが比較的大きめで正方形に近い形状の広告の

インプレッション効果
広告を表示することで得られる効果のこと。バナー広告などでは､たとえバナーをクリックされなくとも､バナーを表示したことでバナー自体はユーザーに露出できたから、一定の広告効果があるといわれることがある。

ことです。300 × 250 ピクセルをレギュラーサイズとする場合が多く、縦横比が既存のテレビに近いことから、動的コンテンツなどとの相性が良いとされています。

スカイスクレーパー広告

スカイスクレーパーとは直訳すると超高層ビルや摩天楼を意味しています。その名のとおり縦長型の形状で、広告サイズが大きく、ユーザーに対して一定のインパクトを与えることができます。ただし、占有面積が大きい分、コストも高めです。

フローティング広告

Web ページ上を浮遊しながら表示される広告です。存在感があるので、一般の広告よりも高いクリック率が期待でき、インプレッション効果もあるとされていますが、邪魔と感じるユーザーも一定数いるため、利用する場合には慎重な検討が必要でしょう。

エキスパンド広告

バナー広告の一種ですが、カーソルを合わせる（いわゆるオンマウス）と、広告が拡大表示されるものです。普段は邪魔にならないサイズで広告を収納しておき、ユーザーがカーソルを合わせたときのみ拡大させることで、ユーザーに強く訴えかけるものです。限られたページレイアウトの中で、効果的にユーザーにアピールすることが可能です。

ポップアップ広告

ユーザーが Web ページにアクセスした際に、自動的に広告が表示される手法です。確実にユーザーの視界に広告を入れることができるのですが、一方では強制的にユーザーに広告を見せることになるため、ユーザーの反感を買うリスクもあります。また近年では、ポップアップをブロックする機能を備えたブラウザも普及してきていますので、その点でも注意が必要です。

フルスクリーン広告

ユーザーがあるサイトを見ようとしたときに、いったん自動的に広告ページを見せる手法です。全画面広告のページを表示させる場合が多くなっています。ユーザーに確実に広告を見てもらうことができますが、強制的に見せることになるため、ユーザーの反感を買うリスクもあります。

(2) ネイティブ広告

スポンサーシップ広告／タイアップ広告といわれることもあります。特定の商品やサービスに関係した文章などをサイトに掲載し、テキスト（文章）の一部にリンクを貼っておきます。ユーザーがそのリンクをクリックすると、サイトの内容と関連した商品やサービスに関するページに遷移します。他の媒体が囲い込んでいるユーザーに直接アプローチすることができる広告手法です。

また、サイトのコンテンツに広告を自然に紛れ込ませることで、ユーザーに広告であることを意識させることなく自然に誘導できるというメリットがあります。

最近のユーザーは広告を忌避してくる傾向が強いので、広告であることを意識させないこのような手法が用いられる場合があります。ただし、広告であることに最終的に気づいたユーザーをかえって不愉快にさせる可能性もある点に注意が必要です。

(3) アフィリエイト広告

成功報酬型広告とも呼ばれているものです。まず法人、個人が保有しているWeb サイトに広告を設置します。その後、その広告を他のユーザーが閲覧したり、また、申し込みなどの一定の行為を行うと、広告を設置した法人や個人に報酬が支払われる仕組みです。

(4) インターネット CM

バナー広告などの広告に動きや音を加え、よりメッセージを伝えやすくしたのがインターネット CM です。ユーザーに与えるインパクトが大きい上に、ある程度詳細な情報を流すことができるといったメリットもあります。また最近では、クリックされない状態でも、短時間であれば動画を流すことができ、ユーザーの視覚にダイレクトに働きかける効果があります。

6-2-3 メール広告

メール広告とは、電子メールを利用したサービスに挿入される広告で、インターネット広告の中では数少ないプッシュ型の手法です。

メール広告は、大きく分けてメールマガジン型とDM型（ダイレクトメール型）の2種類があります。前者は、事前に登録しているユーザーに対し、定期的に配信されるメールマガジンの中に広告を挿入します。後者は、個人のユーザーに直接広告メールを配信します。

メール広告はバナー広告などと違い、メールが開封すらされなかった場合はユーザーの目に全く触れることがありません（バナー広告は、たとえクリックされなくても、バナー自体が一定数のユーザーの目に触れています）。

メールの開封率を少しでも上げるため、以下の手法が有効といわれています。

興味を引くタイトル

・メールボックスでタイトルだけを見ても興味が湧くような、人目を引くタイトルが必要です。

一目で内容が分かるレイアウト

・本文全体のリードを必ず付け、またパラグラフごとにもリードを付けます。

魅力的な内容

・内容を充実させ、他の媒体との差別化を図ります。

送信日時に配慮する

・同じ内容のメールでも配信された状況によって読まれるかどうかが変わってきます。月曜日の朝など、他のメールの確認と重なる時間は避けて配信します。

6-09　効果的なメール広告のポイント

メールマガジン型広告

メールマガジンとは、メールを利用した雑誌のことで、発行者は定期または不定期に購読者に向けてメールを配信します。メールマガジンは、幅広い層の人が購読しており、ある分野の情報を定期的にキャッチアップしたいと考えている人にとっては特に有効なツールとなっています。

また、メールマガジンは、発信側から見ても受信者の関心のある分野がわかっているので、ターゲットが絞りやすいことや、購読者数が分かっていることなどから、効果的なツールであるといえます。

DM 型広告

DM 型メール広告では、リストをもとに、個々のユーザーに対して直接広告メールを送信します。以前は、メールを受け取ることを承諾していないユーザーに対しても一方的に送信していたケースが見受けられました。しかし、2008 年 12 月の特定電子メール法改正で、相手の承諾なしに営利目的のメールを送信することが原則禁止されてからは、事前にメール送信について承諾しているユーザーにだけ送信するオプトイン方式※が主流になっています。

プレスリリース

マスコミなどへのプレスリリースを配信代行してくれる企業に頼むと、インターネット媒体はもちろん、紙媒体も含めて数百の媒体にプレスリリースを一斉配信してくれます。これは厳密には広告ではなく PR という見方もありますが、配信代行会社に費用を支払って配信してもらうので、本書では PR と広告の両方に含まれるものとしています。

6-2-4 SNS 広告

SNS 広告のメリットは、ターゲットにするユーザーの属性を絞り込むことができる点です。各 SNS が保持しているユーザーに直接アプローチできるのが魅力です。各 SNS によって保持しているユーザーの属性には特徴があるので、以下、SNS ごとに特徴などを見ていきます。

(1) Facebook

国内月間アクティブユーザー数：2,600 万。ユーザーの年齢層が他の SNS と比

オプトイン方式
電子メールなどで広告を送られることを事前に承諾しているユーザーに対してのみ、広告を行う方式。

べると幅広く、また実名登録が原則であり、さらに各ユーザーが交流する現実世界の知人や友人と連携することが多いので、広告の際には高いターゲティング効果を期待できます。また､実際の人間関係と何らかの形でリンクしているケースが多く、根拠のない誹謗中傷が拡がるリスクは相対的には少ないといえるでしょう。また、企業は専用のページを開設し企業としてアカウントを運用することが可能なので、商品やイベント等を定期的に告知することなどにより自力で見込み客を開拓することも可能です。

短期間で爆発的な反響を得ることよりも、中長期的なイメージ戦略により効果を発揮することが多いといえるでしょう。Facebook広告は、「Facebook」「Instagram」「Messenger」「Audience Network」の4つの配信先があり、目的に応じて選ぶことができます。

また「自動配置」という機能があり、広告の目的や予算に応じて、Facebook広告のアルゴリズムがよりパフォーマンスの高い配信先や配信場所に自動で配置していきます。

(2) Instagram

国内月間アクティブユーザー数：3,300万。写真の編集や加工機能が豊富なので完成度の高い写真を掲載できます。そして公開された写真に対して簡単に「いいね」や「コメント」を付けられるので反響をすぐに確認することができます。

メインのユーザー層は10～20代の若年層で、若干女性が多いといえます。投稿や閲覧が日常生活に溶け込んでいるユーザー（いわゆるヘビーユーザー）の割合が高いSNSといえます。

視覚に訴えて購買欲を刺激するという面では最も効果が期待できるSNSの1つです。Instagram広告では、「フィード」「ストーリーズ」「発見タブ」「リール」の4つの場所に広告を配信することができます。それぞれの配信面に最適な広告クリエイティブを用意する必要があります。

(3) Twitter

国内月間アクティブユーザー数：4,500万。政治家、芸能人、経営者など各界の著名人が幅広く活用しています。

メインのユーザー層は若年層から40代以下で、使用目的は「情報発信」と「情報収集」といえます。拡散力が最も高いSNSの1つで、そのために炎上リスクが高い面もあります。

リアルタイム性が高いので、トレンドと関連した情報を流すとより効果が期待できます。Twitter広告は「プロモ広告」「フォロワー獲得広告」「Twitterテイクオーバー」「Twitterライブ」「Twitter Amplify」のカテゴリに分類されます。

なおTwitter（Twitter, Inc.）は2022年10月27日にイーロン・マスク氏による買収が発効し、同年11月8日に上場廃止となっています。サービスの内容や広告システムなどが大きく変化する可能性があり、動向を注視する必要があるでしょう。

(4) LINE

国内月間アクティブユーザー数：9,200万。もともとのメインのユーザー層は若年層だったのですが、幅広い年齢層に受け入れられてきています。爆発的な拡散力というよりは、中長期的に広く浸透していくイメージといえます。多様な配信面があり、主なものは「トークリスト」「LINE NEWS」「LINE VOOM」「LINE BLOG」「LINEポイントクラブ」「LINEショッピング」「LINE広告ネットワーク」などです。ただしLINE広告では配信面は自動選択で決定されます。

6-2-5　コンテンツ内広告

動画やゲームなどの、インターネット上のコンテンツの中に広告を表示します。コンテンツの下部などにバナー形式の広告を表示させる形式、コンテンツを強制的に一時中断して広告を表示させる形式などがあります。ゲームでは、ゲーム内のアイテムや看板などに、広告を表示させる場合もあります。

コンテンツ内広告では、コンテンツを強制的に一時中断して広告を表示させる形式のものが主流ですが、この形式はインターネット広告の中で最もテレビCMに近い形式といえます。コンテンツに強い興味を持って閲覧しているユーザーにとっては、場合によっては不愉快なものとなりますが、強制的に見せることで確実に一定の効果が得られるともいえます。

この項目のPOINT

- リスティング広告では、試行錯誤を繰り返すことでより効果的な広告にすることができる。
- リスティング広告で予算が少ない場合は、スモールキーワードから始めるという方法が有効である。

6-3 各種技術の発達に伴う特殊な広告手法

バナー広告から始まったインターネット広告ですが、情報通信技術や情報媒体の発達により、今では様々な広告手法が登場してきています。

6-3-1 エリアターゲティング

GPS機能の発達やIPアドレスの特定などによって、ユーザーが今いる場所に関連した広告を提供する、エリアターゲティングという概念が生まれています。

エリアターゲティングは、当初から個人情報との問題が指摘されていますが、Google、Yahoo! JAPAN、Apple（iPhone）のいずれもGPS機能を用いたサービスを提供しており、個人情報との関連で課題は残ってはいるものの、今後ますます広がっていくと思われます。

また、エリアターゲティングは地理的な側面に加え、'今そこにいる'ことに対する広告となることから、リアルタイム広告という側面も有しています。この2つを有することで、個人の生活のあらゆるシーンに広告を発信することができるようになる可能性を持っています。

エリアターゲティングはその形式によって、ジオターゲティング広告、位置・地図連動型広告に分類されることがあります。

ジオターゲティング広告

ユーザーのIPアドレスを元に都道府県などの位置情報を特定し、場所的に関連性の高い情報を表示するものです。

位置・地図連動型広告

近年のGPSや携帯電話の位置情報関連技術の発達は目覚ましく、それらの情報を解析することにより、ジオターゲティング広告よりも狭い範囲で関連する広告を表示する手法です。

6-3-2　その他の広告

お財布携帯決済連動型広告

お財布携帯決済連動型広告とは、ユーザーの年齢や性別、地域などに合わせた広告を、お財布携帯で決済したタイミングで配信する広告です。これは、商品の購入をきっかけに広告が表示されるので、より確実に対象とするユーザーに広告を見てもらえることが期待されます。

また、広告を受け取る側にとっても、自分の興味のある分野の情報収集ができる可能性が高まるというメリットがあります。

アプリケーション連動型広告

アプリケーション連動型広告とは、特定のソフトウェアの利用者に対して配信する広告です。利用者は広告を閲覧することによって、そのソフトウェアやそれに付随するサービスを無料で利用できる場合が多く、スマートフォンの普及とそれに伴うスマートフォンアプリ市場拡大と共に、市場が拡大しています。

iBeacon（アイビーコン）

アップルの商標であり、iOS7以降で搭載された低電力、低コストの通信プロトコルのことです。

たとえばiBeaconを設置している店舗に接近したり入店したりすると、スマートフォンが自動的に商品情報やクーポンを取得する、という使われ方がされます。お店を物色しているユーザーなどに、リアルタイムでダイレクトに働きかけることができます。

スマートプレート

ICチップを埋め込んだ小さなプレートで、これにスマートフォンをかざすと対象のサイトにすぐにアクセスできるという仕組みです。街中や店舗の中、家庭など様々なところに配置することで、ユーザーを目的のサイトにスピーディーに誘導します。

デジタルサイネージ広告

屋外・店頭・公共空間・交通機関など、様々な場所でディスプレイを使って情報発信を行うメディアを総称して「デジタルサイネージ」と呼びます。2021年の市場規模は594億円（CARTA HOLDINGS、デジタルサイネージ広告市場調査）と推測されています。交通、商業施設、屋外、その他の4分野に分けて捉えられることが多いです。新しい広告スタイルで市場規模は特別大きいとはいえませんが、5G※やStarlink※などの衛星インターネットの普及によって、今後一気に拡大する可能性があります。

最大の特徴は、コンテンツをインターネットで制御することができるので、時間や場所、その他の要因ごとに適したコンテンツを映像で送信できることです。単なる広告だけではなく、消費や行動へのナビゲーション機能をもたせることも可能で、様々な用途の可能性があります。

VR/AR向け広告

VR/AR向け広告も開発が行われており、同時にプラットフォームづくりも進んでいます。VRでは室内インテリアの検討、ARでは腕時計などを自分の腕に装着した様子を見るなどの使われ方があります。この他にも、スマートフォンのカメラに商品をかざすと、その商品の情報が表示されるなど、全く新しい広告手法が生まれつつあります。

この項目のPOINT

- GPS機能の発達やIPアドレスの特定などによって、ユーザーが今いるその場所に関連した広告を提供する、エリアターゲティングという概念が生まれている。
- スマートフォンやタブレットの普及により、アプリケーション連動型広告など様々な広告手法が登場してきている。

5G
高速、大容量、多接続、低遅延を実現する、第5世代移動通信システム。

Starlink
通信衛星の軌道を低軌道にすることで、大幅な低遅延と高速伝送を実現させた衛星通信サービス。

第6章の関連用語

コンバージョン：CV/Conversion
Webサイト上で、そのサイトがユーザーに対して求める行動（購入、会員登録、申し込みなど）を実際に行ったユーザーの数。

コンバージョン率（レート）：CVR/Conversion Rate
Webサイトの閲覧者全体に対する、コンバージョンの比率。

ポータルサイト
様々な情報やツールなどを総合的に提供するWebサイト。日本ではYahoo! JAPANが有名。

ディスプレイ広告
Webサイトやアプリ上の広告枠に表示される広告。

リワード広告
成果報酬型広告の一種で、アクセスした訪問者に報酬の一部を還元する仕組みを持った広告。

アドネットワーク広告
インターネット広告の1つ。広告媒体のWebサイトを多数集めて広告配信ネットワークを作り、それらの媒体にまとめて広告を配信する仕組みのこと。

ネイティブアド
インターネット広告の表示タイプの1つで、ネイティブ広告とも呼ばれる。一般社団法人インターネット広告推進協議会（JIAA）によると「デザイン、内容、フォーマットが、媒体社が編集する記事・コンテンツの形式や提供するサービスの機能と同様でそれらと一体化しており、ユーザーの情報利用体験を妨げない広告を指す」と定義されている。

アドエクスチェンジ
広告枠をインプレッション単位で取引するプラットフォームのこと。

データマネジメントプラットフォーム（DMP/Data Management Platform）
インターネット上に蓄積される情報を管理するためのプラットフォーム。

メディアレップ
インターネット広告の取引において、メディアと、広告代理店や広告主との仲介役を担う業種のこと。

リマーケティング
検索サイトやバナー広告などから訪れた訪問者の行動を追跡し、再度広告を表示させる広告のこと。

リアルタイム入札（RTB/Real Time Bidding）
インターネット広告で、広告が閲覧される際、リアルタイムで広告枠の入札を行う仕組みのこと。リアルタイムビッディングやRTBとも呼ばれる。

第7章

インターネットを利用した販売

インターネット販売（電子商取引 /Electronic Commerce）は、一般的には「EC」や「e コマース」という名称で浸透しています（本書では EC の名称を使用します）。

2021 年時点での日本における EC 市場は、BtoB で 372.7 兆円、EC 化率 35.6%、BtoC で 20.7 兆円、EC 化率 8.78% と、ともに順調に成長しており（令和 3 年度我が国におけるデータ駆動型社会に係る基盤整備（電子商取引に関する市場調査）/ 経済産業省）、日本における有力な成長産業の 1 つとなっています。

7-1 インターネット販売における基礎理論

ここでは、インターネットを利用して、様々な商品やサービスを販売する際の基礎的な理論を見ていきます。

7-1-1　売り手と買い手による分類

EC（電子商取引）においても、他のビジネスと同様に、取引の売り手と買い手が誰と誰の間で行われるのかという基準で分類されます。この分類はECを理解する上で、重要な視点となります。

BtoB（企業対企業)、BtoC（企業対消費者）CtoC（消費者対消費者）の3つが代表的な取引形態になります。

BtoB (Business to Business)	企業と企業	企業対企業で行われる取引。電子調達やeマーケットプレイスなどがある。
BtoC (Business to Consumer)	企業と消費者	企業と消費者の間で行われる取引。ネットショップやインターネットモールなどがある。近年成長率が高く、今後も拡大が期待できる取引分野。
CtoC (Consumer to Consumer)	消費者と消費者	ネットオークションなど、消費者同士で販売を行う取引。取引自体を行うのは消費者であっても、その場（プラットフォーム）を企業が提供することで、企業の利益につながる。
BtoBtoC (Business to Business to Consumer)	企業と消費者と別の企業	企業が消費者に商品を販売することを別の企業が手伝う取引。ネットショップがメーカーのカタログを用い、そのメーカーの商品の販売をする場合などがある。
GtoB (Government to Business)	行政と企業	政府と企業間の取引。公共事業などの電子入札などがある。

7-01　取引相手を基準としたECの分類

7-1-2 BtoB

企業と企業の間で取引を行う形態で、EC市場の中では最も市場規模の大きいジャンルです(2021年、372兆7073億円　経済産業省「令和3年度我が国におけるデータ駆動型社会に係る基盤整備（電子商取引に関する市場調査)」)。

なお少し細かい話ですが、ECにおけるBtoBを考える場合、広義と狭義で分けることがあります。以下に、経済産業省の定める区分をご紹介します。ポイントは、ECにインターネット以外のコンピューターネットワークによる取引を含めるか否かにあります。

広義：「コンピューターネットワークシステム」を介して商取引が行われ、かつ、その成約金額が捕捉されるもの
ここでの商取引とは、「経済主体間で財の商業的移転に関わる受発注者間の物品、サービス、情報、金銭の交換」をいう。
広義ECには、狭義ECに加えて、VAN・専用回線、TCP/IPプロトコルを利用していない従来型EDI（例：全銀手順、EIAJ手順等を用いたもの）が含まれる。

狭義：「インターネット技術を用いたコンピューターネットワークシステム」を介して商取引が行われ、かつ、その成約金額が捕捉されるもの
ここでの商取引とは、「経済主体間で財の商業的移転に関わる受発注者間の物品、サービス、情報、金銭の交換」をいう。
「インターネット技術」とはTCP/IPプロトコルを利用した技術を指しており、公衆回線上のインターネットの他、エクストラネット、インターネットVPN、IP-VPN等が含まれる。

インターネットを用いた取引という認識から考え、本書では狭義の考えで進めています。

BtoBは、電子調達とeマーケットプレイスの2つのタイプに大きく分けることができます。

(1) 電子調達

従来、企業が資材や消耗品を購入する際には、複数の納入事業者から見積り書を取り寄せ（相見積)、価格やその他の条件を比較検討した上で購入先を決定するの

が一般的でした。これに対して電子調達では、インターネットを利用して、納入を希望する事業者が価格などの諸条件を提示します。これにより調達側は、僅かな手間で、多くの納入事業者を集めて価格などを比較することができ、納入側も、新規参入が容易になっています。

(2) eマーケットプレイス

eマーケットプレイスとは、複数の売り手企業と複数の買い手企業が参加するインターネット上の取引所です。電子調達と異なる点は、企業と企業の間に「取引所(プラットフォーム)」となる企業が存在し、仲介を行っていることです。仲介企業がいるため、買い手企業と売り手企業が、相対的に低リスクでオープンな取引を行うことができます。

7-1-3　BtoC

企業と消費者間で取引を行う形態です。日本のBtoCの分野は年々市場規模を拡大しており、今後の成長分野として非常に注目を集めています。ECの中のBtoCの部分ということで、BtoC-ECと表現することもあります。統計上は物販系、サービス系、デジタル系に分けて考える場合もあり、またEC化率は通常、物販系のみで算出します。

2021年のBtoC-ECの市場規模は20兆6950億円で前年比7.4%増、EC化率は8.78%です。EC化率ですが、2021年において、世界19.60%、アメリカ13.2%（経済産業省「令和3年度我が国におけるデータ駆動型社会に係る基盤整備（電子商取引に関する市場調査)」)、中国44.0%（2020年、「中国、米国の小売・EC市場データから見る、日本のEC市場の未来」※)となっています。EC化率の計算方法にも

	2019年	2020年	2021年	伸長率(2021年)
A. 物販系分野	10兆515億円(EC化率6.76%)	12兆2,333億円(EC化率8.08%)	13兆2,865億円(EC化率8.78%)	8.61%
B. サービス系分野	7兆1,672億円	4兆5,832億円	4兆6,424億円	1.29%
C. デジタル系分野	2兆1,422億円	2兆4,614億円	2兆7,661億円	12.38%
総計	19兆3,609億円	19兆2,779億円	20兆6,950億円	7.35%

7-02　BtoC-EC市場規模および各分野の構成比率

2020年、「中国、米国の小売・EC市場データから見る、日本のEC市場の未来」
https://netshop.impress.co.jp/node/8976

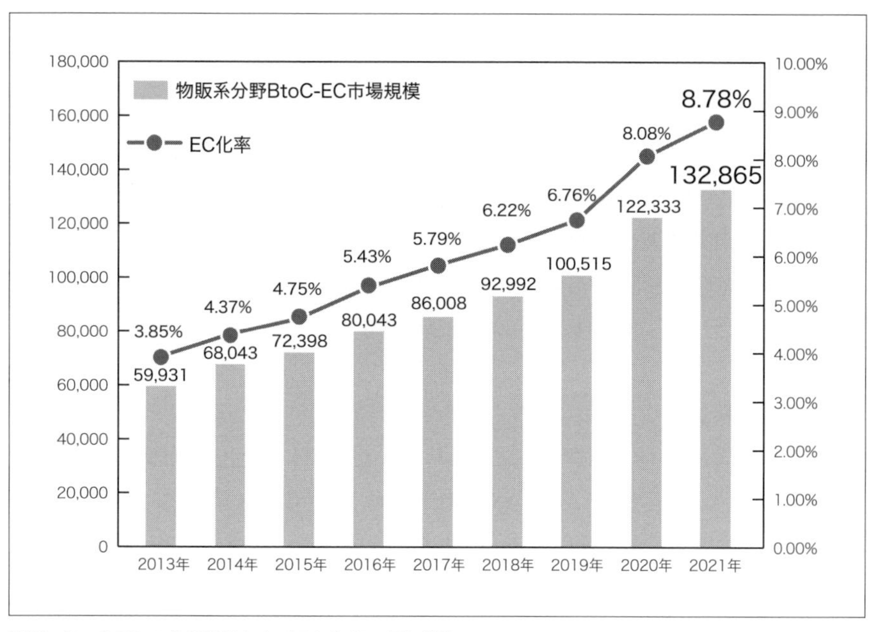

7-03 BtoC-ECの市場規模およびEC化率の経年推移

2021年の物販のBtoC-EC市場規模 ......（A）	13兆2,865億円
うち、スマートフォン経由 ......（B）	6兆9,421億円
スマートフォン比率（B）÷（A）	52.2%

7-04 BtoC-EC（物販）におけるスマートフォン経由の市場規模

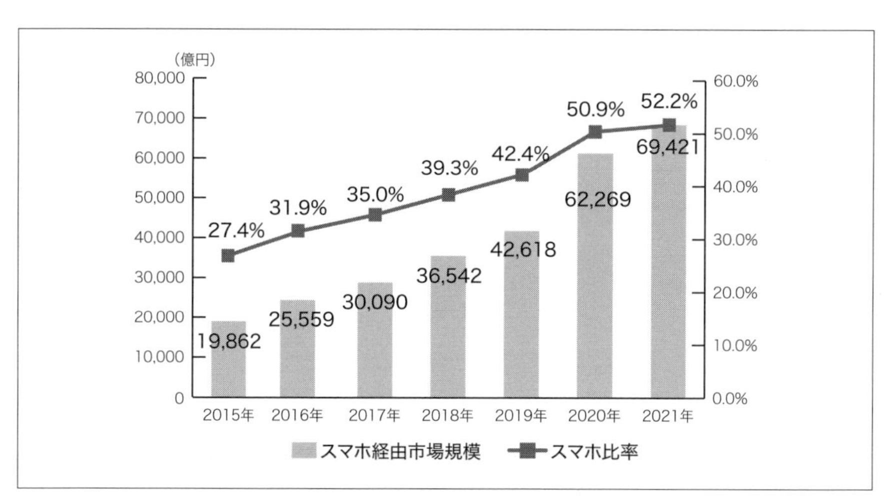

7-05 スマートフォン経由の市場規模の直近7年間の推移

よるのですが、日本のEC化率はまだまだ伸びていく余地があることがわかります。日本のBtoC-ECは、今後もしばらくの間は成長産業でありつづける可能性が高いといえます。

パソコンを使用した取引に加え、最近ではスマートフォンを使用した取引も拡大しています。2021年にはBtoC-ECの52%がスマートフォンによる取引となっており、今後も更なる拡大が見込まれます。

BtoCの販売形態としては、ネットショップ（インターネットショップ）、インターネットモール、ダウンロードショップなどがあります。

(1) ネットショップ

ネットショップとは、企業がインターネット上でECサイトを運営し、消費者に商品を販売する形態です。Amazonや楽天市場などがこれに該当します。ネットショップには、運営企業が提供するECサイトに、個別の企業や個人が自分のショップを出店する形態のものがあり、それをインターネットモールと呼びます。楽天市場がこれに該当します。

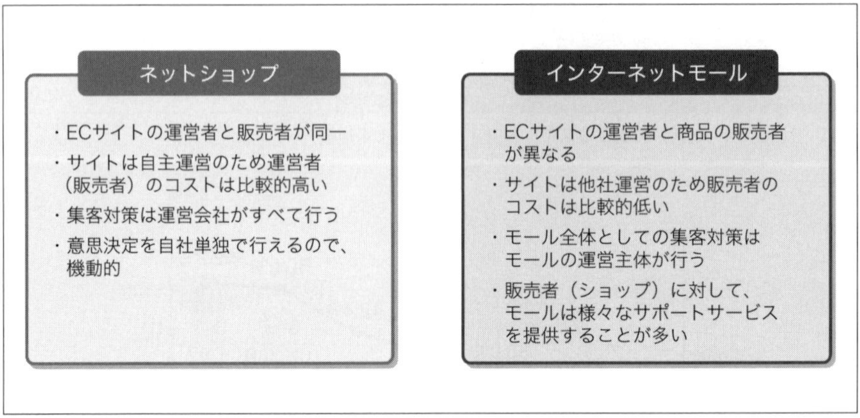

ネットショップ

- ECサイトの運営者と販売者が同一
- サイトは自主運営のため運営者（販売者）のコストは比較的高い
- 集客対策は運営会社がすべて行う
- 意思決定を自社単独で行えるので、機動的

インターネットモール

- ECサイトの運営者と商品の販売者が異なる
- サイトは他社運営のため販売者のコストは比較的低い
- モール全体としての集客対策はモールの運営主体が行う
- 販売者（ショップ）に対して、モールは様々なサポートサービスを提供することが多い

7-06　ネットショップとインターネットモールの特徴

(2)　ダウンロードショップ

インターネット上で、電子書籍、ソフトウェア、画像、動画、デザイン、ゲーム、音楽などのコンテンツをダウンロード形式で販売する形態であり、厳密にはネットショップやインターネットモールの1つだといえます。

在庫リスクを持たずに運営できる場合が多く、また、商品の輸送といったフェーズがないため（ユーザーは自分のパソコンやタブレットなどに直接コンテンツをダウンロードするため）、輸送コストが発生せず、海外展開が容易といった大きな特徴があります。

今後、日本で大きく成長することが期待されているビジネスモデルです。

7-1-4 CtoC

CtoCは消費者と消費者で取引が行われる形態で、インターネットオークションやフリマアプリなどがあります。

利用者層も広がりをみせてきていますが、市場規模はBtoBやBtoCのECに比べると小さめです。しかし今後、わが国では、スマートフォン経由でのインターネット人口の増加に伴い、この分野は大きく成長するともいわれています。CtoCを専門に扱うサービスも増えてきており、業界としても注目度が高まりつつあります。

この項目のPOINT

- 日本のBtoCでのEC市場は、更なる拡大が見込まれている。
- CtoC型のECは、新しいサービスも複数スタートしており、今後が注目されている。

7-2 インターネット販売の手法

BtoC の形態の EC（ネットショップ＆インターネットモール）を中心に、具体的な販売手法について見ていきます。

7-2-1 商品やサービスごとにユーザーの特性を把握する

BtoC-EC では扱う商品やサービスによってユーザーの行動に大きな違いがあります。BtoC-EC の手法を考える際には、この違いを事前に理解しておく必要があります。

分類		2020 年		2021 年	
		市場規模（億円）※下段：前年比	EC 化率	市場規模（億円）※下段：前年比	EC 化率
①	食品、飲料、酒類	22,086 (21.13%)	3.31%	25,199 (14.10%)	3.77%
②	生活家電、AV 機器、PC・周辺機器等	23,489 (28.79%)	37.45%	24,584 (4.66%)	38.13%
③	書籍、映像・音楽ソフト	16,238 (24.77%)	42.97%	17,518 (7.88%)	46.20%
④	化粧品、医薬品	7,787 (17.79%)	6.72%	8,552 (9.82%)	7.52%
⑤	生活雑貨、家具、インテリア	21,322 (22.35%)	26.03%	22,752 (6.71%)	28.25%
⑥	衣類・服装雑貨等	22,203 (16.25%)	19.44%	24,279 (9.35%)	21.15%
⑦	自動車、自動二輪車、パーツ等	2,784 (16.17%)	3.23%	3,016 (8.33%)	3.86%
⑧	その他	6,423 (16.95%)	1.85%	6,964 (8.42%)	1.96%
	合計	122,333 (21.71%)	8.08%	132,865 (8.61%)	8.78%

7-07 物販系分野 D BtoC-EC 市場規模

分類		2020年 市場規模(億円) ※下段:前年比	2021年 市場規模(億円) ※下段:前年比
①	旅行サービス	15,494 (▲ 60.24%)	14,003 (▲ 9.62%)
②	飲食サービス	5,975 (▲ 18.03%)	4,938 (▲ 17.36%)
③	チケット販売	1,922 (▲ 65.58%)	3,210 (67.01%)
④	金融サービス	6,689 (13.17%)	7,122 (6.47%)
⑤	理美容サービス	6,229 (0.27%)	5,959 (▲ 4.33%)
⑥	フードデリバリーサービス	3,487	4,794 (37.48%)
⑦	その他（医療、保険、住居関連、教育等）	6,036	6,398 (6.00%)
	合計	45,832 (▲ 36.05%)	46,424 (1.29%)

7-08 サービス系分野の BtoC-EC の市場規模

分類		2020年 市場規模(億円) ※下段:前年比	2021年 市場規模(億円) ※下段:前年比
①	電子出版（電子書籍・電子雑誌）	4,569 (36.18%)	5,676 (24.23%)
②	有料音楽配信	783 (10.80%)	895 (14.30%)
③	有料動画配信	3,200 (33.10%)	3,791 (18.47%)
④	オンラインゲーム	14,957 (7.50%)	16,127 (7.82%)
⑤	その他	1,105 (6.00%)	1,171 (6.00%)
	合計	24,614 (14.90%)	27,661 (12.38%)

7-09 デジタル系分野 BtoC-EC 市場規模

まず、物販系の BtoC-EC では、扱う商品やサービスによって EC 化率に相当に違いがあります。現在のEC化率が高いものは、ユーザーがECで購入することに抵抗が少ないものといえ、ユーザーがEC慣れしている可能性が高くなります。この場合にはECサイトのユーザビリティや商品のラインナップを向上させるなどの改善策が効果を持つ場合も多いでしょう。一方でEC化率が低いものについては、ユーザーがECで購入することに抵抗を感じる何らかの要素があるといえるので、その要素を取り除くことに注力する形になります。

次にサービス系では、全体的に苦戦していることが伺えます。これはコロナ渦によるネガティブな影響を大きく受けていることが原因といえます。その中でも金融サービス系の市場規模は成長を遂げています。フィンテック（Fintech）で話題性の高いジャンルですが、ユーザー側の意識がマーケットに追い付きつつあるといえるでしょう。今後の更なる成長が期待されます。

最後にデジタル系ですが、電子出版が順調に市場規模を拡大させています。紙の出版市場の規模は1兆2,080億円（2021年 全国出版協会）であることから考えると、紙から電子への移行がある程度進んでいることがわかります。

BtoC-ECでは、商品やサービスによってユーザーへの浸透度に大きな違いがあります。この違いを理解した上で個別の手法を考えていくことが重要です。

7-2-2　ロングテールの法則

従来のマーケティングにおいては、「企業の売上の80%は、20%の商品によるもの」という考え方（80対20の法則 / パレートの法則）が一般的でした。この考え方によれば、売上の大部分は一部の主力商品によって生み出されるので、主力商品を前面に押し出す代わりに、それ以外の商品については合理化を進めることがセオリーとなります。

しかし、インターネットでの販売、特にBtoCにおいては、これとは反対の「ロングテールの法則」という考え方が有効といわれています。

ロングテールの法則とは、販売機会の少ない商品であっても、数多く集まることで、全体としては大きな売上を生むという考え方です。売れない、少額の利益しか上げられない商品であっても、ちりも積もれば山となるということです。一般の店舗ならば販売スペースが限られているため、物理的に陳列できる商品の数に限りがあります。しかし、インターネット上では、論理上商品の陳列スペースが無限にあるので、販売機会の少ない商品であっても、取り扱うことができるのです。

また、インターネット販売では、「あのサイトに行けば、どんなものでも販売している」と思われることも強力なブランディングになります。ロングテールの法則は、インターネットにおける販売を考える際に、基本となるべき理論です。

7-2-3 インストア・マーチャンダイジング（In-Store Merchandising / ISM）の応用

ISMとは、小売店における売り上げ向上のための理論で、具体的には、商品の配置、品揃え、クーポン、イベントなどの諸構成を検討し、収益の最大化を図るためのメソッドです。

本来はリアル店舗用の理論なのですが、ECサイトにも応用することができます。

売上は、客数×客単価 の2つの要素から成り立ちます。この中の‘客数’の増加については、インターネットマーケティングにおける‘プロモーション’の問題なので、第5章、第6章を参照してください。ここでは、ISM的アプローチを用いて、もう1つの要素である‘客単価’について考えます。

ISMの考え方によると、客単価は以下の要素によって決定されていきます。

・動線長
　店内をどれだけ歩いてもらえるか
・立寄率
　歩いているときに、個別の売場にどれだけ立ち寄ってもらえるか
・買い上げ率
　売り場に立ち寄ったときに、どれだけ商品を確認して購入してもらえるか
・買い上げ個数
　その商品をどれだけの数買ってもらえるか
・商品単価
　より商品単価の高い商品を買ってもらえるか

これをECにあてはめると、7-10のようになります。

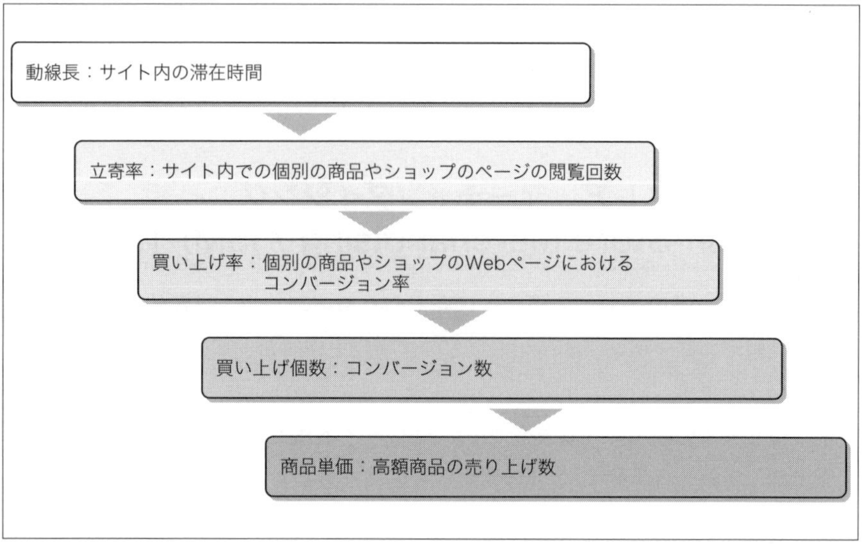

7-10　ECにおけるISM的アプローチ

ISM的アプローチの優れている点は、これがユーザーのショップ内での行動フローに即していることです。

客単価の向上を考えたとき、一通りインターネットマーケティングを学んだ方であれば、直帰率、インプレッション数、リファラーといった、様々な要因とそれに対する対策が頭に浮かぶと思われます。しかし、そのすべてについて同時に実施するのは現実的ではない場合も多いでしょうし、かといって優先順位を付けようにも、どれも重要に思われます。結局、悩むばかりで有効な対策が打てない状況になるケースがよく見受けられます。

そのようなときにISM的アプローチで考えると、自社のネットショップやインターネットモールがどこの段階で行き詰まっているのかが見えてきます。

たとえば、同じインターネットショップやインターネットモールの中で、ある商品は販売数自体は少ないのだが、レコメンデーションを経由しての購入割合は非常に高いといった場合、ユーザーがレコメンデーション以外の方法でその商品に辿りつくことが困難になっている可能性があります（立寄率が低い）。その商品のカテゴリ分類が適当ではないなど、『こんなところに、こんなものがあったのか』と驚かれるような商品の配置になっている可能性が高いといえます。商品のサイト内での配置を考えなくてはならないのであって、クロージングを促進させるような施策を行っても意味がないのです。

また、アメリカのウォルマートの店頭では、「おむつ」の棚の近くに「缶ビール」を置いておくと、同時に両方とも売れ、離して置いておくと同時には売れないといいます。‘おむつとビールの法則’といわれるものです。これは、若い父親が車で郊外の店舗におむつを買いに来たとき、ついでにビールも買っていくという現象なのですが、同時購買のデータを見ていたウォルマートのバイヤーが発見したものです。

これをISMの視点で考えると‘立寄率’の問題となり、ネットショップやインターネットモールの運営上、非常に重要なポイントとなります。インターネットでは商品をカゴに入れて持ち歩かなくても良いため、リアル店舗に比べると、このような‘ついで買い’が発生しやすいのです。それぞれのショップやインターネットモールに、似たような法則が隠れている可能性は高いといえます。

これらは一例に過ぎません。ISMのような理論を用いて、緻密に、かつ段階的にユーザーの動向を分析して、把握することが重要です。

特にBtoCの形態のEC(インターネットショップやインターネットモール)では、アフィリエイトの必勝本やマニュアルが多く出版されており、ある程度大きな企業でもそれらに頼っているのが現状です。それらの個々の対策は決して間違ってはいないのですが、基本となる理論を理解した上で、取捨選択して用いることが必要です。

7-2-4 イノベーター理論とキャズム理論

EC化率が上昇しECビジネスの規模が相応のレベルに達してきている昨今では、ECビジネスをさらに成長させていくための理論として、イノベーター理論やキャズム理論が用いられることも多くなってきました。これらの理論は、元々はリアルでの販売を想定した理論ですが、ECビジネスにおいても用いられることが増えてきています。以下、両理論について解説します。

イノベーター理論とは1962年にアメリカの社会学者、エベレット・M・ロジャーズ（Everett M. Rogers）によって著書『Diffusion of Innovations』（日本語訳『イノベーション普及学』）の中で提唱された理論で、新しい商品やサービスが市場へ普及していく過程を分析した理論です。

イノベーター理論では消費者を以下の5つのカテゴリに分類した上で、新しい商品やサービスが普及していく過程を分析します。なお（ ）内の比率は、全消費者の中に占める人数的な割合の目安です。

(1) イノベーター（革新者：2.5%）

新しいアイデアや技術を最初に使用してみるグループ。リスク許容度が高く、年齢が若く、社会階級が高く、経済的に豊かで、社交的、科学的な情報源に近く、他のイノベーターとも交流します。

(2) アーリーアダプター（初期利用者：13.5%）

オピニオンリーダーともいわれ、他のカテゴリと比較すると周囲に対する影響度が最も高いです。年齢は比較的若く、社会階級は比較的高い傾向にあります。経済的に豊かで、教育水準は高く、社交性も高いです。イノベーターよりも取捨選択を賢明に行います。

(3) アーリーマジョリティ（前期追随者：34%）

利用者になるには商品やサービスがリリースされてから一定の時間が経過することが重要です。社会階級は平均的で、アーリーアダプターとの接点も平均的に持ちます。

(4) レイトマジョリティ（後期追随者：34%）

社会的に見て平均的な人が利用しだしたのちに利用者となります。イノベーションが半ば普及していても懐疑的に観察しています。社会階級は平均未満で、経済的な見通しは低く、社会的な影響力は低いです。

(5) ラガード（遅滞者：16%）

最も遅れてくる利用者。他のカテゴリと比較しても社会的な影響力は低いです。変化を嫌い、高齢で、伝統を好み、社会階級も低く、身内や友人とのみ交流する傾向にあります。

イノベーター理論では、普及率がイノベーターとアーリーアダプターの割合を足した16%に達するタイミングで、需要が一気に加速すると考えます。アーリーアダプターへのマーケティングの重要性を説きます。

このイノベーター理論をさらに深めたものとして「キャズム理論」と呼ばれるものがあります。これは1991年にジェフリー・A・ムーア（Geoffrey A. Moore）が著書『Crossing the Chasm』（日本語訳『キャズム』）で提唱した理論で、イノベーター理論に基づいて商品やサービスの普及を図る際には、キャズム（chasm）の存在に注視するべき、と説きます。新しい商品やサービスが市場に広く普及していくに際しては、越えなければいけない大きな「溝」（キャズム/chasm）があり、マーケティングでは、この溝を越えるための施策が特に重要という理論です。

キャズム理論では、市場を、イノベーターとアーリーアダプターで構成される「初期市場」と、アーリーマジョリティ、レイトマジョリティ、ラガードで構成される「メインストリーム市場」の2つに分けて考えます。初期市場とメインストリーム市場の間、つまりアーリーアダプターとアーリーマジョリティの間には、深くて大きな「溝、キャズム」があると指摘します。「初期市場」のユーザーは新しいものを積極的に利用しようとするのに対し、「メインストリーム市場」のユーザーは安定や安心を重視すると考えます。つまり、「初期市場」へのマーケティングが順調だとしても、必ずしも「メインストリーム市場」への訴求につながらないということになります。メインストリーム市場に移行していく際には、今までの成功体験に縛られることなく、それまでとは異なった思い切ったPRや広告のアプローチが必要ということです。

たとえばメルカリは、サービスの初期段階ではユーザビリティの改善やサービスの品質改善などを行い、インターネット上で地道にユーザーを獲得していきました。アプリのダウンロード数が200万を超えたところで一転してテレビCMを打ち、一気に認知度を高めました。

メインストリーム市場に移行する際に、販売戦略の大胆な切り替えが求められるケースがあるという考えです。

7-2-5　クリック&モルタル

クリック&モルタルとはインターネット上の店舗とリアル店舗の両方を運営することで、双方の相乗効果を得ようとする手法です。

インターネット上の店舗とリアル店舗間で、ユーザーを互いに誘導し合うことが、基本的な戦略になります。更に近時では、3つの拠点でユーザーを誘導し合う、クリック＆モルタルの発展版ともいえる手法が存在しています。

たとえば、レストランチェーンの場合、レストラン、自社のレトルト商品を販売するネットショップ、自社のレトルト商品を販売するリアル店舗の３拠点で共通のクーポンやポイントを発行してユーザーを誘導し合っています。このように拠点が増えたり大規模化してくるにつれ、従来の‘シナジー効果を期待する’といった目的から、‘ユーザー（消費者）を囲い込む’といった目的に変化してきています。

クリック＆モルタルは、多角的、波状的にマーケットにアプローチする手法としても活用されています。

7-2-6　ユーザーリサーチ

ユーザーリサーチはユーザーについての分析を指し、あらゆるプロダクトで幅広く使用されています。BtoC の形態の EC（インターネットショップやインターネットモール）で売上を向上させようとする場合に、ユーザーリサーチを行うことは非常に重要です。

ユーザーリサーチのうち、ペルソナ方式とターゲットユーザー方式について解説します。ペルソナ方式は、ある EC サイトに現在訪問しているユーザー層について調査することを指します。また、ターゲットユーザー方式は、ある EC サイトに訪問して欲しいユーザー層について調査することを指します。

(1) ペルソナ※方式

ある EC サイトの既存のユーザーに対してインターネットリサーチを行い、ユーザー属性に関するデータを収集します。そして、収集したデータからもっとも典型的なユーザー像を可能な限り明確に定義します。

これは、後述のターゲット方式とは異なり、希望的観測やイマジネーションを一切排除した、現状でのユーザー像を徹底的に追及したものです。

ペルソナ方式において収集するユーザーデータは、基本的には以下の項目です。

ペルソナ
架空の顧客像。詳細に設定した顧客のプロフィールを共有し、マーケティング方針を決める手法自体を指す場合もある。

年齢・性別・出身地・居住地・家族構成・学歴・職業・職位・年収・世帯年収・趣味嗜好・インターネットリテラシー・インターネット利用歴・現在利用しているデバイス・現在利用しているOS/ブラウザ・現在利用している検索エンジン・よく利用するWebサイト・よく見るテレビ番組・よく見る新聞・よく見る雑誌

これらに、それぞれのECサイトごとに必要な項目があれば追加します。

このようにして現状のユーザー像が明確になったら、次は、そのユーザーが、実際にある競合他社のECサイトを訪問するシチュエーションと自社のECサイトを訪問するシチュエーションをそれぞれ詳細に検討します。デバイス（たとえばパソコン）を立ち上げた時からスタートし、実際にサイトに訪問し、巡回し、離脱するまでを複数人で正確にシミュレートします。

これにより、自社のECサイトに訪問しているユーザーが、満足しているポイント、不満を感じているポイント、まだ自覚はしていないが追加することで満足度や訪問頻度が更に上昇するポイントなどを把握することができます。ECサイトの現状について、良い点も悪い点も、ユーザー側から正確に理解をすることができます。

（2）ターゲットユーザー方式

ペルソナ方式とは異なり、自社のECサイトに訪問して欲しいユーザー像を明確化する作業です。収集するユーザーデータの項目はペルソナ方式と変わりませんが、ペルソナ方式とは異なり、各項目は、自社の希望を記入していきます。すると、自社がターゲットにしようとしているユーザー像をはっきりと認識することができます。

次に、そのようなユーザーが本当に存在しているのか、又は存在しているとして、どの程度のボリュームがあるのか、アプローチにかかるコストはどの程度なのかといったことを分析していきます。その結果、ビジネスとしての費用対効果も明確になってきます。

ECサイトを運用していると、個別に単発的に行っている各種の対策の積み重ねの結果、ターゲットとしているユーザーが無理な設定になっていたり、あやふやな設定になっていることが往々にしてあります。このターゲットユーザー方式と前述のペルソナ方式を用いることで、自社のECサイトの目標と現状を客観的に理解することができ、今後の戦術を現実的なものに落とし込むことができるようになります。

また、これらの検討の際、競合サイトについてのリサーチも併せて行うとより効果的です。競合サイトのペルソナを制作することに成功すれば、自社のECサイトのペルソナも合わせてターゲットユーザーを設定することができるので、理論的には、競合サイトよりも、ユーザーにとって利用しやすいECサイトになるからです。

すべてがデータどおりには進展しないことも確かですが、インターネットの世界は、第1章で述べたように集合知の世界です。データ上で、又は理論的に優位に立てば、紆余曲折を経ようとも、多くの場合は成功を導くことができます。

ユーザーリサーチは、ECサイトを運営する上でキーとなる極めて重要な分析なので、4半期〜半期ごとに定期的に実施する必要があります。

7-2-7　ECの新しい形態〜越境ECやライブコマース〜

・越境EC

国境を越えてグローバルにECでの取引や販売を行うビジネスの形態を、「越境EC」または「クロスボーダーEC」と呼称します。「令和3年度　デジタル取引環境整備事業（電子商取引に関する市場調査）報告書」では、越境ECの世界の市場規模について、2019年の85兆円から2026年には530兆円に拡大すると予想しています（1$＝110円で計算）。海外から越境ECによって日本より購入した取引の規模についての一例としては、『中国から日本』で2兆1,382億円、『米国から日本』で1兆2,224億円（いずれも2021年）、それぞれ購入しているというデータがあります。経産省のデータで、計算の手法やレートの問題などで数字の細かい内容については異論もあるかもしれませんが、大筋で、越境ECが大きな拡大基調にあることは事実と思われます。

日本の商品を海外に販売する、海外の商品を日本で販売する、越境ECには双方のパターンもありますが、いずれにしてもカギとなっているのは、ユーザーの意識の変化があります。ユーザーの、①インターネットのリテラシーが上がり、②ECでの購入に抵抗がなくなっていき、③インターネット上での翻訳能力が上がっていけば、ユーザーが越境ECに興味をもつのは自然な流れともいえます。

越境ECを展開していくには、現地のユーザーのニーズの調査や、物流・関税の問題、現地の法律の問題、通貨レートの問題など、クリアしなければならない事柄は多いですが、将来性は豊かな分野といえます。

・ライブコマース

ライブコマースとは、ECとライブ配信を組み合わせた形態で、配信者が、ライブで商品の紹介や販売を行います。動画形式ですので、写真や活字に比べて、ダイレクトに商品の魅力を伝えられる点が評価されています。また、視聴者と配信者でコミュニケーションを取ることも可能なので、商品への疑問や不安をその場で解消できる効果もあります。

さらにショー的な要素を取り入れることで、エンターテインメントとしてユーザー層や売上を拡大することも可能です。特に中国で盛んなビジネスのスタイルで、著名な配信者も複数存在しています。日本においても、たとえば三越伊勢丹やBEAMS、資生堂などが、ライブコマースを手掛け出しています。

この項目のPOINT

- 日本のEC化率は今後も大きく上昇を続けていくのではと考えられており、ECビジネスは依然としてチャンスの大きい領域として捉えられている。
- ライブコマースや越境ECなど、ECビジネスでは新しいモデルが多く登場しつつある。

第７章の関連用語

ブリック＆モルタル（brick and mortar）

「レンガとしっくい」という意味で、クリック＆モルタル（click and mortar）の対比として、歴史ある大企業を示す。

決済代行サービス

ECサイトなどのインターネット上での取引における決済部分を代行するサービス。専用のソフトウェアを提供していることも多く、その場合は自社のECサイトなどにインストールするだけでオンライン決済が可能になる。

デジタルコンテンツ

デジタルデータで制作されたコンテンツ。音楽、映像、画像、文章などで、ゲームソフトなども含まれる。

第8章

効果測定

インターネットマーケティングでは、様々な対策の効果を測定し検証することが極めて重要な工程となります。効果を詳細に検討することなく、SEO対策、SEM、広告の出稿を行っている場合、高額な費用が発生し続ける一方で、「実は限られた狭い範囲の同一ユーザー層に繰り返しアプローチしているだけ」、あるいは「ターゲットとしているユーザーに全くアプローチできていない」という状況に陥るおそれがあります。

インターネットマーケティングにおける効果測定には、アクセスログを解析するという検証方法があります。これはユーザーの行動を具体的に把握できるという点で、他のマーケティング活動にはないインターネットマーケティング特有の検証方法です。これらを適宜実施することで、マーケティングの課題を明確にし、改善を継続して実施するというサイクルを維持することが重要です。

8-1 アクセスログ解析の基本

ここでは、まずアクセス解析を行う上での基本的な事柄や考え方、理論を見ていきます。

8-1-1　基本はPDCA

本書でも何回か登場しているPDCAサイクル（Plan計画、Do実行、Check評価、Action改善）ですが、インターネットマーケティングの効果検証を行う際にも、ポイントとなってきます。

インターネットの世界は、局所的に観察すると、予測不可能な混沌とした環境のように思えますが、全体を論理的に捉えると、むしろ統計的な分析や予測を行いやすい環境であるといえます。アクセスログ※の解析も同様です。様々な分析ツールがあり、様々なデータや数値が飛び交いますが、落ち着いてじっくりと分析を行えば必ず答えは出ます。

しかし、重要な点が1つあります。それは、安易に答えを決める公式的なものを求めないことです。アクセス解析は、インターネット上でユーザーが活動したときに残った足跡を追跡するようなものです。足跡を一種の印として捉えるのではなく、ユーザーの行動をそこから推し測るためには、仮説を考えて検証するという行為の繰り返しが必要です。

また、Webサイトは、運営する企業によって、その目的、規模、業態、ユーザーの特性などの諸条件が大きく異なるため、「アクセス解析でAという数値がBであれば、対策Cを行えば良い」といったセオリーは、実はほとんど存在しません。いくつもの仮説を立てて、その仮説に則った対策を行い、予想どおりの変化があれば仮説は正しかったものとして次のステップへ進み、そうでなければ再び他の仮説に則った対策を行っていく、というサイクルを継続的に続けていくなかで、答えに少しずつ近づいていきます。仮説と検証の繰り返し、それが効果測定における

アクセスログ
Webサーバーの動作を記録したもの。サイトへのアクセス元のドメイン、IPアドレス、アクセス日時、アクセスファイルなどが記録されており、サイトにアクセスしてきたユーザーについて各種の情報が把握できる。

PDCAサイクルなのです。

8-1-2 効果測定は誰が行うのか

効果測定の実施形態には、①自社で行う、②外部のコンサルタント会社などに依頼するといった2つのパターンがありますが、基本的にはどちらでも構いません。効果測定は既述のように、仮説と検証の繰り返しですが、経験豊かな専門家の方が、仮説を立てるのも検証を行うのも早いので、費用対効果は良いと思われます。しかし、コンサルタント会社の実力については自社で判断しなくてはならないので、効果測定の基本的な論理を理解しておくことが必要です。

また、外部に委託する場合でも、サイト運営を委託している会社やプロモーションを行っている会社（広告代理店など）に効果測定まで依頼するのは、原則として止めた方が良いでしょう。効果測定を行う中で、サイト運営やプロモーションの不備を発見するケースが良く見られるからです。サイト運営を行う会社やプロモーションを行う会社と、効果測定を行う会社は分離したほうが、企業にとっては良い結果を得ることができます。

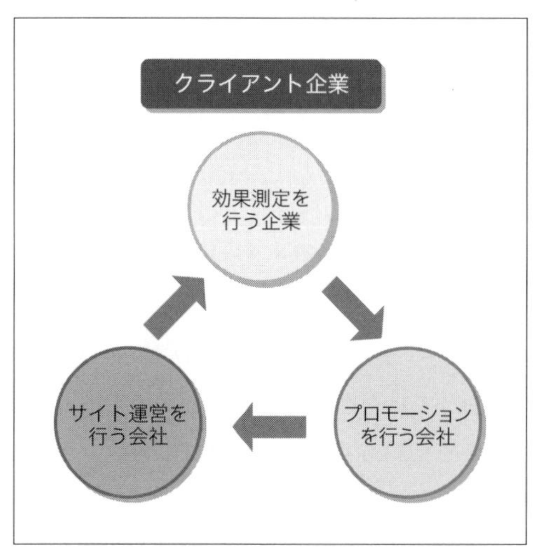

8-01 外注をする場合の理想的なフォーメーション

図8-01のように「サイト運営」「プロモーション（広告/PR）」「効果測定」の3

つを異なる会社に外注することで、それぞれに緊張感を持たせることができ、クライアントである企業は3社から正確な情報を得ることができるようになります。

8-1-3　アクセス解析ツールの種類

データを集めるために行うアクセス解析ツールは、大きく分けて以下の3つのタイプがあります。自社のプロジェクトの規模と目的に合わせ、最も適した解析ツールを選択する必要があります。

種類	内容
サーバーログ型	サーバーに残っているアクセスログを解析します。昔からあるタイプのツールです。ユーザーのアクセスに関する情報について月別、日別に過去に遡って知ることができるため、一定の時間軸でのデータを得ることができます。
ビーコン型	解析したいサイトにタグを埋め込むことで、サーバーログ型では分からないような動きも読み取れます。ビーコン（=タグ）をサイト内に埋め込めばよいため、他の解析ツールに比べ、導入・運用がしやすいというメリットがあります。
パケットキャプチャ型	Webサーバーに流れるトラフィックを直接測定・解析し、リアルタイムでの解析を行います。大規模で複数のサーバーを使用している場合に効果を発揮します。

8-02　アクセス解析ツールの種類

サーバーログ型

サーバーログ型アクセス解析とは、Webサーバーに残されているアクセスログを解析するものです。アクセスログ解析では、昔から利用されているタイプのツールです。

サーバーログ型アクセス解析の1つ目のメリットは、アクセスログの記録さえ残っていれば、月別、日別に、過去にも遡ってログを解析することができるため、一定の時間軸でのデータを得ることができるという点です。2つ目のメリットは、画像ファイルやPDFなど、幅広い解析を行うことができるという点です。

デメリットとしては、ログのファイル数が多い場合、その解析に時間がかかる点、リアルタイムなアクセスログの解析が困難である点などがあります。そして、サーバーログ型のアクセス解析では、各ページへのアクセス情報からしかログを解析することができないため、たとえば、ユーザーがブラウザの「戻る」ボタンを使用している場合や、サイトにどれくらい滞在していたかなど、サイト上でのユーザーの細かい行動に関しては、正確に計測することが困難な場合があることです。

たとえば図8-03のように、あるユーザーが検索エンジンから、①自社の会社のトップページにとび、②会社概要について見て、③一度ブラウザの戻るボタンでホームページのトップに戻った後、④自社の商品ページに移動したとしましょう。

この場合、アクセスログには、トップページ、会社概要、商品ページの3つが残るだけであり、実際にユーザーが行った、③の一度ホームページのトップに戻った、という行動については、サーバーログ型のアクセス解析からは判断することができないのです。

8-03 ユーザーのページ遷移事例

ビーコン型

ビーコン型アクセスログ解析とは、ホームページがブラウザに表示されるたびに、実行されるスクリプトをホームページ内に埋め込むことによって、ユーザーのアクセス情報を解析するものです。ビーコン型アクセスログ解析ツールを使用することによって、サーバーログ型アクセスログ解析では読み取ることのできない、ユーザーの細かなアクセス情報を読み取ることができます。リアルタイムでの情報、ユーザーの具体的な行動パターン、自社のサイトの訪問者の中でのリピーターについての情報なども、ビーコン型アクセスログ解析ツールを使用することで、収集することができます。

また、ビーコン型アクセスログ解析ツールを導入する場合に企業が行うことは、ページにビーコン（＝タグ）を埋め込むだけでよいため、他のアクセス解析ツールに比べて、導入や運用に手間がかからず比較的容易であるというメリットがあります。

その手軽さから、一般的な企業においては、このビーコン型アクセス解析ツールが他のツールに比べて導入しやすいツールであるということができます。

ビーコン型アクセス解析ツールを導入する際に注意しなければならないことは、ビーコン（＝タグ）を埋め込んでいないホームページには解析ツールが反応しない点、そして、JavaScript※をオフにしているユーザーに対しては、ビーコン型アクセス解析ツールでは完全な情報収集が困難な場合がある点です。

Googleマーケティングプラットフォーム

ビーコン型アクセス解析ツールの代表的なものとして、Google社が提供する「Googleマーケティングプラットフォーム」を挙げることができます。これは、無料のサービスではあるものの、他社が提供する有料解析ツールと同様のレベルの解析を行うことができます。手軽に始めることができ、使い勝手もよいため、アクセスログ解析をこれから始めるという企業からアクセスログ解析に精通している企業まで、好まれて使用されているアクセス解析ツールです。その幅広い普及性から、書籍も多く出版されており、ネット上において多くの情報を入手することができることも、この解析ツールのメリットとなっています。

Googleマーケティングプラットフォームは、他のビーコン型アクセス解析ツールと同様、解析したいページにビーコン（＝タグ）を埋め込み、利用することができます。

Googleマーケティングプラットフォームでアクセス解析した結果の情報は、Web上から確認することができます。ユーザー、トラフィック、コンテンツ、コンバージョンの4つの情報について細かい部分まで確認することができます。アクセス解析を初めて行うような企業から、高度なアクセス解析を行うような企業まで幅広く使用できるツールの1つといえます。

パケットキャプチャ型

パケットキャプチャ型アクセスログ解析とは、専用の解析サーバーを通じて、ユーザーがサイトにアクセスしたときの信号（パケット）を直接読み取り、解析するものです。

大規模サイトなどでは、膨大なアクセス数に対応するため、サーバーを複数台構

JavaScript
スクリプト言語の1つで、主にWebページに動的な要素や効果を付加するのに用いる。

成にして負荷を分散しているのが一般的ですが、それぞれのサーバーごとにアクセスログが記録されているため、全体の解析をする場合、これら複数のアクセスログを1つに集計しなければなりません。これは大変に手間がかかり、また困難な作業です。しかし、パケットキャプチャ型アクセスログ解析ツールを用いれば、ネットワークに流れてくる信号（パケット）を読み取り解析するので、複数のサーバーのアクセスログを容易に1つにまとめることが可能です。

パケットキャプチャ型アクセスログ解析のデメリットとしては、解析サーバーの初期費用が発生するなど、コストが高めである点が挙げられます。

この項目のPOINT

- アクセス解析などの効果測定は、外部のコンサルタント会社などの専門家に任せると費用対効果が良い場合が多い。
- アクセス解析用のツールには、サーバーログ型、ビーコン型、パケットキャプチャ型の3タイプがあり、それぞれ特徴がある。
- アクセス解析用ツールでは、Googleマーケティングプラットフォームが人気があり非常に有名。

8-2 効果測定に用いる各種指標について

効果測定に用いる具体的な指標などについて見ていきます。たくさんの用語がありますが、どれも重要なものです。

アクセスログ解析ツールなどを用いて効果測定を行う場合、「何を検証するために、どの指標をポイントとしてみなすか」を考え明確にすることが必要です。これが定まらないと様々な数字やデータに翻弄された結果、各指標の数字上の変化幅ばかりに注意が向いてしまい、数字やデータが示している本来の意義を見失ってしまうからです。

毎日少しずつでも同様に変化していく数字に、大きなトレンド、つまり全体的な方向性が潜んでいることがよくあります。少しずつの変化でも、見落としたり軽視したりすることなく、きちんと分析する必要があります。また、短期的に大きく変化している場合は、いい意味でも悪い意味でも何か突発的な出来事が起きている可能性があるため、早急に原因を調査しなければなりません。

長期的な視点でデータを捉えることと短期的なデータの変化に俊敏に反応することの双方が必要となります。

このような活動の積み重ねによってユーザーの動向が予測できるようになり、効果的な戦略の構築にもつながっていきます。

8-2-1　KPI（Key Performance Indicator）

解析ツールを用いて、その効果を測定するための各種の指標を総称してKPI（Key Performance Indicator）といいます。KPIには、PV数、訪問者数、リファラーなど、表8-04のように、様々な種類の指標が存在しています。

一方、インターネットマーケティングの過程の中で、自社が立てたプロジェクトの目標を達成しているかどうかを測る指標をKGI（Key Goal Indicator）といいます。

たとえば、あるネットショップの年間の売上目標が1,000万円だったとします。それを達成するための短期の目標として、「来月の売り上げを100万円にする」と

種類	内容
ページビュー (Page View/PV)	ある Web サイトの 1 つ 1 つのページが開かれた回数の合計です。Web サイトへの訪問回数とは異なります。
ユーザー数 (訪問者数)	サイトを訪問した'のべ人数'です。'のべ'ではない、純粋な人数を表す際には、ユニークユーザー数という表現を用います。
セッション数	ある一定期間内での Web サイトへの訪問回数です。たとえば一定期間を 30 分とした場合、同じユーザーが 30 分後に再び Web サイトを訪問した場合には、2 セッションとなります。
直帰率	Web サイトを訪問したユーザーのうち、Web サイト内の他のページに移動することなく、Web サイトから離脱してしまったユーザーの割合です。
オーガニック検索 (Organic Search)	ナチュラル検索ともいいます。有料検索（リスティング広告など）を除いた、通常の検索、またはその検索結果のことを指します。SEO 対策を行った場合の効果を測る際に重要となります。
インプレッション数	インターネット上で広告が表示された回数です。広告の効果を調べるために用いられる指標の 1 つです。
クリック率 (Click Through Ratio/CTR)	インターネット上で広告がクリックされている割合です。'広告がクリックされた回数'÷'広告インプレッション数'で算出します。
リファラー (Referer/ 参照元ページ)	ある Web サイトのユーザーが、どのサイトから訪問してきたユーザーであるのかについての項目です。どのような人が自社の Web サイトに興味を持っているのかを知ることができます。
コンバージョン率 (Conversion Rate/CVR)	Web サイトへのアクセス数、またはユニークユーザー数のうち、実際にコンバージョン（商品購入や資料請求などの、その Web サイトが目標とする行動）に到達した割合です。
平均表示時間 (平均読み込み時間)	ユーザーがある Web ページを訪問した際にページが開かれるまでに要する時間（反応時間）です。1 秒未満が望ましいでしょう。この時間が長いことは、ユーザーにストレスが発生する原因となります。
CPA (Cost Per Action)	インターネット広告において、1 件の成果（コンバージョン）を獲得するのに費やした費用を指します。
トラフィック	ある Web サイトにおけるアクセスの総量を指します。
CPC (Cost Per Click/ クリック単価)	インターネット広告において、ユーザーがクリック 1 回を行うごとに発生する広告費を指します。

8-04 KPI で設定する指標の種類

いう目標を立てたとします。このときの「来月は100万円」という目標がKGIとなります。そして、「来月の売り上げを100万円まで上げるために、クリック率20％アップ、訪問者数10％アップ、コンバージョン率0.5％アップ、を目指す」と具体的な数値を設定すると、「クリック率20％アップ、訪問者数10％アップ、コンバージョン率0.5％アップ」がKPI (Key Performance Indicator) となります。

プロジェクトを達成するためのKGIを設定し、そのKGIを達成するために最適なKPIを設定するのです。

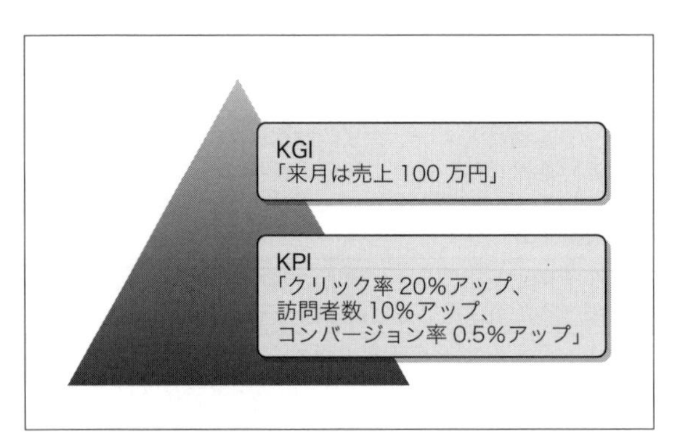

8-05 KGIとKPI

8-2-2　KPIは具体的に設定する

KPIは、達成すべきプロジェクトの目的や種類によって使用する指標が異なります。KGIを達成するために、そのタイミングごとに効果的なKPIを設定する必要があります。ここで重要になることは、KPI自体が目標にならないことです。目標はあくまでもKGIで、KPIはそこに辿りつくための指標でしかありません。

KPIは、あるプロジェクトの目標（KGI）を達成するために、その過程を客観的、具体的にするところに意義があります。単純に「100万円売り上げよう」という目標を立てても、そこから具体的な施策に落とし込むのはなかなか困難なことです。そこで、KPIを用いることによって、100万円売り上げるために「サイトの訪問者を増やそう」、「契約率を増やそう」などの目標を達成するために行うべき具体的な行動が見えてくるのです。

逆にいうと、KPIは、「どの数値がどこまで行けばKGIを達成できる」という予想を設定する必要があり、ある程度のスキルがないと難しい作業です。

通常は、プロジェクトのリーダーがKGIを定め、それを受けて、効果測定を担当する自社スタッフや社外のコンサルタントなどがKPIの設定を行います。

KPIを設定する際のポイントとしては、大きく分けて図8-06のような5つが挙げられます。

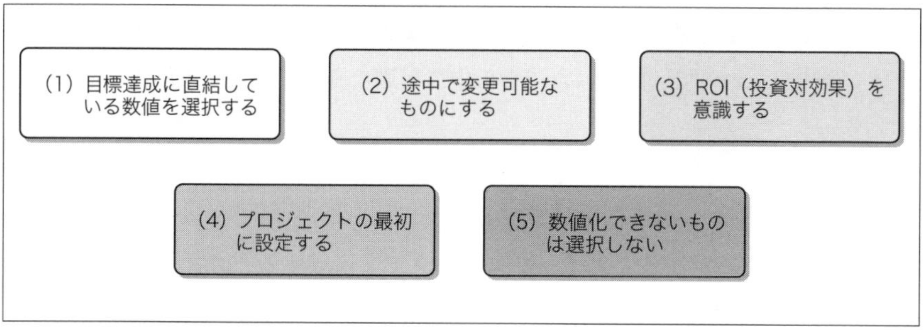

(1) 目標達成に直結している数値を選択する
(2) 途中で変更可能なものにする
(3) ROI（投資対効果）を意識する
(4) プロジェクトの最初に設定する
(5) 数値化できないものは選択しない

8-06 KPI設定のポイント

(1) 目標達成に直結している数値を選択する

これは一見当然なことに思えますが、実際に選択するのは相当大変です。アクセス解析で登場する数値は、いずれも何らかの形でユーザーの行動を追いかけている数値なので、どれが上昇してもユーザーがより活発にサイトで行動していることを示していることには変わりありません。つまり、どの数値であっても相当に巨大化させれば、それはユーザーが非常に活発にサイト上で行動したことになり、論理的には必ずKGIをクリアしてしまうのです。

先の「来月の売り上げを100万円にする」というKGIに対して、今月の訪問者数が200で売り上げが50万円の場合「訪問者数100%アップ」というKPIを設定すれば、論理的にはそれでKGIはクリアできるでしょうが、実現の可能性は低くなります。それよりも、コンバージョン率を0.5%向上させる方がKGI達成に無駄なく結びつきます。

すなわち、KPI達成に無駄なく直結している数値をピンポイントで選択することが必要となります。

(2) 途中で変更可能なものにする

サイトの状況は日々変化していきます。サイトのリニューアルや扱うサービスの変更などで、サイトや訪問するユーザー層に大きな変化が生じる可能性もあるため、フレキシブルに変更が可能なものを選択し、設定する必要があります。

(3) ROI（Return On Investment= 投資対効果）を意識する

インターネットマーケティングでは、リスティング広告などに湯水のように費用をかければ、KGIを達成する可能性は高まります。しかし、費用対効果が悪化しては全く意味がないので、限られた予算の中で最適な施策を選択し実施する必要があります。

(4) プロジェクトの最初に設定する

最初にKPIを設定することで、プロジェクトを達成するためにどのような行動を起こせばいいのか、あるいは、現状を改善するためにはどのような行動を起こせばいいのかを理解した上でプロジェクトをスタートさせることができます。

(5) 数値化できないものは設定しない

KPIは抽象的では意味がありません。少しでも抽象的な表現は極力排除し、具体的に数値化して設定します。

以上の5つが、KPIを設定する際のポイントとなります。

8-2-3　具体例

各種サイトでのKPIの設定と分析・検証についての考え方を具体的に見てみましょう。

ECサイト

まずは‘サイト訪問者数’、‘コンバージョン率’、‘1人当たりの1回の購入における平均売上高’の3つをKPIとして設定することが考えられます。

訪問者数、1人当たりの1回の購入における平均売上高が高いにもかかわらず、コンバージョン率が伸び悩むといった場合、商品構成が偏っている可能性があります。この場合はロングテール的なアプローチを取り入れることでコンバージョン率が改善されることがあります。

海外の有名サーカスが行う日本講演の、前売りチケット販売サイト

‘新規のサイト訪問者数’、‘直帰率’、‘コンバージョン率’の３つをKPIとして設定することが考えられます。

直帰率が低く、コンバージョン率が良く、新規訪問者数が低迷している場合、サイト自体には問題がなく、プロモーションに問題のある可能性があります。サーカスは歌手などのようなファンサイトがなく、企画側とファンとの常設的なコミュニケーションが取れません。そのためテレビなどのマスメディアでの広告と組み合わせないと、短期間での告知が難しくなります。

8-2-4　5W1Hの考え方

最後に、KGI、KPIを設定し、アクセスログ解析を行った結果、得られたデータをレポートにして報告し、全体で共有する必要があります。

レポートを作成する際、5W1Hの枠組みを意識してレポートを作成し、報告すると、わかりやすいレポートになり、情報の共有をスムーズに行うことができます。

5W1Hとは、図8-07のような６つの枠組みのことを指しています。

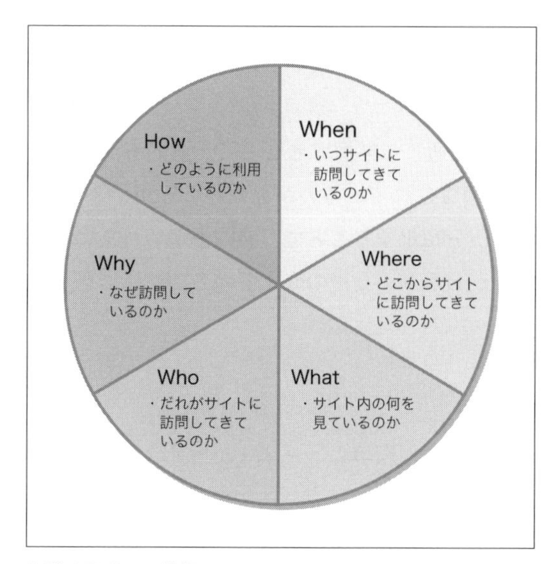

8-07　5W1Hの枠組み

When：いつ訪問したか

自社サイトのアクセスの状況を知るために、ユーザーがいつサイトを訪問しているのかについてチェックする必要があります。大まかな区切りとしては、日、週、月、年などの一定の期間に絞ってアクセス状況を調べるか、もしくは、朝、昼、夜といった時間帯に分けて状況を調べるという方法が考えられます。

たとえば、自社サイトのアクセス状況を調べた結果、週末の訪問者が多いということがわかったなら、週末に合わせて、サイト上でキャンペーンを行うなどといったプロジェクトを行うことも考えられます。また、朝、昼、夜で、サイトの仕様をその都度変更するというプロジェクトの検討を行うこともできます。

Where：どこから訪問したか

アクセスログ解析を通じて、サイト訪問者が、何を通じて自社サイトにアクセスしたのかをチェックする必要があります。多くの場合、検索エンジン、広告、他サイトのリンクからといったものが考えられます。

広告や他サイトのリンクからのアクセスが多いにもかかわらず、検索エンジンからのアクセスが少ない場合、SEO 対策に問題がある可能性が高く、その対策が必要になります。

What：何を見ているか

PV 数や訪問者数をアクセスログ解析を通じて把握することで、訪問者が自社サイト内の何を見る場合が多く、何が見過ごされているのかを知ることができます。このデータをランキング形式にまとめ、分類化することで、訪問者がいったいどのようなコンテンツを期待しているのかがわかり、今後のサイトの方向性についての検討を行うことができます。

Who：誰が利用しているのか

アクセスログ解析を通じて、どのような利用環境のユーザーが自社サイトを利用しているかを知ることができます。また、新規ユーザーが多いのか、あるいはリピーターが多いのかといったデータも得ることができます。

新規ユーザーが多いにもかかわらず、リピーターが少ない場合、自社のサイトのコンテンツに何らかの問題があり、ユーザーのニーズに応えられていない可能性があります。

Why：なぜ訪問しているか

ユーザーが自社サイトに訪問した際の検索キーワードなどを解析することによって、サイトに訪問してきたユーザーがどのような意図でサイトに訪問したのかを読み取ることができます。また、検索キーワードをグループ化して一覧表を作成することによって、どのようなタイプのユーザーが自社サイトに訪問する割合が多いのかを把握することも可能です。このようなデータを通じて、ユーザーの意図に応えられるようなサイト制作をすることで、コンバージョン率を飛躍的に向上させることも可能になります。

How：どのように利用しているか

自社サイト内におけるユーザーの行動パターンを解析することによって、典型的なユーザーの行動を把握することができます。また、検索エンジンのキーワードごとにユーザーの典型的な経路をリストアップすることによって、ユーザーに人気の経路を知ることができます。

たとえば、利用者の経路ごとのコンバージョン率を調べ、どの経路でのコンバージョン率が高く、あるいは低いのかを把握することによって、より収益性の高いサイト制作をする際の指標となり得ます。

この項目の POINT

- プロジェクトを達成するための目標が KGI（Key Goal Indicator）で、KGI を達成するための指標が KPI（Key Performance Indicator）である。
- KPI は、目標達成に無駄なく直結している数値をピンポイントで選択する。

第 8 章の関連用語

SEM：Search Engine Marketing

検索エンジン対策やリスティング広告など、検索エンジンを有効活用することで行うマーケティング手法。

トラッキング

あるサイトに訪問したユーザーを、特定の条件に基づいて分析・追跡することによって、どのようなページがコンバージョンに結びつくのかなどといった情報を得ること。

リーチ

広告が到達する率・割合のこと。ネット広告や Web サイトの場合は、ある期間中に一度でも閲覧した人の数を表す。

フリークエンシー

ユーザーが Web 広告に接触した頻度のこと。

第9章

外注管理

最近多くの企業で重要な課題となっているのが、IT系の業務を委託している外注企業の管理方法です。近時のインターネット技術の発展スピードは大変に早く、企業からすると、その時々の最先端の専門家を常に内部に抱えることは、費用対効果的にも合理的とはいえなくなってきています。その結果、外注企業の積極的な活用が求められているのです。

外注を取り入れることには、最新の技術や方法論を常に活用できるというメリットがある反面、ノウハウが自社に蓄積されない、ブラックボックス化するといったデメリットもあります。これらメリットとデメリットを把握しながら、真にパートナー企業と呼び得る安定的な外注先を戦略的に選別していくことが求められます。

外注管理を考えるにあたって重要なことが2点あります。

1つ目は、それぞれの外注企業が置かれている業界の特徴や個別の状況を良く理解した上で選択や折衝を行い、適材適所で活用していくことです。

発注者が常識的な要求のつもりで述べていることが、外注先の企業にとっては致命的に厳しい要求であったり、もっともな話だと思って承諾した外注先の企業の要求が、実は承諾する必要のないものであったり、といったケースはよく見受けられます。

2つ目は、外注管理の体制や手法を確立することです。担当者ごとに外注管理の手法が異なると、外注先の企業も混乱してモチベーションが低下してくる可能性があります。また、外注先の企業が、業界の動向や新技術に関する情報を自発的に提供してくるような仕組み作りも必要です。外注先の企業に同じ費用を支払いながら、彼らを単なる業務請負屋で終わらせるか、最先端の情報提供をも行う存在にするかでは、発注企業にとって大きな違いが生じます。

9-1 各業種の特徴や注意するポイント

まず、外注の対象となる具体的な業務と、それに対応している外注企業の特徴などについて見ていきます。

9-1-1 システムベンダー（システムやソフトウェアの開発会社）

3つのタイプ

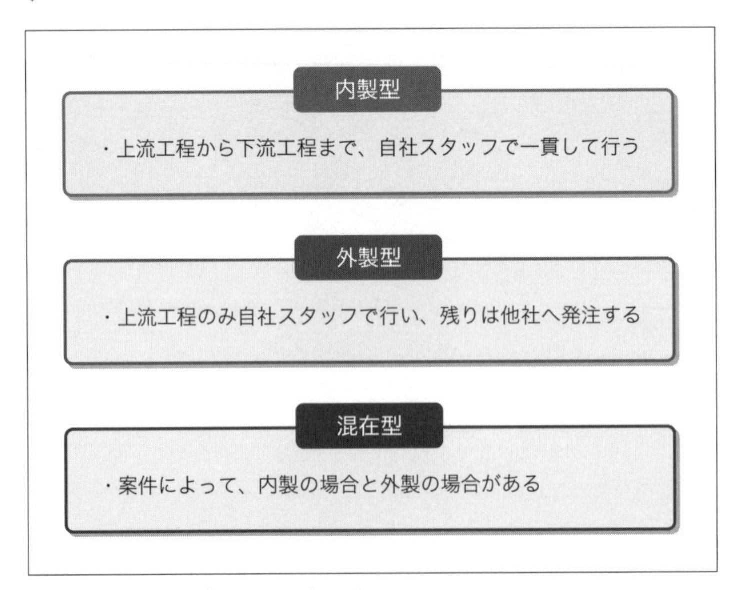

9-01　システムベンダーの３つのタイプ

システムやソフトウェアを開発する会社です。スタッフの構成により、大きく３つのタイプに分類されます。１つ目は、SE（システムエンジニア）やプログラマーを自社で抱え、自社で開発を中心に行う内製型、２つ目は、プランニングや上流設計のみを行い、残りは他社へ発注する外製型、３つ目は、その両方がミックスしている混在型です。

以前は、実際に作業しているプログラマーをきちんと管理できるという意味で、内製型を採っている企業が良いといわれていました。しかし最近では、内製型や混在型でも、外部の派遣SEや派遣プログラマーを多用している例が多く見受けられるようになってきており、内製型であれば安心とは一概にいえなくなってきています。むしろ重要なことは、末端の作業をするSEやプログラマー個々の所在ではなく、そのプロジェクトにおいて中心となる部分の作業を行うSEやプログラマーたちの所在です。プロジェクトを取りまとめるのはプロジェクトマネージャーですが、彼らは基本的には仕様や各種ドキュメントの管理、スケジュール管理、コスト管理といった諸々の管理業務と、クライアントとの折衝や自社上層部との折衝といった人的対応業務で手一杯の場合がよくあります。プロジェクトマネージャーの直属の部下の中で、開発業務の陣頭指揮を執りつつ、重要部分の作業の中心となる設計業務やコーディング業務を行っているSEやプログラマーがおり、これら開発チームのコアメンバーがどこに所在しているかが重要です。彼らコアメンバー（何人いるのかはプロジェクトの内容や規模によっても異なりますが）が開発会社の内部の人間であれば、その他のSEやプログラマーがどこの所属であるかは人員の調達先の問題でしかないので、重要度としてはあまり高くない場合も多いです。

業界の特徴

システムやソフトウェア開発の業界は、システムやソフトウェアに対するニーズが大きいため本質的には成長産業ですが､景気の影響を受けることも多い業界です。たとえばリーマンショックの際は、多くの開発プロジェクトが中止やペンディングになり、大きなダメージを受けた開発会社も多数ありました。

また、技術革新の速度が速い業界でもあるので、これらの変化に対応することができないと短期間で淘汰されるおそれもあります。

新しい技術や市場の変化に柔軟に対応できている開発会社と対応ができていない開発会社の間で、格差や淘汰が進んでいるといえます。

また近年では、これまでの開発案件を受託するだけといった業務形態から、安定収益が見込まれる業務形態への移行を目指しているケースも増加しています。具体的には、ビジネス用のアプリケーションソフトをインターネット上で顧客にレンタルするASP事業、ソフトウェアの機能のうち、ユーザーが必要とするソフトウェアの機能だけをサービスとして配布し利用できるようにするSaaS事業などに進出しているケースが増えています。

人月（にんげつ）計算

業界特有の習慣として、見積りや請求が工数ベースになっているということが挙げられます。工数とは、ある従業員が1日または1ヶ月、業務に従事した場合の値段（単価）を決め、何日または何ヶ月間業務を行うので何円とカウントする方法です。

たとえば、ある開発会社でプログラマーの単価が'1人月で50万円'である場合、プログラマー3人が4ヶ月働くケースは3×4＝12人月となり、総費用は12×500,000＝6,000,000円となります。プロジェクトのシステム開発の見積りをシステム会社に求めると、このような工数ベースでの見積りが提出されるケースが多くあります。

単価は、開発会社や担当するエンジニア、プログラマーで大きく異なりますが、一般的な価格帯として1人月25万円〜70万円ぐらいのゾーンが多いといわれています。

運用を依頼する場合

システムの開発ではなく、システムの運用を依頼する場合には、SLA（Service Level Agreement）を締結するとよいでしょう。SLAとは、運用サービスのクオリティに関する取り決めで、運用についての具体的な内容や項目（サービス停止確率や停止してしまった際の復旧までの時間など）、それが達成できなかったときのペナルティについて、当事者同士で細かく規定を定めたものです。

従来の運用サービスでは、そのサービスの詳細な内容を決めることが難しく、発注側と受注側でトラブルになるケースがありました。たとえば、'サービスが停止しないように運用する'という表現1つをとっても、システムである以上は稼働率100%は物理的に不可能ですし、かといって稼働率99.99%であれば（99.99%は非常に優秀）、残りの0.01%で生じた損害がどれほど致命的なものであっても、受注側は何も請求されなくてもよいのか？ といった問題がでてきます。これらシステム運用特有の、判断が難しい事柄について、当事者間の義務などについて厳密に規定したものがSLAです。

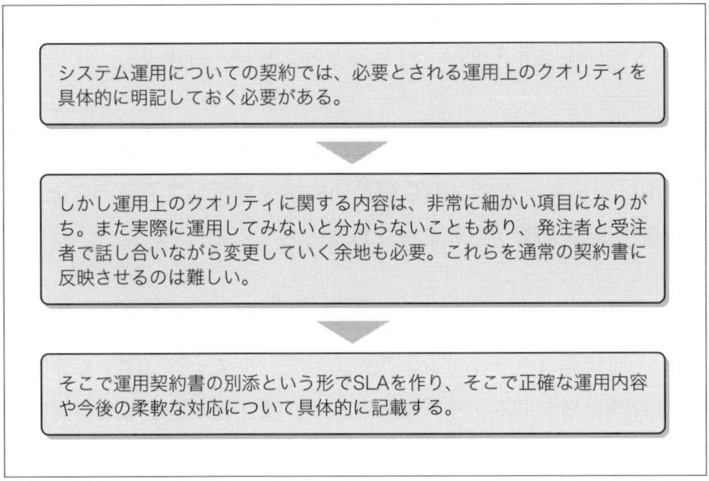

システム運用についての契約では、必要とされる運用上のクオリティを具体的に明記しておく必要がある。

↓

しかし運用上のクオリティに関する内容は、非常に細かい項目になりがち。また実際に運用してみないと分からないこともあり、発注者と受注者で話し合いながら変更していく余地も必要。これらを通常の契約書に反映させるのは難しい。

↓

そこで運用契約書の別添という形でSLAを作り、そこで正確な運用内容や今後の柔軟な対応について具体的に記載する。

9-02 システム運用委託における SLA の重要性

SLA の具体的な項目については、運用するサービスの内容、規模によって大きく変わってくるためケースバイケースで設定しますが、大枠として、以下のポイントに留意することが重要です。

① ペナルティやインセンティブを明記すること
② 損害や追加の費用が発生した場合の分担について明記すること
③ 受注者側のための相談窓口を設ける趣旨の項目を明記すること

③は、運用開始後に発注者側と受注者側で見解が割れるような事態に陥った場合(SLA で、‘やむを得ない場合を除く’と書いている場合の、‘やむを得ない’の解釈など)、受注者側が、普段の対面部署（情報システム部など）以外の CSR 部などに相談ができるような仕組みがあるとよいという意味です。

受注者側も安心しますし、突発的に受注者が下請法違反などを理由として公正取引委員会に駆け込むなどのトラブルを事前に回避できる効果があります。

特に近年はコンプライアンスに対する意識が高くなってきているので、リスクヘッジの意味でも、このような仕組みを作ることは大変に有効です。

折衝において

開発会社と折衝する際に重要なことは、以下の３点が挙げられます。

① 開発業務に関するドキュメントを、できるだけ多くきちんと受け取ること
② 開発に関する費用について、可能な限り細かい内訳を提示してもらうこと
③ 第三者のICT関連企業に見積りをチェックしてもらうこと

特に重要なことは③です。これはICT全般についていえることなのですが、受注側（ベンダー側）と発注側（クライアント側）の間で、システムに関する専門的な知識レベルに大きな隔たりがあるケースがあります。受注側が提示している機能や値段が不当であっても、発注側がそれに気が付かないといった事態が発生してしまうことがよくあるので、第三者のチェックは必須です。

9-1-2　Web制作会社

２つのタイプ

Web制作会社とは、基本的にはWebサイトを制作する会社です。システム開発会社との線引きは難しいのですが、一般的には、Web制作会社がシステムを制作する場合は小規模なものに留まるケースが多いようです（もちろん例外もあります）。

Web制作会社には、個人レベルで活動している会社から資本金が億単位の会社まで、様々な企業が存在します。参入障壁が低い業界なので、どちらかというと小規模な会社が数多く存在します。

Web制作会社は、得意としているジャンルから大きく２つに分けられます。

１つ目は、もともと小規模なデータベースやソフトウェアなどのシステム開発系の業務から発展してきたケースです。システムを備えたサイトの制作や、アプリケーションの開発が得意である場合が多いようです。

２つ目は、デザイナーやクリエイターたちが中心として発展してきたケースです。デザイン性の高いサイトの制作が得意です。また映像編集などの業務から発展してきた制作会社は、3DやCG、ムービーなどを備えたサイトの制作が得意です。このタイプの制作会社は、デザインスタジオと呼ばれる場合もあります。

価格低下が進行

システム開発の業界と同様に、サイト制作の分野も価格の低下が進んでいます。ただし、スマートフォンやタブレット用の小規模なアプリケーションの開発に特化していたり、デザイン性をアピールすることに特化しているなど、特別な専門性を持つ会社では、それほどではない場合もあります。

折衝において

制作会社の得意分野を正確に把握しておかないと、発注側としては不満足な成果しか得られず、受注側も無理難題を押し付けられたとの思いが残り、長期的なパートナーシップの構築が困難になってしまう場合があります。

また、小規模なアプリケーション制作やデザイン制作でもっとも問題になるのは、主観の違いが存在している場合です。具体的には'このアプリケーションのこの部分の操作性がしっくりこない''このデザインはイメージが違う'といった、表現に関わる部分の相違です。発注者側と受注者側でこのような相違が生じてしまうことはよくあるので、発注者側としては慌てずじっくりと協議する姿勢が重要です。

この場合でさらに問題なのは、発注者側が冷静な協議を行おうとしているのに対して、受注者側が協議に積極的に応じようとしないケースです。このケースは2つに分かれます。

1つ目は、明確に協議を嫌がったり、協議したとしても自社の都合ばかりを述べるケースで、もちろん問題外です。

2つ目は、協議にも応じ、話も聞いてはいるのですが、提案や代替案を一切出してこない場合です。特に表現に関する問題においては、発注者側が理解していない解決方法やノウハウがたくさんあります。それらについては、発注者側は存在自体を知らないのですから、受注者側から提案してもらわない限り判断すらできなくなります。にもかかわらず、受注者側が'言えといわれないから言わない'といった姿勢で何も提案せず、ただ指示されたことを実行するだけといった姿勢でいるのであれば、それは事実上協議を拒否しているといえます。

このように協議に応じてくれないケースでは、受注者の変更など、早急な対応が必要になります。

9-1-3　SEO対策会社

主に、検索エンジン対策をサービスとして提供する会社です。

多くの企業でサイトにSEO対策を施すことが標準化してきており、それに伴いSEO対策の重要性や認知度も上昇しています。

その一方で、トラブルの増加も指摘されています。

トラブルの代表的な例は、事前の説明どおりに検索の順位が上がらない、または下がってしまったにもかかわらず、費用を請求されるといったケースです。場合によっては訴訟にまで発展している例もあります。

発注側が特に気を付けなければならないことは、不適切なSEO対策（検索エンジンを欺くようなGoogleやYahoo! JAPANが禁止している対策方法、いわゆるスパム行為）を行うと、当該サイトがGoogleなどから懲罰的に検索順位を下げられる場合があることです。また、最悪の場合には検索エンジン上で表示されなくなるケースもあり、こうなると事実上、そのサイトはインターネット上から消滅したも同然の状態になります。自社が依頼したSEO対策会社が不適切なSEO対策を行い、自社のサイトがこれらの懲罰的制裁を受けてしまった場合、その被害は深刻です。発注側としては、SEO対策会社がこのような不適切なSEO対策を行わないか、厳しくチェックする必要があります。

また最近のSEO対策ではソーシャルシグナルという考え方が取り上げられることがあります。ソーシャルシグナル（Social Signal）とは、サイトの検索順位を決定する判断基準に人間の評価を取り込む概念です。Facebookの‘いいね（LIKE）’やTwitterのツイート、RT（リツイート）や、広い概念では評価サイトのレビューといった、口コミに関する各種の情報も含めた上で、検索順位を決定しようという考え方です。従来の検索エンジンは、サイトの内部構成（具体的にはhtmlの構造）とサイトの被リンクの内容をアルゴリズムで処理し、検索順位を表示していますが、この点、ソーシャルシグナルでは、実際にインターネットを見ている人間の評価を加えることで、より多くの人々のニーズを満たす検索順位を表示しようとしています。

SEO対策会社と折衝する上で、重要なことは次の3点です。

①‘確実に達成を約束する目標’と‘努力目標’を明確に分けること

② 仮に①の‘確実に達成を約束する目標’が達成できなかった場合には、一部返金などのペナルティを契約に盛り込むこと

③ 不適切な SEO 対策を行ったことが判明した場合の違約金の取り決めを契約に盛り込むこと

9-1-4　コンサルティング会社

インターネットマーケティング全般や Web サイトの企画、制作、プロモーションといった、インターネットビジネス全般をコンサルティングする会社です。

誰に依頼するかが重要

コンサルティング会社については、会社によって良い、悪いということよりも、むしろ‘誰に頼むのか’ということが最大の問題です。有名なコンサルティングファームであっても、担当するコンサルタントによっては低いパフォーマンスしか発揮できない可能性がありますし、小さなコンサルティング会社でも、担当するコンサルタントが優秀であれば高いパフォーマンスが期待できます。

良いコンサルタントを取捨選択する際の最大のポイントは、守備範囲の広さと提案力です。

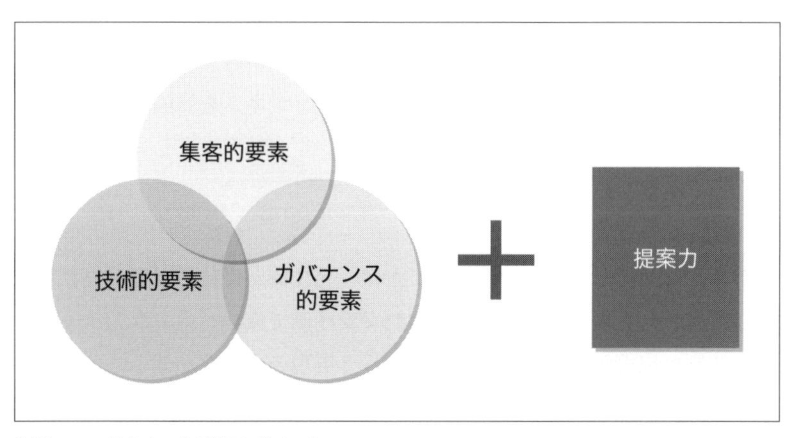

9-03　コンサルタント選択のポイント

近年のインターネットは企業活動の隅々まで及んでいるので、それに伴いコンサルティングの内容も、集客的要素、技術的要素、ガバナンス的要素、のすべてを総合的に理解した上のものであることが強く求められます。そうでないと、‘技術的には良かったがコンプライアンス的に大問題になった’とか‘集客的には素晴らしいのだが技術的に大きな落とし穴があった’といった事態に陥る可能性が極めて高いからです。特にガバナンス的要素は一層重要になってきています。詳しくは12章で述べますが、インターネットの技術的進歩が極めて早いため、消費者などの間で不満や不信、警戒感が生じており、企業のインターネットの利用方法について、思いもかけないクレームが発生したり、ガバナンスが不足していると社会から強い批判を受けたりする事態が多発しています。集客的要素、技術的要素、ガバナンス的要素に全般的に通じていることが、近年のコンサルティングには求められています。

もう1つは提案力です。発注側に対して、様々な提案を積極的に行うことができるかが重要です。ただし日本の企業では、コンサルタントがあまりに色々と提案をしてくると、うるさがられることが多々あり、コンサルタント側も、そう思われることを気にかけて提案しづらくなる傾向があります。発注側としては、‘コンサルタントは色々と提案してくる人たち’ぐらいに思って気軽に提案できる場を作ることも有効です。

海外展開

インターネットマーケティングの特徴として、海外展開が容易という点があります。そのため、インターネットを有効に用いて海外でビジネスを展開させる場合のサポート業務までを視野に入れているコンサルティング会社も存在します。

折衝において

コンサルティング会社との折衝で重要なことは、発注側が自社の現場とのバランスを常に意識しておくことです。たとえ発注側と受注側で成功へのアウトラインを作っても、発注側の現場が置いて行かれてしまうと実現の可能性が低下します。また、現場の意見ばかりを優先してしまうと、そもそもなぜ外部のコンサルティング会社に依頼したのかがわからなくなってしまいます。

発注側は、自社の現場に対してはコンサルタントとの話をフィードバックし、かつコンサルタントに対しては、不可能なことや発注側のニーズに合わないことについては直ぐにその旨を伝え修正を求めるといった対応を継続的に採ることが求められます。成功へのアウトラインと現場の実情とのバランスを上手に保つことが重要です。

9-1-5 広告代理店

広告業界については、2011 年より右肩上がりで、2020 年にコロナの影響で一時低迷したものの、2021 年には回復しています。

そして、インターネット広告に関してですが、2009 年に新聞を抜き、2019 年にテレビを抜き、2021 年についに、マスコミ四媒体の広告費を抜きました。インターネット広告は、その地位を確立したといえます。

広告代理店と折衝する際に重要なことは、中長期単位での総合的なプロモーション戦略に則った提案を求めることです。「今この媒体が安いから、広告を出してみる」「とりあえずメジャーな媒体に載せる」といった場当たり的な対応では、いつまで経っても効果が出ないといった事態に陥る可能性があります。

本書でも既に述べていますが、インターネットはある種の集合知です。一見、不確定的要素が高く、規則性や予見可能性からは程遠い世界と思われがちですが、実は集合知であるが故に、細かく論理的に分析すればするほど、結果に対する予測が容易になってきます。場当たり的な発想ではなく、全体の戦略に基づいてロジカルに分析することで、1つ1つの広告の有るべき姿が見えてきます。

全体構造や戦略を述べず、個別の広告媒体のメリットの話ばかりをする広告代理店は、広告効果を販売しているのではなく、単に媒体を販売しているに過ぎない可能性があります。一方発注側は、個別の媒体が欲しいのではなく、広告効果が欲しいわけですから、この相違により残念な結果を生むことが多くなります。

枝葉の話（媒体の話）ではなく、幹の話（全体的な広告効果と戦略）をしているかに注意をすることが必要です。

9-1-6 サーバー会社

インターネット上でサイトを開設するには、サーバーが必要です。それらのサーバーを提供するのがサーバー会社です。サーバー会社の業務は大きく分けて3つあります。

1つ目は、共用サーバーの提供（レンタル）です。これは、複数の借主で1つのサーバーを借りることになるため、コストは当然低下します。しかし、同じサーバーを他社も使用しているため、サーバーの設定や運用において制限が生じ、自由度は低くなります。

２つ目は、専用サーバーの提供（レンタル）です。これは、借主が1社で1つのサーバーを独占的に使用できる形態のレンタルです。自社だけが使用するため、サーバーの設定や運用を自由に行うことができます。ただし、1社でサーバーのコストをすべて負担するため、共用サーバーに比べれば高額になります。

３つ目は、サーバーを設置する場所（ラックなど）を提供（レンタル）するサービスです（サーバーを自社で用意することもあります）。もっとも自由度が高いのですが、費用ももっとも高額になります。

サーバー会社と折衝する上で重要なことは、機動性やフットワークの良さに注目することです。サイトを始めとするすべてのインターネット上のツールは、このサーバー上に搭載することになります。サーバーで何らかのトラブルが発生したり、あるいは、ユーザー側でサーバーの扱いを間違えてしまった場合などでは、ダイレクトにサービスの提供に支障が出ます。そのためにも、普段の質問や非常時の対応などで、コミュニケーションが取りやすいフットワークの良い会社であるかどうかを見極めることが必要です。

この項目のPOINT

- **外注企業の管理はインターネットマーケティングを行っていく上で、重要な課題になってきている。**
- **業界ごとに特徴があるので、発注企業はそれらを十分に理解した上で、受注企業と折衝を行う必要がある。**

9-2 外注企業の管理方法

ここでは、外注先企業を管理するための方法論について見ていきます。

9-2-1 長期的関係がもたらす2つのメリット

外注企業と長期的なwin-winの関係を作ることは、発注企業に大きなメリットをもたらします。具体的には以下の2点です。

1つ目は、受注企業が投入する人材のクオリティです。長期的関係を構築、維持することが可能となれば、受注企業は、常に、彼らが有している人材の中でもっとも優れた人材を投入し続けます。

発注側から見た、長期的な関係構築による費用対効果上のメリットというと、真っ先に思いつくのは、'無理を聞いてもらえる'であるとか、'常に割引価格で業務をしてくれる'といった点であることが多いかと思います。しかし最大のメリットは、'受注企業が常に最高の人材を投入してくれる'という点にあります。

インターネット関係またはICT関係の業務は、基本的には高いスキルを有する人間に依存する労働集約型の業務です。これらの業務の特徴として、優秀な人材を投入した場合と、そうではない人材を投入した場合に得られる成果の差が、他の業務に比べて格段に高くなる傾向があるという点があります。発注企業の費用対効果を考慮すると、「受注企業に、いかにして優秀な人材を投入させるか」は重要な問題です。

一方で受注企業は、優秀な人材を効率よく投入したいと考えています。たとえば、継続可能性のある業務Aと、全く継続可能性のない業務Bがある場合、たとえ単体での利益は業務Bのほうが少々良くても、継続した場合の合計利益が業務Aのほうが多ければ、受注企業は業務Aに良い人材を投入することでしょう。業務Bには、クレームにならない程度の二線級の人材を投入してくることもあり得ます。

受注企業は、長期継続の可能性のある業務に優秀な人材を投入しようとする傾向があります。

業界内で以下のようなことがいわれることがあります。「長期的に安定して継続するようなプロジェクトでは、受注企業は現状に安心してしまい、エース級ではない２番手以降の人材を投入してくるようになる。そしてエース級の人材は、他の業務拡大を狙う新規案件に投入しようとする。だから、発注企業は受注企業に、‘契約が続かないかもしれない’というプレッシャーを常に与え続けることで、エース級の人材を投入させ続ける必要がある」これは正しい面もあるのですが、現在ではあまり正しくない場合の方が多くなってきています。

確かに新規案件は重要なので、受注企業としては優秀な人材を投入する場合もあるのですが、新規ということで高い負荷がかかることが予想されるような場合には、もっとも優秀な人材はあえて投入しないという判断をすることもあります。インターネット系やICT系の企業では人材の移動が激しく、直ぐに転職や引き抜きなどで人材が流出してしまうからです。もっとも優秀な人材は、受注企業にとってはもっとも失いたくない人材でもあります。業務担当者に大きな負荷が発生する業務に対しては、辞められたら困る優秀な人材を投入することに躊躇するケースもあるのです。

発注者としては、このような受注者の状況も併せて考えつつ、上手に、長期的関係を構築できる可能性を提示する必要があります。

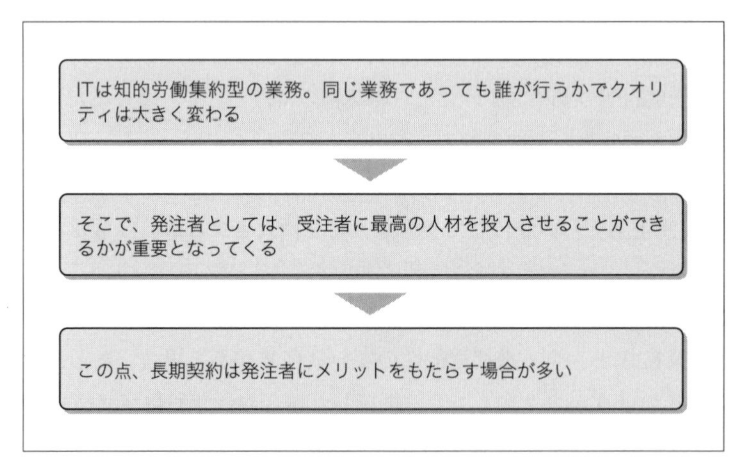

9-04　外注企業との長期的関係作りの重要性

２つ目は情報です。インターネットの世界は進歩が早く、最新の情報を自社だけで常に収集し続けることはかなり困難です。この点、せっかく各々の業界の専門企業である外注企業が周りにいるのですから、彼らから先端情報を収集する仕組みを作ることが、経済的かつ合理的です。

半年に1回程度、外注企業を招いて情報交換をする場を設けるだけでも、かなりの情報が集まってきます。外注企業も、情報を持っていくと喜んでもらえるということがわかると、積極的に情報を収集して提供するようになります。

いったんこのような仕組みを作ってしまうと、自動的に次々と最新の情報が集まり続けます。様々なセミナーや勉強会に出席するよりも、はるかに効率的です。

外注企業の管理にあたってもっとも重要なポイントは、長期的な関係を構築することです。長期的関係を構築することで、発注企業は、同じコストをかけながら、外注企業をより有効に活用することができるようになります。

9-2-2　パートナー制度

有能な外注企業に対してはパートナー制度のようなものを作り、優遇するのも有効な方法です。金銭的な優遇でなくても、たとえば発注企業の福利厚生が充実しているような場合は、パートナー企業にもその一部を使えるようにしてあげるだけで、かなりの効果はあると思われます。'自分たちは大事にされている'と思わせることは、外注企業の士気向上においても有効です。

また、インターネット系やICT系の企業では、会社そのものよりも、特定の人物に高い価値がある場合がよくあります。そのような場合には、その特定の人物を直接パートナーとして任命してしまうという方法もあります（もちろん、その人物が所属する会社に事前に了承を取る必要があるでしょう）。これにより、その個人を直接確保することもできるようになります。

金銭的なものでなくても、特別に大事にしているという気持ちを伝えることができる仕組みを作ることが大切です。

9-2-3　契約形態

外注企業との間の契約形態としては、準委任契約（法律行為を委託する場合が委任なので、事実行為を委託する場合には準委任になります）、または請負契約が一般的だといわれています。その他、準委任と請負の混合タイプ、派遣契約の形態をとることもあります。

準委任契約

そもそも委任とは、委任者（発注企業）が受任者（受注企業）に業務を委託し、それを受任者が承認することによって成立する契約です。請負とは異なり仕事の完成が契約の目的ではなく、業務を行うことそのものにより報酬が発生します。したがって、仕事が完成していなくても支払義務が生じることになります。

受任者のコンサルスキルを信頼して結ぶコンサルティング契約などは、この契約形態に馴染みます。

請負契約

請負契約は、請負人（受注企業）が「ある仕事を完成すること」を約束し、注文者（発注企業）が「その仕事の結果に対してその報酬を支払うこと」を約束することによって、効力を生じる契約形態のことをいいます（民法632条）。システム開発などの多くはこの契約形態がとられています。

委任と異なり、「仕事を完成」することが契約の目的なので、完成されなかった場合は報酬を支払う必要はありません。

請負契約では、完成物のイメージが注文者と請負人との間で異ならないように、最初にきちんとその仕様内容、品質基準などを書面で確定しておく必要があります。また注文者にとって請負人の仕事が完全なブラックボックスとならないように、業務の進行状況の定期報告を求めることを契約書に盛り込んでおくと安心です。

なお、注文者が、下請法の適用がある事業者にあたる場合には、請負者側が厚く保護されているので注意が必要です。公正取引委員会のWebサイトに下請法についてのガイドラインや詳細な情報が掲載されているので、一度目を通すとよいでしょう。

混合タイプ

大規模なシステム開発案件などでは、準委任契約と請負契約をフェーズ毎に実態に合わせて組み合わせる場合もあります。たとえば、「要件定義」や「外部設計」などの上流工程は準委任契約とし、上流工程で定めた内容を実際にプログラミングする「内部設計」の段階では請負契約とすることがあります。なお、システムテスト、保守・運用は注文者側と外注側のどちらが主体で行うかで通常は契約形態を確定します。

派遣契約

派遣会社と契約をしてSEなどの人員（スタッフ）を派遣してもらう契約です。派遣されたスタッフは、依頼主（発注企業）の指示により業務を行うことができます。スタッフと密にコミュニケーションをとって仕事を進めていきたい場合にはこの形態もよいでしょう。ただし、依頼者側にある程度の仕事内容を理解するスキル、管理スキルがないとうまくプロジェクトが機能しないので注意が必要です。

9-2-4 業務管理

各種ポリシーや規約のチェック

外注企業の不用意な行為により、思わぬ不利益を被ることがあります。外注企業が定めているプライバシーポリシーやセキュリティポリシーなどをしっかりと調べ、検討し、不要なリスクを排除しておく必要があります。また同様に、各種規則が整っているかもチェックすることも重要です。

業務の進行状況を管理

受注企業から発注企業に提出する業務報告書の書式を、明確に決めておくことが有効です。可能であれば、実施の回数、日時、内容が明確に決まっている定期報告書用と、それらが決まっていない不定期報告書用の２種類を用意しておくことが有効です。不定期報告書は抜き打ち的に提出を求め、その内容によってはペナルティも発生し得るといった運用もよいでしょう。

外注先と緊張感を保ちながら、良好なコミュニケーションを確保していくことが重要です。

資本参加も有効な方法の１つ

受注企業の経営状態は、懸案事項の１つです。しかし、決算書などの開示を直接要求することが多少はばかられる場合には、思い切って資本参加をしてしまう方法があります。株主になれば、少なくとも毎年１回は決算書をチェックすることが可能になります。

少なくともセキュリティ体制についてはチェックが必要

受注企業の体制不足を原因として、個人情報などが流出するというケースがよく見られます。少なくとも受注企業のセキュリティ対策などは、チェックをする必要があります。

事後チェック

納品前に、業務の成果について検収する必要があります。検収作業は発注企業にとって、もっとも重要なフェーズです。検収作業のみを第三者の他社と共同で行うことも非常に有効です。

検収作業では、検収内容を定めた文書（検収仕様書）の事前作成がポイントになります。これは、ある業務が十分なものかそうでないかを判断する文書で、外注管理の中でもっとも重要なドキュメントといえます。発注企業が多忙であるため、外注管理があまり機能していないような場合でも、この文書の作成だけはしっかりと行う必要があります。検収仕様書の作成に自信がない場合は、第三者の企業と共同という形式で作成することも有効です。

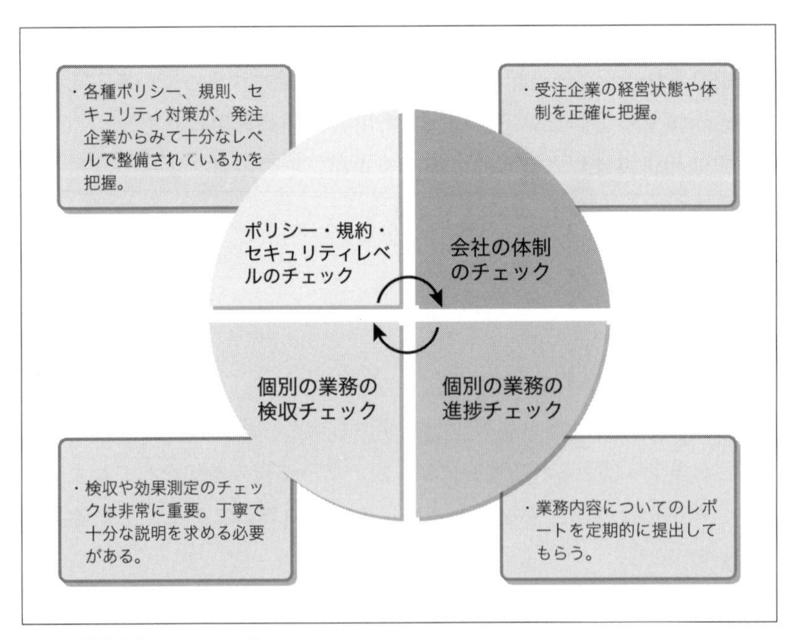

9-05　外注企業のチェックポイント

この項目の POINT

- 受注企業との関係構築においては、長期間の関係構築を模索することが、発注企業にとってもメリットが大きい。
- 受注企業を単なる業務請負屋で終わらせるのではなく、自社の情報収集窓口の１つに組み込んでしまう。
- 外注先の個別の業務の進捗のみならず、セキュリティレベル、ポリシーの有無、運営体制なども把握した方が良い。
- 納品前に、成果物をしっかり検収する。

第10章

各種ポリシー

Web サイトを見ていると 'プライバシーポリシー' や '利用規約' など、～ポリシーや～規約といったものを目にする機会が多いと思います。これらポリシーと規約は一見似ているようにも見えますが、その目的や内容は大きく異なります。'ポリシー' が基本的な方針やガイドライン、理念を示しているのに対して、'規約' は具体的なルールや契約を示しています。

企業が各種のポリシーを制定する必要性としては、一般的に次の 3 つが挙げられます。

1. 企業や Web サイトの信用力を向上させるため

ポリシーを制定、公表することで、企業がそのテーマに対して高い意識を有していることを社会に示すことができます。

2. 社内スタッフや関係先に対する意識付け

ポリシーという形で公式に制定することにより、内部スタッフや取引先を含めた関係先に対して、企業がそのテーマについて有している方針を強く認識してもらうことができます。

3. 不幸にして不祥事などを起こしてしまった場合に対外的な信用の喪失を最小限に抑えるため

企業が不祥事などを引き起こしてしまったときでもポリシー類があれば、その企業は少なくとも方針や理念は有していたと認識してもらえます。

これ対してポリシー類がないと、そのテーマについての方針や理念がそもそも存在していないことになり、そのような企業は体質に大きな問題があると判断される可能性が生じてきます。

ポリシーの存在には、致命的な信用の喪失を避けるという効果もあります。

10-1 ソーシャルメディアポリシーについて

ソーシャルメディアポリシーは、企業のスタッフや提携先、関係者などが、個人的に利用する場合も含めて、ソーシャルメディアで各種の発言や発信を行う際の方針や理念を示しています。

10-1-1　ソーシャルメディアポリシー制定の必要性

ソーシャルメディアとは、Facebook や Twitter、Instagram などの、ユーザー参加型のコミュニティサービスを指します（第1章参照）。ソーシャルメディアは当初は限定された少数のグループ内でのコミュニケーションに用いられていましたが、すぐに利用者数が激増し、いまでは多くの人々のコミュニケーションツールとなっています。

しかし、最近では利用者数が増えるにつれて、企業内部の人間のソーシャルメディアでの発言が、ユーザー、顧客、消費者、そしてその他の不特定多数の人々に迷惑や不快感、不利益を与えてしまうといったケースが見受けられるようになってきました。具体的には、読者に不快感を与える無神経な発言、特定のユーザーや消費者の個人情報の漏えい、その他名誉毀損、プライバシー侵害といった違法性を帯びた発言など、様々なケースが生じています。ソーシャルメディアポリシーを制定、周知させることで、このような事態の発生防止を目指す必要があります。

また、企業の中には、buzz マーケティングやバイラルマーケティングといったソーシャルメディアを積極的に用いる手法を自社のインターネットマーケティング戦略に取り入れているところも多数存在しており、そのような企業ではソーシャルメディアポリシーを制定する必要性がより一層高いといえます。

10-1-2 制定する際に考慮すべきポイント

ソーシャルメディアポリシーを制定する際に考慮しなければならないポイントは3つあります。

(1) 3者に対するものであること

ソーシャルメディアポリシーは、基本的には以下の3者に対する意思表示となります。

① 自社のスタッフや提携先などの内部者
② ユーザー・消費者・その他の第三者
③ 社内のソーシャルメディア運用者

ただし、③は企業としてオフィシャルなソーシャルメディアを運用している場合であり、オフィシャルなソーシャルメディアを保有していない企業では、①と②の2つになります。

①自社のスタッフや提携先などの内部の者に対する部分では、どのような発言や発信を控えるべきなのかについて、明確に制定する必要があります。

自社のスタッフであっても、個人で行う発言や発信については、基本的には法律に触れない限りは自由に行えることが原則です。しかしその一方で、勤務している会社の顧客に損害を与えるような発言や、会社およびブランドの評価、評判を貶めるような発言は、厳に慎む必要があります。

個人の自由と会社の利益の調整は、ソーシャルメディアポリシーの重要な役割の1つです。この部分が不明確な表現に終始してしまい、どのような発言や発信を控えるべきなのかが判然としないと、ソーシャルメディアポリシーの実効力が大きく低下します。業種業態やロケーションなどの企業の個別状況によって大きく異なってくる部分でもあるので、社外のコンサルタントや弁護士なども交えて、しっかりと制定してください。

(2) 制定する必要の高い項目がきちんと含まれていること

以下の項目は、特に問題のない限り、原則として盛り込む必要があります。

- ソーシャルメディアポリシーを導入することによって実現させたい未来像
- 知的財産権に関する各種法律の遵守
- 個人情報保護法の遵守
- ソーシャルメディアについての問い合わせ先
- 意見、苦情、相談の問い合わせ先

(3) その他、取り入れるべき観点や価値観があること

ソーシャルメディアポリシーは、企業の理念でもあるので、その内容については一概に正解、不正解ということはありません。しかし、現在のインターネットの流れから、取り入れることによって企業に大きな繁栄をもたらすと思われる、時流に適した観点や価値観といったものがあります。多くはCSR、特にISO26000に由来する事柄です。

以下に代表的なものを挙げます。

- 他人のアイデア、知恵、知見に対する尊重（知的財産権にまでは及ばないものであっても）
- 他社や他人の名声に対する尊重
- ユーザー、顧客、消費者、その他第三者の個人情報に対する最大限の尊重
- マイノリティに対する配慮
- 適正取引に支障をきたす可能性のある発言の回避（特に値段、数量、品質について誤解を与える可能性のある表現や今後の調達活動の見込みなど）
- 機密情報の漏えい防止

今説明してきた3つのポイントを踏まえ、それぞれの企業の就業規則、機密保持契約などの社内規則、社風との整合性を図って制定することが望まれます。

10-1-3 運用

ソーシャルメディアポリシーを制定した後は、それを適切に運用していくことが求められ、PDCAサイクルの考え方が応用できます。また、PDCAサイクルの考え方はプライバシーポリシーや情報セキュリティポリシーにも応用できます。

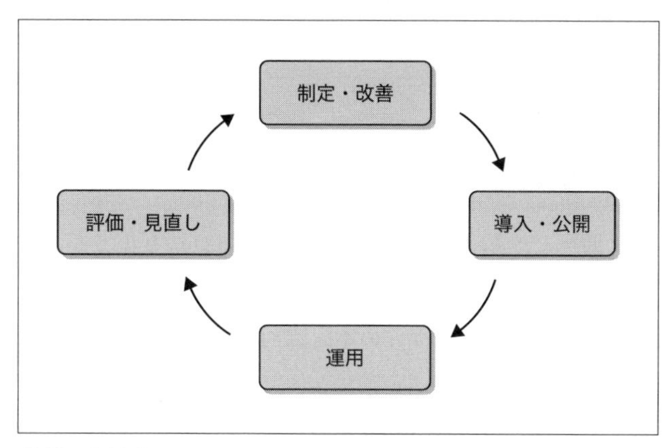

10-01 各種ポリシー運用のPDCAサイクル

制定したポリシーを導入・公開し、それを適切に運用して定期的に評価・見直しを行い、改善を重ねることで、ソーシャルメディアにおけるリスクを減らすことができます。

また、社員としてもソーシャルメディアでの情報収集が行いやすくなり、顧客との情報交換や交流などにより、顧客満足（CS）の向上や新規顧客の獲得などが見込まれます。

この項目のPOINT

- ソーシャルメディアポリシーは、企業のスタッフや提携先、関係者などが、ソーシャルメディアで発言や発信を行う際の方針や理念について示している。
- ソーシャルメディアポリシーには、CSRの概念（ISO26000）を取り入れることが有効。

10-2 プライバシーポリシーについて

近年、インターネットにおける個人情報の保護は、企業が行うべき必須の対策となっています。プライバシーポリシーは、この対策の基本となり、企業にとっては大変重要なものです。

10-2-1　プライバシーポリシー制定の必要性

プライバシーポリシーは、収集した個人情報を企業がどのように取り扱うかについて、定めたものです。個人情報保護方針と呼ぶ場合もあります。

個人情報には、氏名のみならず性別・年齢などの本人識別情報が含まれているため、一度個人情報の取り扱いを誤れば、それが企業にとって致命的な結果をもたらす可能性もあります。そのため、個人情報の取り扱い適正化を徹底し、流出などのリスクを予防する必要があります。

しかし、クラッキングや不正アクセスといったインターネット上の情報セキュリティリスクの増大に伴い、数百万人〜数千万人の人に影響を与えてしまう大規模な個人情報の流出も起きるようになっています。今までのプライバシーポリシーは、不注意によって個人情報を流出させることを防止するといった側面が強かったのですが、今後は、クラッキングなどの攻撃からの防御という、より能動的な側面も必要となってきています。

多くの企業で、プライバシーポリシーは既に制定済みと思いますが、このように状況が変化してきていることもあるので、今一度、改めて見直してみることが有効です。

10-2-2　制定する際のポイント

プライバシーポリシーの制定にあたっては、企業として、個人情報に対してどのような考えを持っているのか、また、どのような対応を行うのかということを対外的に明確にする必要があります。

特に問題のない限り、原則として以下の事柄を制定する必要があります。

- 個人情報の利用目的
- アクセスログやクッキーといった、ユーザーを特定できる可能性のある情報の取り扱い
- 情報の開示、訂正、利用停止などの求めに応じる手続き
- 個人情報の滅失、毀損、漏えいおよび不正アクセスなどの予防（セキュリティ対策）
- 個人情報に関する法令およびその他の規範の遵守
- 個人情報保護方針および社内規程類の継続的改善
- 社内で個人情報を扱う部署などの範囲
- 問題が発生した場合などの対応と相談窓口

10-2-3　運用

今後インターネットの世界では、行動ターゲティング広告、ロケーションターゲティング広告といった（第6章参照）、個人情報を今まで以上にダイレクトに扱う広告手法の増加が予想されます。またスマートフォンやインターネットTVにおいても、個人情報を扱うことにより、先進的なサービスを提供できるようになる側面があるため、より大掛かりに個人情報が使用されていく可能性があります。その一方で、前述のようにクラッキングなどの増加による個人情報の流出リスクも増大していることから、企業はより厳しく、個人情報の管理を求められています。

企業は、この相対する2つのトレンドを踏まえ、個人情報とどのように向き合うかについて、改めて戦略的に検討することが求められており、プライバシーポリシーは、その戦略を根底から支えるものとなります。

社外のコンサルタントなどを上手に活用して、個人情報をめぐるインターネット上のトレンドについては、常に最新の情報を収集する必要があります。

この項目のPOINT

- **クラッキングなどのサイバー攻撃が激しくなる中で、企業はプライバシーポリシーと一層真摯に向き合う必要性がある。**
- **インターネットの世界では、個人情報をよりダイレクトに扱うサービスや広告手法が登場してきたため、今後のプライバシーポリシーの在り方には今まで以上に注意が必要。**

10-3 情報セキュリティポリシーについて

情報セキュリティポリシーは、企業やサイトのセキュリティ対策の根本を支えています。このポリシーが適切なものでないと、個別の情報セキュリティ対策が有効に機能しなくなるおそれがあります。

10-3-1　情報セキュリティポリシーの構成

情報セキュリティポリシーは、企業が、どのような情報資産を、どのような脅威から、どのような方法で防御するのかについて、基本的な考え方や組織体制について定めたものです。

情報セキュリティ対策は、基本的には以下のような3層構造になっており、この中で‘基本方針’と‘対策基準’を合わせたものを、情報セキュリティポリシーと呼ぶことが一般的です。

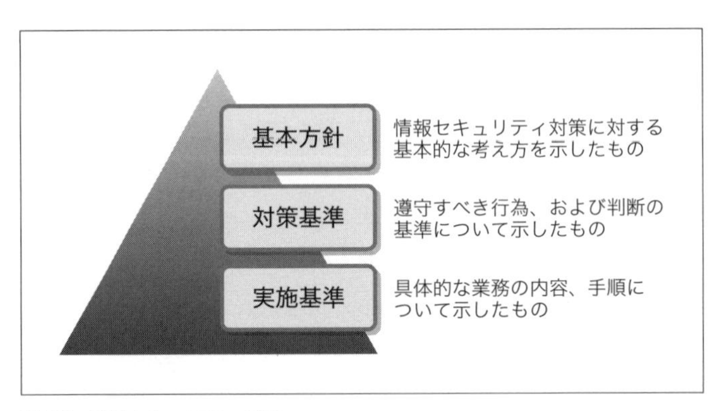

10-02　情報セキュリティ対策

情報セキュリティに関しては、現在公的に統一された規格などは定められていませんが、情報セキュリティポリシーを制定する際に参考になるものとして、一般財団法人日本情報経済社会推進協会（JIPDEC）が中心になって運用しているISMS (Information Security Management System)、情報セキュリティ対策推進会議が制作した情報セキュリティポリシーに関するガイドライン（制定時期が古く公的機関用ではありますが、内容は参考になります)、特定非営利活動法人日本ネットワーク・セキュリティ協会（JNSA）が制作したポリシーサンプルなどがあります。

10-3-2　制定する際に特に気を付けたい事柄

情報セキュリティポリシーを制定するには、特に以下の２点に留意する必要があります。

(1) 体制について

後述するように、情報セキュリティポリシーもPDCAサイクルに則って、長期的に確実に運営していくことが重要です。そのため､長期の運営を可能にする､しっかりとした運営体制を構築することが対外的にも対内的にも必須です。

具体的には企業の規模・業種・業態などによって、様々な形態があり得ますが、情報セキュリティを包括して取り扱う委員長を代表取締役とする情報セキュリティ委員会などを設置し、そこを意思決定機関とすると透明性を担保できます。また外部委員には、コンサルタントなどを配置すると、より対外的な信用性が増して、有効です。

(2) リスク分析について

リスク分析では、現在、企業やサイトが抱えている情報セキュリティ上のリスクを算定します。このリスク分析は、‘情報資産の評価’と‘リスクの評価’の２つのステップに分かれます。

・情報資産の評価

これは、企業やサイトが、現在保有しているあらゆる情報（顧客情報や社員情報、取引に関する情報など）および情報システム（ハードウェア、ソフトウェア、ネットワーク、各種ドキュメントおよびデータファイルなど）を資産として把握をすることです。

具体的には、各情報について、管理番号、内容、取得日時、取得方法、取得部署、使用用途、管理者、利用者、保存場所、保存期間、資産価値（重要性）などを調べます。この中で資産価値（重要性）については、一例として、以下のような分類方法があります。

LV3 最重要	「重要な情報」の中で、外部への漏えいや紛失により、ユーザー、顧客、その他の第三者、会社の利益を大きく損ない、業務の遂行に著しい影響を与える情報
LV2 重要	外部への漏えいや紛失により、ユーザー、顧客、その他の第三者、会社の利益を損なったり、業務の遂行に影響を与える情報
LV1 一般	既に対外的に公開している情報、若しくは、今後仮に公開しても、影響がない情報

・リスク評価

情報の漏えいや紛失が発生する頻度などの危険性を数値化し、それに情報の資産価値（重要性）を乗じて算出します。漏えいや紛失の発生頻度の危険性は、10-03のように脅威（発生可能性）と脆弱性を乗じることで算出します。

リスク値＝資産価値×脅威（発生可能性）×脆弱性

10-03　情報漏えいや紛失の発生頻度

たとえば脅威、脆弱性をそれぞれ3段階で考えた場合、ある情報資産が、資産価値2で脅威2、脆弱性3であった場合、リスク値は、2 × 2 × 3 ＝ 12となります。このように、それぞれの情報資産のリスク値を個別に把握することで、危険性のより高いものから優先的に対策を施していきます。

情報セキュリティにおいて現状の把握は極めて重要です。そのため、リスク分析は情報セキュリティポリシー制定のステップの中でも、最も重要なステップとなります。作業量が膨大になるケースも想定されますが、分析が適切に行われないと情報セキュリティポリシーはもちろん、情報セキュリティ対策全般に、大きな悪影響を与えます。全情報資産に対して、正確にリスク値を把握することが望まれます。

10-3-3 項目

情報セキュリティポリシーの基本方針部分についての項目には、以下のようなものが考えられます。

- 趣旨、目的
  情報セキュリティポリシーを制定することの目的、および達成しようとしていることの内容

- 用語の定義
  似たような表現や言い回しでも意味が異なることがあるので、用語の定義を定めておく必要がある

- 適用範囲
  情報セキュリティポリシーが適用される人、および情報資産

- 他の規定やポリシーとの相関関係
  既存の諸規定やポリシーとの関係性や優劣（一般的には、情報セキュリティポリシーは他の規定やポリシーよりも優先）

- 運用体制
  情報セキュリティポリシーを運用し、統括する組織や各部門におけるセキュリティ管理体制

- 監査体制
  情報セキュリティポリシーが適切に運用されているかについての監査体制

- 違反者への罰則
  違反行為があった場合の罰則

これらはあくまでも一例であり、それぞれの企業にあったポリシーを制定する必要があります。

10-3-4　運営上のポイント

情報セキュリティポリシーも他のポリシーと同様、運用においてはPDCAサイクルが基本となります。

ただし、このポリシーは企業の技術面における信用の一端を担っているので、本格的な運用体制を構築し、運用の記録（議事録や報告書など）をしっかりと作成し、保管するなど、いざというときに活動の実績を対外的に示すことができるようにしておくことが重要です。

万が一セキュリティ上の問題が生じてしまった際に、これらの実績が、企業の信用を守ってくれることになるでしょう。

また個人情報の情報セキュリティに関する事項では、プライバシーポリシーとも密接に連携を取る必要があります。特にどちらかのポリシーの規定が厳しすぎる、あるいは緩やかすぎるために、両ポリシー間に明らかな齟齬が生じてしまったり、文面上では一致していても運営上は乖離してしまうといった問題が生じるケースも散見されます。いずれも経営レベルでの問題になりかねないので、両者の担当者間で定期的にミーティングを行うなど、情報共有を行う必要があります。

この項目のPOINT

- 基本方針と対策基準を合わせて、情報セキュリティポリシーと呼ぶことが多い。
- 情報セキュリティを包括して取り扱う社内委員会を設置し、そこを意思決定機関とすると、対外的にも透明性を担保でき効果的。
- リスク分析は、情報セキュリティポリシー制定の工程の中で最も重要なステップなので、正確な対応が必要。

第11章

関連法規

インターネットをビジネスに利用することは、即効性がありユーザーにアプローチしやすくコストも低いなどのメリットもある反面、コンテンツの改変や複製がしやすく、著作物の取り扱いやユーザーの個人情報の取り扱いなどに関して法的トラブルに巻き込まれやすいのも現実です。

ここでは、そのような法的リスクを避けるために、インターネットマーケティングを行う上で必要な法律の基本的知識を見ていきます。

なお、たとえばインターネットで販売活動を行う場合、海外在住者との取引が比較的容易となります。しかし、海外取引では、決済や物流の問題だけではなく、万が一取引相手とトラブルになった時に、どの国の裁判所に従い、どの国の法律に則って解決が図られるのかなどの問題も生じます。

インターネットを用いてビジネスを行うときには、様々なリスクに注意深く留意していくことが重要です。

11-1 知的財産

まずは知的財産に関する法律について見ていきます。この分野はインターネットマーケティングを行う上で、非常に重要な部分です。

人がアイデアを出し、労力を費やして生み出したものは知的財産として保護されています。

インターネットにおける音楽や動画、画像、書籍などのコンテンツも知的財産として保護されます。インターネット上で問題となる知的財産については大きく分けて①著作権、②産業財産権、③その他の権利があります。著作権は、創作活動により生み出されるものを保護するもので、産業財産権は、特許権や商標権などの産業に関する権利を保護するものです。そして著作権や産業財産権以外のその他の権利として、人格や財産を保護するものもあります。

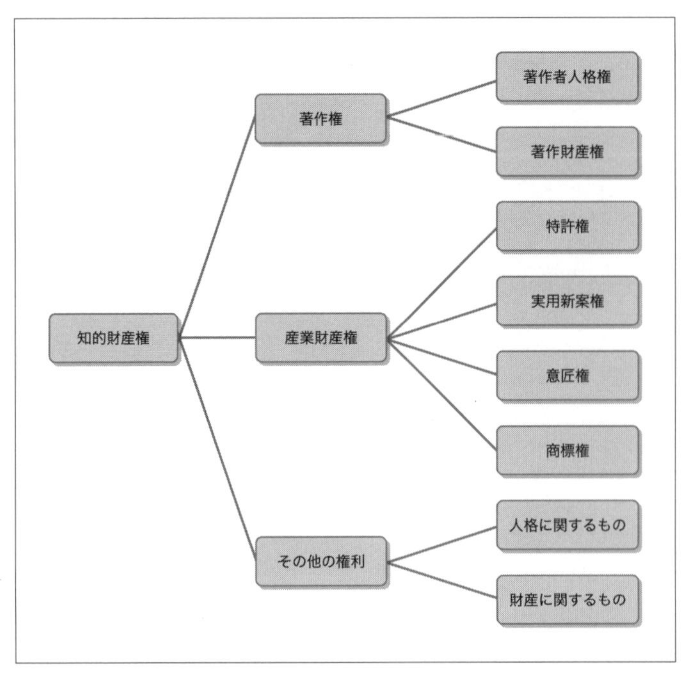

11-01　知的財産権

11-1-1 著作権

インターネット上では画像、音楽、文章、デザイン、動画など様々なコンテンツを気軽に楽しむことができます。しかし、これらの創作物は作者のアイデアや努力の結晶ですから作者の利益が保障されなければなりません。この知的成果物を保護するものとして著作権という権利があります。

著作権は著作者人格権と著作財産権に分かれます。また、著作物の創作と同時に権利が発生するという特徴があり、他の知的財産法などで必要とされる出願や登録といった手続きは不要です。

(1) 著作者人格権

著作者人格権とは、著作者が創作した著作物に対して有している人格的・精神的利益を保護する権利をいいます。著作者自身に帰属する権利であるため、譲渡や相続の対象とはならず、著作者が生きている限りは永久に保護されます。著作者人格権には、公表する時期や方法を自ら決定する公表権、公表の際の氏名の表示（実名、ペンネームなど）を自ら決定する氏名表示権、著作物を勝手に改変されない同一性保持権があります。

(2) 著作財産権

著作財産権とは、著作者の財産的利益を保護する権利をいいます。一般的に著作権というときは著作財産権を指します。著作財産権は、著作者人格権とは異なり、個人の著作物の場合は、保護期間が原則として著作者の死後70年、団体の著作物の場合は、原則として公表後70年と定められています。

著作財産権には、著作物を印刷、複写、録音などをする複製権、翻訳や映画化などを行うための翻訳権、テレビやラジオなどによる放送やインターネットのホームページなどによる自動公衆送信を行う公衆送信権、公衆に向けて上演・演奏する上演権・演奏権、映画を上映するための上映権などがあります。

(3) インターネットにおいて

近年、インターネットは社会に深く浸透し、誰でも気軽にホームページやブログなどを開設することができるようになった反面、著作権に関する問題が数多く発生しているため注意が必要です。

たとえば、自社でホームページを制作する場合、担当者の著作権に対する意識が低いと他の会社のホームページを参考にしてその表現を無断で利用してしまい、後日著作権侵害を主張されるという思わぬトラブルに巻き込まれることがあります。そういったトラブルを避けるためにも、ホームページや自社サイトを制作する場合には、第三者の著作権を侵害するコンテンツが含まれていないかどうか細心の注意を払う必要があります。

また、ホームページ制作会社に自社ホームページの制作を依頼した場合、完成したホームページの著作権はまず著作者である制作会社に帰属することから、後のトラブルを避けるためにも、開発委託契約書などに制作会社から著作権を譲り受けるという条項を設けておく必要があります。それと共に、制作会社が有する著作者人格権を行使しないという不行使特約も契約書に盛り込んでおくとより安心です。

さらに、制作を依頼したホームページ制作会社の著作権に対する意識が低く、制作会社が第三者の著作権を侵害した場合には、自社にその責任を負わされるリスクが発生します。そこで、開発委託契約書に、制作会社が第三者の著作権を侵害してはならない、もし侵害した場合には制作会社がその責任において処理解決する旨の条項を定めておく必要もあります。

インターネット上でP2Pファイル共有ソフトを利用して他人の著作物を不特定多数の人との間で交換する場合にも、著作権侵害が発生していないか注意が必要です。インターネットを通じて、簡単に不特定者間でファイルをやり取りすることができるからです。なお、2010年1月1日の著作権法の改正により、著作物を違法にアップロードするだけではなく、著作権侵害物と知りながら音楽や映像を無断でダウンロードした場合も違法となりました。2014年の著作権法改正では、電子書籍の利用増加に伴って、電子書籍に対応した出版権の整備も行われました。そこでは電子書籍に関する出版権が初めて法的に認められ、電子書籍出版権の設定を受けた出版者が、出版物の違法アップロードを差し止めることができることとなりました。

2018年にも著作権法の重要な改正が行われました（2018年5月成立・公布。一部の規定を除いて2019年1月施行）。この改正は、「デジタル化・ネットワーク化の進展に対応するべく、著作物等の公正な利用を図るとともに著作権等の適切な保護に資するため」（文化庁HP）になされたものです。すなわち、IoT(Internet of Things)、ビッグデータ、AI等の技術活用の促進が必要とされる今日、一定の場合

（公正な利用と評価できる場合）には、インターネット上に大量に流通するデータやコンテンツなどを著作権者の許諾を得なくても柔軟に利活用してもよいとするものです。改正項目としては、(1) デジタル化・ネットワーク化の進展に対応した柔軟な権利制限規定の整備、(2) 教育の情報化に対応した権利制限規定等の整備、(3) 障害者の情報アクセス機会の充実に係る権利制限規定の整備、(4) アーカイブの利活用促進に関する権利制限規定の整備等、の４項目が挙げられています。

2020年の著作権法改正では、海賊版コンテンツによる被害の深刻さから、侵害著作物を掲載したウェブサイトへのリンク情報（URLなど）を提供するリーチサイトやリーチアプリの規制強化がなされました（著作権法113条２項３項、120条の２第３号）。また、海賊版の違法なダウンロードについて、それまでは映像と音楽のみが規制の対象でしたが、書籍や漫画、ソフトウェアプログラム等の著作物全般にまで規制が拡大されました（同法30条１項４号･２項、119条３項）。一方、スクリーンショットや生配信、ライブカメラの映像などでの著作物の写り込みについては、一定の例外を除き著作権侵害とはならないとされました（同法30条の2）。

(4) フリーソフトウェアの取り扱い

ここでは、ソースコードの閲覧・改変、ソフトウェアの利用・二次配布など、一部または全部を無料で行うことのできるソフトウェア（いわゆる広義のフリーソフトウェア：主に自由に入手することができるソフトウェアと無償で利用することができるソフトウェアに分かれる）について説明します。

①オープンソースソフトウェア

インターネットにおいてソースコードが公開されているソフトウェアで、多くの場合、無料で利用できます。プログラムの改変や再配布をすることが可能で、改変前の部分については原作成者に、改変後の部分については改変者に著作権が帰属します。

②フリーウェア

インターネットにおいて無料で利用できるソフトウェアですが、多くの場合、ソースコードが公開されていません。プログラムの改変や再配布の可否などについては、ソフトウェアごとに異なります。

③シェアウェア

インターネットにおいて無料で利用できますが、継続して利用する場合は料金を支払う必要があります。プログラムの改変や再配布の可否などについては、ソフトウェアごとに異なります。

④ PDS

公共のものとして誰でも自由に使用することができ、改変や再配布、改変者による再配布も自由に行えます。日本の著作権法上、著作権の放棄ができないため、厳密な意味での PDS は存在しないともいわれています。

以上が、フリーソフトウェア（広義）の一般的な分類ですが、厳密に用語の定義がなされているわけではありません。著作権などの権利関係の定めについては、それぞれのソフトを利用する際に慎重にチェックをする必要があります。

たとえば、フリーのソフトウェアを利用する場合、フリーで入手または利用できる代わりに、利用する側の著作権などを制限するような利用許諾条件が定められていることがあります。

具体的には、入手したフリーソフトＡに改変を加えてできた二次的ソフトウェアＢについて、その新しくできたソフトウェアＢのソースコードを開示する義務がフリーソフトＡの利用条件として定められていたり、第三者がその二次的ソフトウェアＢを利用して自由に改変できることを保証する義務がフリーソフトＡの利用者に課せられていたりすることがあります。

フリーソフトに改変を加えて制作したソフトウェアがビジネス上大きな意味を持つ場合、その開示義務や第三者の改変の自由を保障する義務が課せられていると、大きく自社の利益を害する可能性もあります。フリーソフトを利用する場合には、利用許諾条件を十分に把握し、その条件を遵守することがビジネス上どのような意味を持つかを、事前によく考えることが必要です。

11-1-2　産業財産権

産業財産権には、①技術的思想の創作のうち高度のものである「発明」を保護する特許権、②「発明」には至らないものの、物品の形状、構造などに係る「考案」を保護する実用新案権、③物品の形状、模様もしくは色彩などのデザインを保護する意匠権、④商標に含まれる業務上の信用を保護する商標権があります。

企業活動などの産業によって生み出された知的財産には多額の研究費や設備投資が投入されています。そのため産業財産権によって、それらの知的財産を保護することが認められています。

(1) 特許権

特許権とは、新たな技術の「発明」をした者に対し、その発明した内容の公開と引き換えに特別な権利を付与するものです。特許法第1条には、「発明の保護及び利用を図ることにより、発明を奨励し、もつて産業の発達に寄与することを目的とする」と定められています。特許権を得ようとする者は、特許庁に対し出願および審査請求（原則として出願から3年以内）を行い、特許権が認められれば、一定期間その発明に対する排他的な独占権を得ることができます。

特許法では、「発明」とは、「自然法則を利用した技術的思想の創作のうち高度のものをいう」（2条）と規定されており、この要件を満たさないと特許が付与されるべき「発明」とは認められません。

具体的には、

① 技術的思想であること
② 新規性・進歩性があること
③ 産業上の利用可能性があること

が必要です。

すなわち、①目的を達成するために用いられる技術的な手段・方法であり、その技術を思想・知識として伝達できることが必要です（技術的思想）。機械の操作方法マニュアルなどの単なる操作方法や、フォークボールの投げ方などの個人の熟練によるものなどはこれにあたりません。

また、②「発明」が出願時において世の中に知られていないことや（新規性）、「発明」に出願時の従来の技術からは容易に思いつくことができない程度の困難さがあること（進歩性）が必要です。

特許権は、原則として出願日から20年間保護されます。

ビジネスモデル特許について

ビジネスモデル特許とは、1998年7月の米国高等裁判所（CAFC）によるステート・ストリート・バンク事件判決（State Street Bank & Trust Co. v. Signature

Financial Group, 149 F.3d 1368 (Fed. Cir. Jul. 23, 1998).）によって大きく注目された、ビジネスモデルそのものを権利化しようとする考え方のことをいいます。わが国でも2000年頃から特にIT産業などの発展に伴いビジネスモデル特許ブームが起こりました。

しかし、わが国の特許法で保護される「発明」は、あくまで「自然法則を利用した技術的思想の創作のうち高度のもの」（2条）であり、ビジネスのアイデアそのものは保護されません。実際、このブームの際に出願された特許は、ビジネスの手法そのものが権利化されると勘違いしたものが多く、特許の成功率は非常に低いものでした。

わが国では、ビジネスモデル特許は従来のコンピューター・ソフトウェア関連発明の一種と捉えられています。もし、ビジネス手法そのものを保護したい場合には、コンピューターまたはソフトウェアと何らかの形で結びつけた形での出願を行う必要があります。

（2）実用新案権

実用新案権とは、物品の形状や構造などに関する考案（実用新案）を保護するために認められる権利であり、登録されると独占的排他的な使用権が与えられます。

実用新案法第1条では、「物品の形状、構造又は組合せに係る考案の保護及び利用を図ることにより、その考案を奨励し、もつて産業の発達に寄与することを目的とする」とその目的が掲げられています。

第2条には、「考案」とは、「自然法則を利用した技術的思想の創作をいう」と規定されています。この「考案」には、特許法における「発明」ほどの高度性が必要とされていません。いわば、特許法の保護の対象外となる日常の小さな発明を保護するのがこの法律だといえます。

特許と違い実体審理が行われず基礎的要件の審査のみが行われますので、特許よりも気軽に出願でき、また出願から登録までの時間も短くて済みます。ただし、その反面、権利化後に無効審判が請求された場合に無効にされやすいなど、権利行使をしにくい不安定な権利ともいえます。

権利の存続期間は、出願日から10年です。

（3）意匠権

意匠権とは、もののデザイン（意匠）を一定期間独占できる権利です。たとえば、ある独創的な模様の商品をデザインした場合、そのデザインの商品もしくはそのデザインに類似した商品を一定期間独占販売することができます。

意匠権は、意匠登録出願の日から25年間保護されます。

（4）商標権

商標権とは、自分の商品やサービスを他者のものと区別するために付けられる名前やマークなどを保護する権利です。

他の3つの権利（特許権、実用新案権、意匠権）は存続期間が限定されていますが、商標権（存続期間は商標登録の日から10年）だけは登録日から10年を経過する前に、特許庁に更新登録料を支払えば更新することが認められています。しかも、何度でも更新することが可能です。商標は、その所有者の経済活動すべてにかかわるシンボルとなり得るからです。

たとえば、商標登録された他社のブランドマークに類似したマークを作成し、自社商品に表示して販売した場合、商標権の侵害となり、商標権者から侵害行為の差し止めや損害賠償を請求される可能性があります。

11-1-3　その他の権利

その他にも、明文化はされていませんが、権利として認められているものがあります。個人の私生活に関するプライバシー権や自分の姿を無断で撮影されたり使用されたりしない肖像権、芸能人などの著名人の名前や肖像の経済的利益を保護するパブリシティ権などが挙げられます。

たとえば、Webサイト上に他人の写真や映像を無断で掲載すると、被写体の肖像権やプライバシー権を侵害します。この場合、被写体当事者から民法上の不法行為責任（民法709条）を問われ、損害賠償請求をされる可能性があります。

この項目のPOINT

- 知的財産については大きく分けて①著作権、②産業財産権、③その他の権利がある。
- 著作権は、創作活動により生み出される知的創作物に関する権利を保護する。
- 産業財産権は、商標権や特許権などの産業に関する権利を保護する。

11-2 不正アクセス禁止法（不正アクセス行為の禁止等に関する法律）

他人のパソコンに無断で侵入したり、あるいはウイルスによって他人のパソコンを無断で操ったり、インターネットバンキングで不正送金したりといったネットワーク犯罪の数は今後も増加していくことが予測されます。そしてその被害の甚大さから、ネットワーク犯罪を規制する法律が重要視されてきています。ここではその代表的なものである不正アクセス禁止法について見ていきます。

11-2-1　不正アクセス行為

不正アクセス禁止法は、クラッキングなどの不正な行為を規制することでインターネットなどのコンピューターネットワークの秩序を保ち、ネットワーク社会の発展に貢献することを目的としています。不正アクセス禁止法で禁止される不正アクセス行為には以下の２つがあります。

(1) 他人の識別符号を無断で入力する行為（2条4項1号）

これは、他人のIDやパスワードなどを無断で入力することで、他人になりすまし、制限を解除してコンピューターを利用可能にする行為です。他人の名義を使用してネットバンキングを行う行為などが、これにあたります。

(2) アクセス制御機能による特定利用の制限を免れることができる情報、または指令を入力する行為（2条4項2号、3号）

これは、コンピューター上の安全対策の不備(いわゆるセキュリティホール)を攻撃して、IDやパスワードなどの識別符号を入力しなくてもコンピューターが利用可能な状態にする行為です。

11-2-2　改正について

官公庁がサイバー攻撃を受けたり、インターネットバンキングの不正アクセス事件が発生したりするなど、サイバー犯罪の危険性が急激に増大する中、不正アクセス行為への防止策をより強化するために、同法は2013年に改正されました。

(1) 改正前から禁止されている不正アクセス行為のみならず、その準備行為にまで禁止の範囲が拡大

具体的には、他人のID・パスワードを不正に取得する行為（4条）や、他人のID・パスワードを不正に保管する行為も処罰の対象となりました（6条）。また、アクセス管理者が公開したWebサイトやアクセス管理者が送った電子メールであると利用者に誤認させて、ID・パスワードの入力を求める行為（いわゆるフィッシング行為）も処罰の対象となりました（7条）。

(2) 不正アクセス行為を助長する行為

改正前には、他人のID・パスワードを、そのID・パスワードがどのWebサイトのサービスに対するものかを明らかにして無断で提供する行為を、禁止・処罰の対象としていました（不正アクセス行為を助長する行為）。

しかし、一人の人が同一のID・パスワードを複数のサイトで使いまわす事例も多く存在するため、改正後は、業務その他正当な理由による場合を除き、他人のID・パスワードを提供する行為は、どのWebサイトのものか明らかでなくてもすべて禁止されることとなりました（5条）。

(3) 罰則規定も強化

法改正により、不正アクセス行為を行った者には3年以下の懲役又は100万円以下の罰金（11条）、不正アクセス行為を助長する行為を行った者には30万円以下の罰金（13条）に法定刑が引き上げられました。

11-2-3 防御策について

不正アクセス行為の発生を防ぐためには、このような行為が起こりにくい環境を整えることも重要です。

そこで、不正アクセス禁止法では、「アクセス管理者は、不正アクセス行為から防御するため必要な措置を講ずるよう努めるものとする」(8条) と規定しています。管理者側としては、パスワードなどの識別符号の管理の徹底やセキュリティ対策の強化などを行うことが求められています。

この項目の POINT

- 他人のパソコンに無断で侵入したり、あるいはセキュリティホールを攻撃したりすると、不正アクセス禁止法違反に問われる。
- 不正アクセス禁止法では、アクセス管理者に、不正アクセス行為から防御するための必要な措置を講ずるよう努めることも求めている。

11-3 個人情報保護法（個人情報の保護に関する法律）

インターネットマーケティングを行う企業の担当者も、インターネット販売やリサーチなどで個人情報を取り扱う場面に多く接する可能性があるため、個人情報保護法については十分に理解しておく必要があります。

個人情報は、事業活動を行う企業においても、社会生活においても有用なものである反面、悪用されたり、誤った取り扱いをされるとプライバシーなどの重要な人権を侵害する危険があります。しかし、ICT技術が発展した現代では、インターネットを通じてサーバー上で膨大な数の個人情報を瞬時に処理することができ、USBなどの小さな媒体に個人情報を入れて持ち運ぶことも可能となり、人権侵害が発生するリスクが一段と高まっています。

そこで、わが国でも2003年に個人情報保護法が成立し、2005年に施行されました。この法律では、個人情報の有用性に配慮しつつも、プライバシーなどを侵害しないように、行政と一定の事業者に対し、個人情報の適切な取り扱いを求めています。そして、2015年には改正個人情報保護法（改正法）が成立・公布され、2017年5月30日より全面施行されました。2020年にも改正個人情報保護法が成立・公布、2022年4月に施行されています。

11-3-1　個人情報とは

個人情報保護法により保護される個人情報とは、生存する個人に関する情報であって、次のようなものが定義されています。

【個人情報】

氏名、生年月日その他の記述等により特定の個人を識別することができるもの

【個人識別符号】

①特定の個人の身体の一部の特徴を電子計算機のために変換した文字、番号、記号その他の符号（たとえば顔認識データ、指紋認識データなど）

②対象者ごとに異なるものとなるように役務の利用や商品の購入に関し割り当てられ、又は個人に発行されるカード、その他の書類や電磁的方法により記載、記録された符号（たとえば旅券番号、免許証番号、マイナンバーなど）

なお、人種、信条、社会的身分、病歴、犯罪の経歴、犯罪により害を被った事実などは、「要配慮個人情報」として特に配慮を要するとされています。

また、「生存する個人」には外国人も含まれますが、法人等の団体は含まれません。

11-3-2　個人情報取扱事業者とは

個人情報保護法が適用される、個人情報取扱事業者とは、「個人情報データベース等を事業の用に供している者」です（2条5項）。個人情報データベース等とは、①特定の個人情報をコンピューターを用いて検索できるように体系的に構成したもの、②特定の個人情報を容易に検索することができるように体系的に構成したものとして政令で定めるもののことをいいます。

なお、2015年の改正個人情報保護法により「個人情報データベース等を構成する個人情報によって識別される特定の個人の数の合計が、過去6ヶ月以内のいずれかの日において5,000を超えるもの」という数の要件は撤廃されました。小規模であっても一定の方法で個人情報を取り扱う事業者にはすべて同法の規制が適用されます。

11-3-3　具体的な法的規制

事業者が個人情報取扱事業者にあたる場合は、個人情報保護法による規制の対象となり、以下のような法的義務を負います。

(1) 利用目的の特定（同法17条）、利用目的による制限（18条）

個人情報を取り扱うにあたっては、利用目的をできる限り特定しなければなりません。また、利用目的が特定された場合は、利用目的を達成するために必要な範囲を超えて取り扱ってはなりません。

(2) 適正な取得（20条）、取得の際の利用目的の通知等（21条）

個人情報は、偽りその他不正な手段によって取得してはなりません。また、個人情報を取得したときは、本人に速やかにその利用目的を通知または公表しなければなりません。

(3) 適正な管理（22条、23条、24条、25条、26条）

個人データの流出や滅失を防ぐために、必要かつ適切な安全管理措置を講じなければなりません。また、個人情報の取り扱いを従業員や委託先に任せる場合には、それらの者への監督等の措置をとる必要があります。さらに、個人データは利用目的の達成に必要な範囲で、正確かつ最新の内容に保つとともに、利用する必要がなくなったときには当該個人データを遅滞なく消去するように努めなければなりません。なお、2022年4月施行の改正法により、個人情報の漏えい等が発生し、個人の権利利益を害するおそれが大きい場合には、個人情報保護委員会への報告及び本人への通知をしなければならなくなりました。

(4) 第三者への提供の制限（27条）、第三者提供時の記録義務等（29条、30条、31条、32条）

原則として、あらかじめ本人の同意を得ないで、第三者に個人データを提供してはなりません。例外的に、法令に基づく場合や本人の同意を得ることが困難な場合などに、本人の同意を不要としています。

また、あらかじめ本人に通知し、または本人が容易に知り得る状態に置くとともに、個人情報保護委員会（内閣府の外局として改正個人情報保護法にて新設）へ届け出た場合には、「要配慮個人情報」を除いた個人情報を、本人の同意を得ることなく第三者に提供することができます（オプトアウト手続）。しかしその場合、第三者への提供の事実、提供される個人データの項目、提供の方法、望まない場合の停止方法などをあらかじめ本人に示さなければなりません。

個人データを第三者に提供した場合には、原則として、提供した年月日、第三者の氏名などの記録を作成、保管しなければなりません。個人データの提供を受けた者も、原則として、提供者の氏名やデータの取得経緯等を確認、記録し、一定期間その内容を保存しなければなりません。

(5) 開示、訂正、利用停止等（33条、34条、35条、36条、37条）

当該個人情報取扱事業者の氏名又は名称、保有個人データの利用目的、開示などに必要な手続等については、本人の知り得る状態に置かなければなりません。また、保有個人データは、本人からの求めに応じて、開示しなければなりません。さらに、保有個人データの内容が事実でないときは、本人からの求めに応じて、訂正等を行わなければなりませんし、法の義務に違反して取り扱っているときは、本人からの求めに応じて、利用の停止を行わなければなりません。

なお、2022年4月施行の改正法では、①保有個人データを利用する必要がなくなったとき、②保有個人データの漏えい等が生じたとき、③その他、保有個人データの取扱いにより、本人の権利又は正当な利益が害されるおそれがあるとき、には情報取扱事業者に対して利用停止・消去・第三者への提供の停止を請求できることとされ、個人の権利保護がより強化されました（35条5項。旧法では、本人が保有個人データの利用停止・消去を請求できるのは、個人情報を目的外利用した時と不正の手段により取得した時に限られ、第三者の提供の停止を請求できるのは本人の同意なく第三者に提供した場合に限られていました）。

(6) 苦情の処理（40条）

本人から苦情などの申出があった場合は、適切かつ迅速な処理に努めなければなりません。また、そのために苦情窓口の設置、苦情処理手順の策定等必要な体制を整備しなければなりません。

11-3-4　義務違反の効果と自律的な取組み

個人情報取扱事業者が義務規定に違反し、不適切な個人情報の取り扱いを行っている場合には、個人情報保護委員会から、違反行為の中止や是正に必要な措置をとるよう、勧告や命令を受けることがあります。また、事業者が命令に従わなかった場合には、刑罰を科されることもあります。その他、個人情報が流出し、それによって識別される個人のプライバシーが侵害された場合、民事上の損害賠償責任を負う可能性もあります。

このように、行政上の責任、刑事上の責任、あるいは民事上の責任を負うような事態に至った場合、事業者にとっては、社会的信用の低下を招いたり、財産上の損失を被ったり、そのリスクは計り知れないものになります。そのような事態に陥らないためにも、各省庁などが策定するガイドラインに即して、事業などの分野の実情に応じ、自律的に個人情報の適正な管理に取り組むことが必要です。

この項目の POINT

- **個人情報保護法により保護される個人情報とは、生存する個人に関する情報であって、特定の個人を識別することができる情報。**
- **個人情報保護法の規制にしたがい、個人情報の取り扱いには細心の注意を払う必要がある。**

11-4 不正競争防止法

インターネットマーケティングにおいて個人情報に次いで気を付けなければならないのが、この法律です。知らない間に抵触している可能性もあるので、注意が必要です。

資本主義社会においては、各企業は自由な競争の下で経済活動を行うことができるというのが原則です。しかし、他社が長い時間をかけて築き上げたブランド力に便乗して偽ブランド商品を販売したり、他社が研究を重ねて獲得した営業秘密を不正に取得したりする行為は、社会経済の健全な発展を阻害するものです。そこで、このような行為を規制し、営業や競争の公正を確保するため、不正競争防止法が制定されました。

インターネットを用いたビジネスにおいても、たとえば、有名企業や著名な商品の名称またはそれに類似した文字数字列のドメインを取得した上で、Webサイト上でビジネスを行ったり、ライバル会社のシステムサーバーに不正にアクセスしてその顧客情報を入手したり、ある会社の商品の模倣品をネットオークションに出品したりする行為など、様々な不正行為に対し、この法律違反が問われる可能性があります。

11-4-1　不正競争行為の類型

不正競争防止法では、以下のような行為を不正競争行為の類型として定めています（2条）。

(1) 周知表示混同惹起行為（2項1号）

他人の商品・営業の表示（商品等表示）として需要者の間に広く認識されているものと同一または類似の表示を使用し、その他人の商品や営業と混同を生じさせる行為をいいます。ただし、普通名称や慣用表示、自己の氏名を使用する場合などの一定の場合には、この行為にはあたりません。

(2) 著名表示冒用行為(同項2号)

他人の商品や営業の表示(商品等表示)として著名なものを、自己の商品や営業の表示として使用する行為をいいます。ただし、この行為も(1)と同様、一定の場合には、不正競争にはなりません。

(3) 商品形態模倣行為(同項3号)

最初に販売された日から3年以内の他人の商品の形態を模倣した商品を譲渡し、貸し渡し、譲渡もしくは貸渡しのために展示し、輸出し、輸入する行為をいいます。

(4) 営業秘密の不正取得行為等(同項4号〜10号)

窃盗、詐欺やクラッキングなど不正な手段によって営業秘密を取得したり(不正取得行為)、不正取得行為によって取得された営業秘密を使用したり、開示したりする行為をいいます。

ただし、営業秘密の取得時に、善意無重過失であれば、取引によって取得した権限の範囲内で、その営業秘密を使用・開示することができます。

(5) 限定提供データ(例えば消費者動向データ、地図データ等のビッグデータ等のように、「業として特定の者に提供する情報として電磁的方法により相当量蓄積され、及び管理されている技術上又は営業上の情報」(2条7項))の不正取得等(同項11号〜16号)

窃盗、詐欺、脅迫等その他の不正の手段によって限定提供データを取得したり、自ら使用したり、第三者に開示したりする行為等をいいます。2018年の改正により新たに付加されました。

(6) 技術的制限手段回避装置提供行為(同項17号、18号)

技術的制限手段(音楽・映画・ゲーム等のコンテンツの無断コピーや無断視聴を防止するための技術。アクセス制限やコピーガード、暗号化など)によって視聴や記録、複製が制限されているコンテンツの視聴や記録、複製を可能にする一定の装置またはプログラムを譲渡等する行為をいいます。

ただし、試験・研究目的で使用される場合は、不正競争にはなりません。

(7) ドメイン名の不正取得等の行為（同項19号）

自己の利益を図ったり、他人に害を加える目的で、他人の氏名、商号、商標などと同一または類似のドメイン名を使用する権利を取得し、保有する行為やそのドメイン名を使用する行為をいいます。

その他の不正競争行為として、原産地等誤認惹起行為（20号）、信用毀損行為（21号）、代理人等商標無断使用行為（22号）などがあります。

11-4-2　不正競争行為に対する法的効果

不正競争行為に対しては、民事上の請求と刑事罰が適用されます。

(1) 民事請求

民事上の請求には、以下の3つがあります。

①差止請求（3条）

不正競争によって営業上の利益を侵害され、または侵害されるおそれがある者は、その営業上の利益を侵害する者または侵害するおそれがある者に対し、その侵害の停止または予防を請求することができます。また侵害の行為を組成したものの廃棄等を請求することもできます。

②損害賠償請求（4条）

故意または過失によって不正競争を行い、他人の営業上の利益を侵害した者に対して、損害賠償を請求することができます。

③信用回復請求（14条）

故意または過失によって不正競争を行い、他人の営業上の信用を害した者に対して、信用回復措置（謝罪広告の掲載、謝罪文の送付など）を請求することができます。

(2) 刑事訴訟

刑事罰は以下の2つに大別されます。

① 営業秘密侵害罪（10年以下の懲役若しくは2,000万円以下の罰金又は併科）（21条1項）

自己の利益を図ったり、他人に害を加える目的で、営業の秘密を不正に取得、使用または開示する行為などがこれにあたります。

② その他の侵害罪（5年以下の懲役若しくは500万円以下の罰金又は併科）（同条2項）

不正の目的をもって行う周知表示混同惹起行為や不正の利益を得る目的をもって行う著名表示冒用行為などがこれにあたります。

また、2011年の法律改正によって、技術的制限手段回避装置等に関する規律が強化され、技術的制限手段回避装置等の提供行為も刑事罰の対象となりました（その他の侵害罪に位置付けられます）。

なお、法人の場合には、行為者を罰するほかに、その法人にも5億円以下の罰金刑が科されます（22条1項2号）。また、海外使用の場合などには海外重罰規定が設けられており、個人では3,000万円以下、法人では10億円以下の罰金刑が科されます（22条1項1号）。

11-4-3 改正

過去に、企業の技術情報が海外に流出した事件や、企業の顧客情報が流出した事件が大きな社会問題となりました。また、ICT技術の高度化に伴い、情報取得などの手口も高度化し、現行法の規制では不十分ではないかとの懸念も生じていました。

そこで、2015年に、営業の秘密の保護を強化する不正競争防止法の改正がなされました。この改正では、不正競争行為とされる行為態様が新たに付け加えられたり、営業の秘密が侵害されたとして民事訴訟を提起した場合に、被害を受けたと主張する原告側の立証責任が軽減されたり（被告である侵害者側が違法に取得した技術を使っていないことを立証する）、差止請求権の除斥期間が10年から20年に拡大されたりしています。また、刑事処罰の範囲の拡大や罰則の強化も図られています。

さらに、2018年には、IoTやAIの普及などICT技術の発達に伴い、ビッグデータをはじめとする多種多様なデータを安心して利活用できるように、データの保護強化を目的とした不正競争防止法の改正法が2018年5月に成立し、公布されました。この改正法では、IDやパスワード等で管理しつつも相手方を限定して提供する「限定提供データ」も保護される対象となりました（新たな不正競争行為の追加）。また、無断視聴や無断コピー等を制限する技術的制限手段、いわゆるプロテクト破りに関して、そのプロテクトを破る機器の提供だけでなく代行サービスの提供等にも規制が拡大されました（技術的制限手段の保護の強化）。さらに裁判所が証拠提出命令を出すに際しての非公開（インカメラ）で書類の必要性を判断できる手続きを創設するとともに、技術専門家（専門委員）がインカメラ手続に関与できるようになりました（証拠収集手続の強化）。

この項目のPOINT

- **インターネットを使ったビジネスでも、不正競争防止法違反が問われないように、不正な手段を使うことは避け、公正かつ適正に行動する必要がある。**
- **不正競争行為に対しては刑事罰が適用されるケースもある。**

11-5 景品表示法（不当景品類及び不当表示防止法）

広告やプロモーションは、原則として企業努力の範囲内ではあるのですが、一方で消費者が商品やサービスについて正確な情報を知ることも重要です。

11-5-1　概要

消費者であれば、誰もがより良い商品やサービスを求めるものです。しかし、商品やサービスについて実際よりも良く見せかける表示が行われたり、実際よりも過大な景品類の提供が行われたりすると、消費者が商品やサービスについて誤認してしまい、不利益を被るおそれがあります。このような不当表示や不当景品から消費者の利益を保護するための法律が景品表示法です。

景品表示法は、食品偽装問題などの発生が大きく社会問題になったことを受け、2014年6月と同年11月に改正が行われました。6月の改正では、都道府県知事に措置命令（行政処分）権限や不実証広告規制にかかる合理的根拠提出要求権限などが付与され、消費者庁を中心とする行政の監視指導体制の強化が図られました。また、事業者は表示等の適正な管理のために必要な具体的措置を講じなければならず、もしそのような措置を講じていないと認められるときには、消費者庁は勧告を行い、その勧告に従わない時にはその旨公表することができるとされました。11月の改正では、不当な表示を行った事業者に対して、課徴金を課す制度が導入され、被害回復を促進する観点から、事業者が所定の手続きに沿って自主返金を行った場合は課徴金を命じない又は減額するとされました。

11-5-2　規制内容

(1) 不当表示の種類

不当表示には大きく分けて、以下の３つがあります。

①優良誤認表示（5条1項1号、7条2項、8条3項）

商品やサービスの品質、規格、その他の内容についての不当表示のことをいいます。たとえば、食肉のブランド表示やパソコンの性能表示、ダイエット商品の効果などで消費者を誤認させる表示がこれにあたります。

優良誤認に該当する表示か否かを判断するため必要があると認めるときは、事業者に対し、期間を定めて、当該表示の裏付けとなる合理的な根拠を示す資料の提出を求めることができます（不実証広告規制）。もし事業者が合理的な根拠を示す資料を、原則として１５日以内に提出しない場合には、当該表示は優良誤認表示とみなされます。

②有利誤認表示（5条1項2号）

商品やサービスの価格、その他の取引条件についての不当表示のことをいいます。たとえば、洋品店で「今なら半額！」と表示されているものの、実際にはそれが通常価格であった場合や家電量販店の店頭チラシの料金比較で、自社が最も安いように表示されているものの、実際には自社に不利となる他社の割引特典を除いて比較していた場合などがこれにあたります。

③その他誤認されるおそれのある表示（5条1項3号）

消費者に誤認されるおそれがあるとして、内閣総理大臣が指定する不当表示のことをいいます。たとえば、インターネット上のストレージサービスにおいて、実際には無料で保存できるデータ量やデータの種類が限られているにもかかわらず、「無料ですべてのデータを保存して、どこからでもアクセスできます」と表示する場合や、商品に原産国以外の国名、地名、国旗などが表示されている場合などがこれにあたります。

(2) 不当景品類

景品による競争がエスカレートすることによって、消費者が景品に惑わされて割高なものや質の良くないものを購入してしまったり、事業者が商品やサービスの内容面での競争に力を入れなくなって、消費者が不利益を被ったりするおそれがあります。そこで、景品表示法では、景品類の種類に応じて最高額、総額などの規制をしています。

①一般懸賞

商品やサービスの利用者に対して、くじなどの偶然性、特定行為の優劣性などによって景品類を提供するものをいいます。たとえば、抽せん券によって提供されるものやパズルやクイズなどの解答の正誤によって提供されるものがこれにあたります。この懸賞は、取引価格が5,000円未満なら最高額は取引価格の20倍、5,000円以上なら最高額は10万円で、いずれも総額は懸賞の売上予定総額の2%以内です。

②共同懸賞

一定の地域や業界の事業者が共同して景品類を提供することをいいます。たとえば、中元・歳末セールなど、商店街が共同で実施するものなどがこれにあたります。この懸賞は、取引価格に関わらず最高額は30万円、総額は懸賞の売上予定総額の3%以内です。

③総付景品

懸賞によらず、商品やサービスの購入者や来店者に対して、もれなく提供される景品のことです。たとえば、申し込みや来店の先着順にプレゼントされるものや商品の購入者全員にプレゼントされるものなどがこれにあたります。この景品は、取引価格が1,000円未満なら最高額は200円、1,000円以上なら最高額は取引価格の10分の2です。

11-5-3　違反行為の効果

景品表示法に違反するような不当な表示や景品の取り扱いが行われた場合、消費者庁が事業者からの聴取などを行い、必要に応じて立ち入り検査などを行います。検査を拒否した場合には、1年以下の懲役又は300万円以下の罰金が科せられます。

立ち入り検査を行った結果、違反行為が認められれば、「措置命令」が発せられ、不当な表示を止め、また今後同様の行為を行わないように、そして再発防止策を講じるように命令することになります。措置命令に従わない場合、事業者の代表者等は2年以下の懲役又は300万円以下の罰金、当該事業者には3億円以下の罰金が科せられます。

また、事業者が不当表示をする行為をした場合、5条3号に該当する表示に係るものを除き、消費者庁は、その他の要件を満たす限り、当該事業者に対し課徴金の納付を命じます。

都道府県も同様に事業者への聴取を行い、必要に応じて立ち入り検査などを行い、措置命令を出すことができます。

また、仮に措置命令が発せられなくても、違反のおそれのある行為が見られた場合には、「指導」の措置がとられることとなります。

この項目のPOINT

- 商品やサービスについて実際よりも良く見せかける表示を行ったり、過大な景品類の提供を行ったりすると景品表示法違反に問われる。
- 景品表示法に違反するような不当な表示や景品の取り扱いが行われた場合、消費者庁が調査を実施し、その結果、「措置命令」を発する場合もある。

11-6 ウイルス作成罪（不正指令電磁的記録に関する刑法第19章の2）

ウイルスを作成すること自体について処罰する法律です。今後、ビジネスでソフトウェアを扱う場合には必ず理解しておかなければならない法律の１つです。

近年、コンピューターウイルスによる攻撃やコンピューターネットワークを悪用した犯罪など、サイバー犯罪は年々増加の傾向にあります。しかし、これまで国内においては、犯罪目的のウイルス作成や配布を直接取り締まる法律がなかったため、ウイルスを用いた犯罪行為を直接取り締まることのできる法律の制定が待ち望まれていました。これらのサイバー犯罪に適切に対応するため、ウイルスを悪用した犯罪などを処罰する刑法改正案（いわゆる「サイバー刑法」）が提出され、2011 年に成立しました。また、2012 年 1 月には、このウイルス作成罪を初めて適用した逮捕・送検者が出ています。

11-6-1　対象行為

単にウイルスを作成し所持するだけでは処罰の対象とはなりません。①研究などの正当な理由がないのに、②無断で他人のコンピューターにおいて実行させる目的で、という２つの条件を満たしたウイルスの作成・所持などの行為が処罰の対象となります。

したがって、ウイルス対策ソフトの開発目的の場合には、正当な理由があるものと認められるため、処罰の対象にはなりません。また、誤ってウイルスに感染してしまい、自分のパソコンにウイルスが保存されてしまった場合も処罰対象にはなりません。

11-6-2　違反行為の効果

ウイルスを作成し、提供などの行為を行った場合には、刑事罰が科されます（ウイルスを作成、提供、供用した場合は３年以下の懲役または 50 万円以下の罰金。

人に実行させる目的でウイルスを取得、保管した場合は 2 年以下の懲役または 30 万円以下の罰金。)。

この項目の POINT

- サイバー犯罪などを行う目的でウイルスを作成したり提供したりするとウイルス作成罪が問われる。
- ①研究などの正当な理由がないのに、②無断で他人のコンピューターにおいて実行させる目的で、という 2 つが処罰の条件。

11-7 その他の関連法令

インターネットマーケティング上、その他の知っておきたい関連法としては、以下のようなものがあります。

11-7-1 特定電子メール法（特定電子メールの送信の適正化等に関する法律）

「迷惑メール防止法」とも呼ばれています。かつて出会い系サイトへの勧誘の迷惑メールが社会問題化した際、その対策として特定電子メール法が制定され、受信拒否した者への広告宣伝メールを禁止するなどの対応が取られてきました。しかし、それでは不十分であったため、2008年の改正により、原則としてあらかじめ同意していた者に対してのみ広告宣伝メールの送信が認められる「オプトイン方式」が導入され、迷惑メール対策の強化が図られています。

11-7-2 プロバイダ責任制限法（特定電気通信役務提供者の損害賠償責任の制限および発信者情報の開示に関する法律）

インターネットや通信技術の普及により、様々な情報へのアクセスが容易になりましたが、一方で、名誉毀損やプライバシー侵害、著作権などの知的財産権侵害となる情報の流通も顕著となっており、大きな社会問題となっています。

そこで、プロバイダ責任制限法では、このような権利侵害があったときのプロバイダが負う損害賠償責任の範囲について定めています。また、被害者が正当な理由がある場合に、情報発信者の情報開示を請求できるものとされています。

なお、SNS等での誹謗中傷を含む投稿が社会問題化したのに対応して、2021年に同法が改正（2022年10月に施行）されました。これによると、①発信者の氏名や住所等の発信者情報の開示がより容易になる裁判手続き（非訟手続）が創設され、②権利侵害投稿発信者のログイン時のIPアドレス等も一定の要件を満たせば開示の対象とされることになりました。

11-7-3　電子契約法（電子消費者契約及び電子承諾通知に関する民法の特例に関する法律）

電子契約法は、インターネットでの通信販売等の取引におけるトラブルや悪質なワンクリック契約が急増していることを背景に制定された、民法の特例法です。電子商取引などにおける消費者の操作ミスの救済策として、事業者側で適切な確認措置を講じていない場合には原則として契約が無効になることや、契約の成立時期について到達主義がとられることが定められています。

11-7-4　電子署名法（電子署名及び認証業務に関する法律）

電子署名法は、電子署名とその認証に関する規定を定め、電子署名が実際の紙媒体などの署名や押印と同様の効力を有することで、電子商取引などの経済活動の適正化や活発化を図るものです。

インターネットを利用する商取引が増加する中、他人になりすますことによるトラブルが増加しました。そこで、この電子署名法の施行により、本人による一定の要件を満たす電子署名が行われた電子文書などは、真正に成立したものと推定されます。

また、電子署名が本人のものであることを証明する認証業務に関し、一定の基準を満たすものは国の認定を受けることができる制度が導入されています。

昨今、新型コロナウイルスの感染拡大に伴い、リモートワークによる電子契約等の需要が大きく高まっているため、正しい理解が必要です。

11-7-5　特定商取引法（特定商取引に関する法律）

インターネットを利用して商品やサービスを提供する場合に欠かせないのが、特定商取引法(特定商取引に関する法律)への理解です。ホームページやネットショップサイトを用いての販売は、同法の「通信販売」に該当し規制の対象となるので注意が必要です。

通信販売などの取引においては、消費者が十分な情報を得られず、適切に判断することができないまま契約を締結し、後々トラブルとなることが多々ありました。そこで、同法では、氏名等表示義務、書面交付義務、不当な勧誘行為の禁止、広告に対する規制などが定められており、原則として、一部の他の法律（金融商品取引法など）が適用される以外のすべての商品とサービスが対象となっています。

以下、同法上で定められている事柄のうち、インターネット販売において特に問題となるものを説明します。

(1) 第11条

第11条では、特定の商品やサービスを提供する際に、一定の情報を提供することを義務付けています。具体的には、販売価格、代金の支払時期・支払方法、商品の引渡時期またはサービスの提供時期、申し込みの撤回または売買契約の解除に関する事項、事業者の住所氏名・連絡先、通信販売業務責任者、返品特約に関する事項などがこれにあたります。

インターネット販売を行う場合には、消費者保護の観点からも、明確かつできる限り詳細な形でこれらの情報を表示しておく必要があります。

(2) 第12条

第12条では、誇大広告を禁止しています。実際の商品と著しく違っていたり、実際の商品よりも著しく良い商品であるかのように表示したりした場合には、同条違反となり、罰金や業務停止命令などの対象になります。

(3) 第14条

第14条では、「顧客の意に反して通信販売に係る売買契約又は役務提供契約の申し込みをさせようとする行為」を禁止しています。

これを受けて、特定商取引法規則第16条では、たとえばインターネット通販において消費者がパソコンの操作を行う際、申し込みとなることを容易に認識できるように表示していない場合や、消費者が申し込みを行う際にその内容を容易に確認および訂正できるようにしていない場合を、顧客の意に反して契約の申し込みをさせる行為にあたるとしています。

具体的にどのような場面がこれに該当するかに関しては、消費者庁が「インターネット通販における『意に反して契約の申し込みをさせようとする行為』に係るガイドライン」という指針を出していますので、インターネット販売を行う担当者は、一度は目を通しておく必要があります。

このガイドラインによると、たとえば、「購入」ボタンの代わりに「送信」ボタンが表示されていたり、また画面の他の部分でもこれが申し込みであることを明らかにする表示がない場合には、顧客の意に反して契約の申し込みをさせる行為に該当し得るとされています。

また、消費者が申し込みをする最終段階で、その申し込みの内容が表示されなければならず、もし表示されない場合でも、「注文内容を確認する」といったボタンが用意され、それをクリックすることにより確認できることなどが必要だと定められています。

なお、2016年改正特定商取引法では、インターネット通販などにおいて健康食品などの定期購入を勧誘するものが増加し（特に、初回は通常価格より低価格にて購入できることを公告する一方、定期購入を条件とするもの）、トラブルの相談数も飛躍的に増加したことを受けて、定期購入契約に対する規制も追加されました。具体的には、通信販売の広告やインターネット通販における申込・確認画面において、定期購入契約である旨および金額（支払代金の総額等）、契約期間その他の販売条件（商品の引渡時期、代金の支払時期等）を明示する義務を追加しました。また、最終確認画面において、定期購入契約の主たる内容のすべてを表示していない、または容易に認識できないほど離れた場所に表示されている場合には、当該禁止行為にあたるとされています。

2021年（2022年施行）にもいくつかの重要な改正が行われ、定期購入でないと誤認させる通信販売の「詐欺的な定期購入商法」や、売買契約に基づかないで商品を送り付ける送り付け商法等への対策が一層強化されました。また、消費者から事業者へのクーリング・オフの通知について、書面に限定されず、電子メールの送付などの電磁的方法で行うことも可能となりました。

11-7-6　デジタルプラットフォーマー規制法（特定デジタルプラットフォームの透明性及び公正性の向上に関する法律）

デジタルプラットフォーマーとは、オンラインモール、オークションサイトなどの取引デジタルプラットフォーム（以下、DPF）を運営するIT企業（たとえばAmazon、楽天市場、Yahoo! ショッピング、App Store、Google Playストア等）のことを指します。DPFは、特に昨今のコロナ禍においては日常生活の基盤として不可欠な存在となってきている一方、悪質な事業者の参入も容易であることからトラブルの発生も見られました。そこで、同法律が2020年に成立、2021年に施行されました。

これによると、「特定デジタルプラットフォーム提供者」として指定された事業者には、①取引条件等の情報の開示、②自主的な手続き・体制の整備、の実施が求められています。また、これらについて実施した措置や事業の概要、自己評価等についての報告書の行政庁への提出も求められています。

この項目のPOINT

- インターネット販売に関連する法律として、特定電子メール法、プロバイダ責任制限法、電子契約法、電子署名法、特定商取引法、デジタルプラットフォーマー規制法などがある。
- インターネット販売に関わる担当者は、特定商取引法（特定商取引に関する法律）は必ず目を通しておく必要がある。

第12章

インターネットとコンプライアンス、CSR

近年、企業にとって大きな課題となってきているのが、インターネットとコンプライアンス、CSRに関する問題です。

インターネットが生活に欠かせないものになっていく一方で、インターネットを用いたサービスの危険性や問題点についての批判が盛んに行われるようになってきています。行政もこの問題に積極的に対応するようになってきており、特に消費者庁が熱心に取り組んでいます。

インターネットと企業コンプライアンス、CSRという問題にどのように対処していくのかは、今後の企業にとって非常に大きなテーマです。

12-1 実際に問題となった事例

インターネットと企業コンプライアンス、CSR※における具体的な問題について見ていきます。

12-1-1　食べログ問題

「食べログ」とは、飲食店の味やサービスなどについての評価をインターネット上で自由に書き込む、いわゆる口コミサイトと呼ばれるジャンルのWebサイトです。

2012年冒頭、消費者庁はこの「食べログ」で、大規模な‘やらせ口コミ’が行われているおそれがあるとして、調査を始めた旨を発表しました。その後の調査の結果、今すぐには法律に基づいた何らかの処分などは行わないとしながらも、引き続き注意喚起を続けていくとしました。

この件における一連の消費者庁の対応には、2つの大きな意義があります。

1つ目は、消費者の発言力の成長です。

今回の調査の発端は、消費者からのクレームによるもの、具体的には、独立行政法人「国民生活センター」の消費者ホットラインなどへのクレームによるものと考えられます。従来こういった消費者からのクレームが原因で行政が何らかのアクションを起こすケースは、大掛かりな詐欺やねずみ講などの、相当に大きな金銭面や健康面での被害が生じている場合が多かったのですが、今回の「食べログ」の問題では、こういった金銭面や健康面での大きな被害は発生していません。消費者庁は、消費者からのクレームがあれば、金銭や健康に直結していない問題であっても、民間企業のサービスに対して調査を行ったり注意喚起を行ったりと積極的に関与していくという姿勢が伺えます。それだけ消費者の発言力が増してきていることを示しています。

2つ目は、企業のインターネット上の活動に対しても、一定の社会的責任（CSR）を求め出していることです。

消費者庁は、この「食べログ」の件における問題について、「やらせ口コミによって多くの人に誤解を与えること」を挙げています。'多くの人に誤解を与え、その結果何か大きな問題が起きてしまったこと'ではなく、'多くの人に誤解を与える'こと自体を問題視しています。これは重要な点です。インターネットの最大の特徴は、瞬時に多数の人々に情報を拡散させられることにあるので、用い方次第では誤解や誤報が広がることは十分にあり得るからです。企業は、インターネットの取り扱いについて、根本的な注意を求められているといえます。

12-1-2 その他の事例

(1) SEO対策サービス

SEO対策を頼んでいるのに、対策の効果が上がらない、または、事前に説明している対策自体をそもそも行っていないのではないかといったクレームが一部で発生しています。背景にはSEO対策は、行為の中身がわかりにくい点があることやSEO対策会社間の競争が激しくなっていることがあります。

2010年代に入ってから、検索エンジンの技術的発展やWebの標準化が一層進んでおり、その結果、現在のWebサイトは、検索エンジンの要求する仕様に従ったプログラム（HTML、CSS）を実践することにより享受できるメリットが大きくなっています。これは言い換えると、SEO対策で工夫ができる余地が少なくなってきていることを指しており、一部のSEO対策会社にとっては厳しい環境が生じつつあるといえます。

今後のSEO対策においては、Web標準化という大きなトレンドに従いながら、検索エンジンを小手先の技術でかわすのではない、より本質的な対策が求められてきます。SEO対策の内容、効果、費用を事前に正確に、かつわかりやすくクライアントに説明することが必要です。事前の説明がわかりにくい、例外が多すぎて事実上何1つとして限定していない、といったことは、大きなクレームに発展する可能性があります。

また、完全成功報酬制であれば、SEO対策が成功していないときは、SEO対策会社は一切費用を請求しないので、サービス内容や費用、事前説明に関して疑義が生じた場合でもコンプライアンス上の問題は発生しないといった意見を聞きますが、それは間違っています。成果が出ておらず、かつ費用をクライアントが支払っ

CSR：Corporate Social Responsibility
企業が果たす社会的責任。地域社会との共生、倫理の尊重、消費者との協調などを重視している。

ていない状況でも、クライアントには大きな機会損失が生じている可能性があるからです。たとえばクライアントであるA社が、完全成功報酬制のSEO対策会社X社に対して6ヶ月間のSEO対策を依頼したにもかかわらず、全く成果がなく、さらにX社の提供していたサービス内容や事前説明に疑義が生じた場合、A社はこの6ヶ月間、有効なSEO対策を施す機会を失っていることになり、A社の業界や業態によっては、それが大きなダメージになる可能性があるからです。

SEO対策会社とクライアントとの間では、サービス内容、費用、効果についての事前説明が、コンプライアンス上の重要なポイントになってきます。

(2) オンラインゲーム

オンラインゲームとは、スマートフォンやパソコン、コンシューマーゲーム機を用いてプレイする際に、インターネットでデータ通信を行いながら進める形式のゲームです。いわゆる「フリーミアム」(Freemium) 方式のビジネスモデルを採用したオンラインゲームでは、ユーザーは無料で遊ぶことが可能であると同時に、有料のコンテンツも利用できます。このうち便利なアイテムを有料で購入する方式をアイテム課金制といい、日本ではこのアイテム課金制が主流となっています。

アイテム課金制では、ゲーム内で使用できる様々な便利なアイテム（主人公が強くなる、待機時間を削減できる、などゲームが有利に進みます）をクレジットカード決済などでユーザーが購入していきます。ただ、ゲーム運営会社としては当然収益を出す必要があるので、これらの有料アイテムを用いないとゲームが困難になるように設定していることが多いといわれています。もちろんそういった設定そのものは違法ではないのですが、毎月数十万円以上を投じるユーザーが多数あらわれ社会問題となりました。

その際、オンラインゲームの費用を無料と表現することについて以下の問題提起がなされました。たとえばあるゲームが、無料と表現してユーザーに提供されていても、有料アイテムを購入しないかぎり、いずれ継続が極めて困難になるように設計されていたとします。そういった場合に、このゲームを無料と表現し続けることに問題がないといえるのだろうか、確かに形式的には無料だが、通常のユーザーが無料では継続困難になるように作ってある以上、それは実質的には有料というべきなのではないだろうか。

この点、ゲームを提供している会社側は、「有料アイテムの金額をごまかしているわけではなく、有料アイテムがあることをことさら隠しているわけでもない。よって通常のECサイト上での売買と何ら違いはなく、そもそも問題が生じる余地はない」と反論しました。

しかしこれに対しては、「無料で集客しておきながら、その後に有料サービスへ巧みに誘導するという手法は決して良心的な販売手法とはいえず、少なくともコンプライアンス上の問題があるのでないか」との指摘がなされています。

フリーミアム方式のビジネスでは、サービスが成功するほどに、値段の表現についてコンプライアンス上の問題が発生するリスクがあります。これはオンラインゲームだけに限ったものではなく、「フリーミアム」を採用するビジネス一般に通じる問題ともいえます。

(3) オンラインゲーム内での有料ルーレット

オンラインゲームにおいては、上記のほかに通称ガチャと呼ばれるゲーム内の有料ルーレットが存在することがありますが、その成功率がユーザーに対して著しく不利に設定されているのではないか、という問題も発生しました。

たとえば、2015年末から2016年初めにかけて実施されたあるゲーム内のガチャのイベントでは、一人のユーザーが70万円以上も有料ルーレットに投入したにもかかわらず望む当たりが出現しませんでした。これだけ当たりが出ないということは、そもそも当たりが出ないようにプログラミングされているのではないかという疑惑が生じ、インターネット上の呼びかけに応じた約2,000人のユーザーが消費者庁などに苦情を申し立てる騒動となりました。

同様の問題はほかの様々なゲーム内で多数発生しており、消費者庁も関心を寄せています。有料ルーレットのギャンブル性の高さから、事実上、賭博に近いといえるのではないかという意見もありますが、今のところは賭博であるとまでの判断は行われていません。しかし、消費者委員会は賭博罪に該当する可能性についても言及しており、また、ガチャのレア当選確率やアイテム等を取得するまでの推定金額について適切な表示がなされることを求めており、事業者側としては注意を払っていく必要があります。

(4) セキュリティ対策

オンラインゲームやオンラインショッピングでの買い物などが増加してきている

こともあり、インターネットを利用して個人情報が不正に盗まれる（クラッキングなど）ことが問題となってきています。ここで重要な問題は、インターネット上で盗んだ個人情報がブラックマーケットで取引されていることです。本人の知らないところで個人情報が売買され、悪質な集団の手に渡って金銭的被害を受けることもあれば、さらには盗んだ個人情報を悪用して第2、第3のクラッキングを行っているケースもあります。セキュリティリスクが社会全体を巻き込むほどに大きなものになってきており、企業が十分なセキュリティ対策を行わないことは、社会全体に対して一定の損害を与えてしまう、コンプライアンス上の大きな問題と捉えられつつあります。

クラッキングや不正アクセスの主な手法には、表12-01のようなものがあります。

企業はセキュリティ対策に力を入れる一方で、無制限にセキュリティ対策を施すことを強いられないよう、必要十分な対策を講じていることを、ユーザーが理解しやすい方法でアピールすることも必要です。

また、不幸にしてクラッキングなどをされ、重要情報が大量に流出してしまった

ユーザーの行動に大きく依存しているタイプ

外部記憶媒体型	USBメモリなどの外部記憶媒体を介してウイルスを感染させる
ダウンロード型	ユーザーの有益なアプリケーションと誤認させ、ダウンロードさせる
フィッシング型	正規のサイトと誤認させ、個人情報などを入力させる

攻撃者自身の行動が大きなウェイトを占めるタイプ

ドライブバイダウンロード型（ガンブラー攻撃）	特定のWebサイトを攻撃することで、そのサイトを閲覧したユーザーが自動的にウイルスに感染する
DDoS攻撃（協調分散型DoS攻撃、Distributed Denial of Service attack）	大量のリクエストを同時に送り付け、相手サーバーをダウンさせるように攻撃する
ルートクラック	OSにおけるコンピューターの最上権限であるルート(root)アカウントで進入し、情報ファイルの改ざん、盗難、破壊、ウイルスのインストールを行うように攻撃する
SQLインジェクション攻撃	データベースへの問い合わせや操作を行うプログラムにパラメータとしてSQL文の断片を与えることにより、データベースの改ざん、情報の入手を行うように攻撃する

12-01　クラッキングの種類

場合には、以下の２つの事柄について速やかに公表することが、事態の沈静化につながります。

・ワーストケースでの、被害範囲およびユーザーが取るべき対応策
・ワーストケースでの、被害者に対する補償の範囲

セキュリティ対策については、技術部門だけの問題としてではなく、インターネットマーケティングを行う上でのすべての部署に関連している重要課題と捉え、コンプライアンス対策的、CSR 的なアプローチも必要となっています。

この項目の POINT

- 近年消費者の発言権は非常に大きくなってきている。
- 消費者、消費者団体、消費者庁などで、インターネットとコンプライアンス、CSR の問題について関心が高まってきている。
- セキュリティ対策は、もはや企業や組織の社会的責任といえる。

12-2 これらの問題へのアプローチ

この困難な問題に対処するための方法論について考えていきます。

12-2-1　共通しているのは消費者課題という考え

これらインターネットと企業コンプライアンス、CSRという問題は一見すると非常に多岐にわたっており、また違法性の有無で一律に判断することもできず、判断が難しいテーマです。

しかし、本質的には「消費者課題」というテーマに集約されると考えることができます。消費者課題とは、CSR（企業の社会的責任/ISO26000）で唱えている、企業と消費者とのあるべき関係についての論理です。そこで、まず、CSRについて見ていきます。

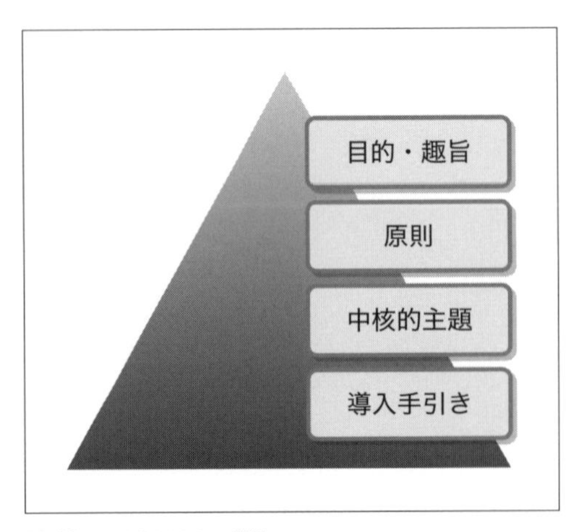

12-02　ISO26000の構造

ISO26000とは、ISO（国際標準化機構）が作成したもので、企業、省庁、NPOなどのあらゆる組織の社会的責任のあり方について定めたグローバルスタンダードです。「すべての組織は社会の持続可能な開発に貢献しなくてはならない」という趣旨が、まずは掲げられており、この趣旨の下、『7つの原則』、『7つの中核的主題』、『6つの導入手引き』から成ります。

『7つの原則』

CSRを考える上での基本となる姿勢、原理。

・説明責任
・透明性
・倫理的な行動
・ステークホルダーの利害の尊重
・法の支配の尊重
・国際行動規範の尊重
・人権の尊重

『7つの中核主題』

CSRに取り組む際に生じるであろう課題や問題の中で、最も重要になると思われる課題や問題を、重要テーマとして抽出したもの。

・組織統治
・人権
・労働慣行
・環境
・公正な事業慣行
・消費者課題
・コミュニティへの参画及びコミュニティの発展

『6つの導入手引き』

実際に組織がCSRを実践する際に有効と考えられる手法、方法。

・組織の社会的責任の理解
・組織全体に社会的責任を取り入れるための方法
・社会的責任に関するコミュニケーション

・社会的責任に関する組織の信頼性の向上
・社会的責任に関する組織の行動および実践のレビューおよび改善
・社会的責任に関する自主的イニシアチブ

12-2-2　消費者課題という考えをどのように用いるのか

消費者課題は、『7つの中核主題』の中の1つで、企業の社会的責任を考える上で、対消費者問題をまとめたものです。以下の7項目より成ります。

(1) 公正なマーケティング、情報および契約慣行

消費者が正しく判断できるように、十分な情報提供、虚偽や隠ぺいをしないこと。また、社会的影響および環境的影響に関する情報を提供すること。

(2) 消費者の安全衛生の保護

消費者のリスクを最小限に抑えた安全な商品・サービスを提供し、安全な使用のための情報提供をすること。また、販売後にリスクが現れた場合や重大な欠陥があったことがわかった場合は、適切な手段によってリコールを行う仕組みを持つこと。

(3) 持続可能な消費

ライフサイクル全体を考慮しながら、社会的・環境的に有益な商品・サービスを消費者に提供すること。また、消費者が意思決定をするための情報を提供すること。

(4) 消費者に対するサービス、支援、並びに苦情および紛争の解決

製品・サービスを販売後に、適切な使用方法やパフォーマンスが不完全な場合も返品、修理、保守などの適切な救済を受けられること。また、アフターサービスやアドバイスなどの仕組みを提供すること。

(5) 消費者データ保護およびプライバシー

消費者個人に関するデータについて、取得する情報の種類やデータ取得・使用・保護の方法を限定することで、消費者のプライバシーを守ること。

(6) 必要不可欠なサービスへのアクセス

水道などの生活に必要不可欠なサービスについて、合理的な猶予期間を与えることなくサービスを打ち切らないことなど、生活困窮者に配慮すること。

(7) 教育および意識向上

消費者が自らの権利や責任を十分に知り、より良い判断のもとに購入の意思決定をし、責任をもって消費できるように、消費者の教育、意識向上に努めること。

消費者との間で生じる問題は、この７つの消費者課題のテーマに基づいて整理すると、問題の本質と、企業として取るべき対処法の骨格が見えてきます。常にこの７つの項目に立ち返り、問題の本質に目を向ける習慣を身に付けることが、問題解決への近道です。

しかし、これら対消費者の問題には、企業側が際限なく対応を求められ続けるというリスクもあります。

ここで重要になってくるのが、消費者とのきめ細かなコミュニケーションと、ポリシーの整備です。

企業が、どの様な理念、ポリシーに則って、消費者との問題という重要課題に取り組んでいるのかについて、消費者に理解してもらうことが大変重要です。

具体的には、各種消費者団体、NPOなどと定期的に意見を交換する機会を作ると良いでしょう。互いの理解を深め、同時に問題点や論点について認識を共有しておくことが重要です。

この項目のPOINT

- ISO26000の消費者課題という考えが、この問題に対するアプローチとして有効。
- 消費者との適切なコミュニケーションが本質的に重要。

付録

過去問題

過去問題

【問題 1】　インターネットマーケティングの基礎理論に関する次の文章の空欄にあてはまる語句の組み合わせとして、適切なものはどれか。

インターネットが持つ様々な効果を加味した行動理論の一つに（　A　）モデルがある。これは、（　B　）から始まり、Share で終わる心理過程を辿るモデルである。このモデルの特徴の一つに、Share の段階で発信された情報が（　B　）や（　C　）のステージにフィードバックされるというものがある。インターネットが持つ様々な効果を加味した行動理論のモデルには、他にも（　D　）などがある。

選択肢	A	B	C	D
ア	アイドマ	Attention	Interest	ISM
イ	アイドマ	Action	Interest	AISCEAS
ウ	アイサス	Attention	Search	AISCEAS
エ	アイサス	Action	Search	ISM

【問題 2】　インターネットで利用される各種端末に関する次の記述のうち、不適切なものはどれか。

ア．パソコンの利用シーンの特徴として、「じっくりと観察、検討することが求められる状況」や「容量の大きいデータをやり取りする状況」などが挙げられる。
イ．レスポンシブ対応とは、パソコン用サイトとスマートフォン用サイトをまったく同じデザインに表示させることである。
ウ．スマートフォンは、端末にアプリケーションをインストールし、カードリーダーやリモコンとして使用することができる。
エ．携帯電話は一般的にスマートフォンよりシンプルな作りになっており、特に高齢者などには一定の需要がある。

【問題3】　Webサイトを作成する際、画面のデザインをするときに用いられる代表的なソフトウェアとして、適切なものはどれか。

ア．Safari
イ．Microsoft Visual Studio
ウ．FTP
エ．Illustrator

【問題4】　各種サイトの特徴などに関する次の記述のうち、不適切なものはどれか。

ア．コーポレートサイトは、企業のホームページであり、プレスリリースが掲載される場合がある。
イ．LINEの通話機能などのインターネット電話は、IPコントローラーだけでなくアクセスコントローラーのレベルで通話を制御しており、通常の電話より音声が途切れにくい。
ウ．ブログは、2000年代初頭から日本のインターネット文化の中心として親しまれており、ブログ上に記載されている内容はユーザーが本音で書いている場合も多く、マーケティングの観点から見ても重要性がある。
エ．ショッピングモール型ECサイトは、大手ポータルサイトが運営していることが多く、集客力に優れている。

【問題5】　インターネットの技術知識に関する次の記述のうち、適切なものはどれか。

ア．インターネットマーケティングでは、主にサイトの階層や内容について把握していればよいので、サイトを構成しているプログラミングについての知識は必要とはいえない。
イ．セキュリティ対策が充実していることは、ユーザーに大きく支持される要因になる。
ウ．クラウド上でデータをやり取りする際は、特に情報セキュリティ対策は必要ではない。
エ．検索エンジン対策を行なうコンサルティング会社と折衝する際、技術的な知識が必要となってくる場合はほとんどない。

【問題6】 インターネットの構造などに関する次の記述のうち、適切なものをすべて挙げたものはどれか。

1．異なるOSであっても通信が可能な場合、これはTCP/IPという共通のプロトコルを使用しているといえる。
2．サーバー専用OSには高い安定性や堅牢性が求められるが、これはサーバーに不具合が生じると莫大な損失が発生するためである。
3．OSIとは、ネットワーク上の異なるコンピュータシステムで、データ通信を実現するためのネットワーク設計方針を定めた規格である。
4．ルーターは受け取ったプラグインに応じて優先的に転送したり、フィルタによって転送せずに破棄したりするなど、プラグインの選別機能、フィルタ機能、経路情報の管理機能などを備えている。

ア．1と2と3
イ．1と2と4
ウ．3と4
エ．すべて

【問題7】 検索エンジンに関する次の記述のうち、不適切なものはどれか。

ア．ロボット型検索エンジンでは、クローラーなどのロボットがWebサイトを巡回している。
イ．検索エンジンがWWW上のあらゆる情報を収集することをクローリングといい、収集した情報を分類することをインデキシングという。
ウ．ディレクトリ型検索エンジンは、独自のアルゴリズムを用いて、ある特定の情報のカテゴリー検索を行なう。
エ．検索エンジンには、ロボット型検索エンジンとディレクトリ型検索エンジンがあるが、現在はどちらも半々で使われている。

【問題8】 プログラムの制作過程やプログラミング言語に関する次の記述のうち、適切なものの組み合わせはどれか。

1．Android向けアプリケーション開発を行なう場合、使用するプログラミング言語にはC言語が挙げられる。

2．PHP は HTML 文書中にプログラムを埋め込む記述方式やデータベースとの連携に優れた特徴の言語である。
3．開発工程中にバグが発生したときの修正作業を、デバッグという。
4．デプロイとは、外部システムと連携する際にデータのやり取りの方法などを設計するフェーズである。

ア．1と2
イ．1と4
ウ．2と3
エ．3と4

【問題 9】 情報セキュリティ対策に関する次の記述のうち、不適切なものはどれか。

ア．適切な情報セキュリティ対策を行なう上で提唱されているツールの一つに「事業継続計画策定ガイドライン」があり、企業に存在するリスクの洗い出しや、それに対する対策の検討などを示している。
イ．入力フォームに不正な値を入力されると、不正な SQL 文が発生する場合がある。その際、データベース内の情報が改ざんされたり、さらなる他社への攻撃の踏み台として利用されたりするおそれがある。
ウ．ファイアウォールとは、企業などの組織内からインターネットへ接続する際に、直接接続できないコンピューターに代わって接続を行なうコンピューターである。ファイアウォールの設置は、情報セキュリティ対策の技術的アプローチとして適切である。
エ．Web サイトを SSL に対応させるためには、認証局に申請してサーバー証明書を発行してもらう必要がある。このとき、より信頼度の高いサーバー証明書は、費用も高く、審査も厳格になる。

【問題 10】 インターネットマーケティングを行なう上での考え方に関する次の文章の空欄にあてはまる語句の組み合わせとして、適切なものはどれか。

現在、インターネットマーケティングにおけるプロモーションの手法は多岐にわたっている。企業は自社にとって最も費用対効果の高いプロモーション手法を選択しなくてはならない。その際に重要なことは、リサーチ⇒オペレーション⇒バリデーションの循環で行なわれる、ROV サイクルの実施である。

ROV サイクルのうち、リサーチの段階では、以下の二つの評価・調査を実施する。

①インターネット上での（　　A　　）に対する評判や評価の調査。

②自社で運営する企業や商品に関する Web サイトには、現在どのような属性のユーザー（消費者）が、どのような経路や頻度で訪問しているのかの調査。

これらのリサーチによる結果をもとに、具体的なプロモーションの手法を企画、実施する。

ROV サイクルのうち、オペレーションの段階で行なわれるのは、各種プロモーション対策の実施である。ここで行なわれるプロモーション対策とは（　　B　　）である。

ROV サイクルのうち、バリデーションの段階で行なわれるのは、オペレーションで行なわれた各種プロモーション手法の効果の検証である。どのような属性のユーザーに対し、どの程度のスパンで、どのような効果があったのか検討する。

これら三つの工程の中で、オペレーションは主に（　　C　　）が得意としている。それに対して、リサーチやバリデーションは（　　D　　）が得意としている。

選択肢	A	B	C	D
ア	競合他社や競合他社の商品	広告とPR	インターネットマーケティングを専門に行なうコンサルティング会社	SEO 対策会社
イ	競合他社や競合他社の商品	PR	広告代理店	インターネットマーケティングを専門に行なうコンサルティング会社
ウ	自社や自社商品	PR	インターネットマーケティングを専門に行なうコンサルティング会社	SEO 対策会社
エ	自社や自社商品	広告とPR	広告代理店	インターネットマーケティングを専門に行なうコンサルティング会社

【問題11】 インターネットリサーチに関する次の記述のうち、<u>不適切なもの</u>はどれか。

ア．分析型（アナライズタイプ）とは、インターネット上の情報を収集、分類し、それらの情報を分析するといった手順でリサーチを進めていく方式である。
イ．質問型（アンケートタイプ）のインターネットリサーチには、オープンタイプとクローズタイプがあり、両者とも特定多数のみの回答を収集するといった特徴がある。
ウ．分析型（アナライズタイプ）のインターネットリサーチは、インターネット上で意思表示しないユーザーの情報を把握することが困難なため、オフラインリサーチと組み合わせて調査する必要がある。
エ．質問型（アンケートタイプ）のインターネットリサーチのうち、定性調査では、統計的な数値を得たり一般化したりすることが困難である。

【問題12】 各種オフラインリサーチの特徴に関する次の記述のうち、<u>不適切なもの</u>はどれか。

ア．会場集合調査は面接調査の一つであり、回収率が高く、なりすましの危険がないといった特徴がある。
イ．ホームユーステストは非面接調査の一つであり、試作品などを実際に試用してもらい、その感想を集める方法である。デメリットとして、情報漏えいやなりすましの危険性がある。
ウ．街頭調査は面接調査の一つであり、街頭やショッピングモールなどの人が集まるところで直接調査をする方法である。回答者の外見や実施場所から対象となる回答者を選別することができるため、なりすまし防止や高い回答率が期待できる。
エ．電話調査は非面接調査の一つであり、回答者に電話をかけて調査する方法である。訪問調査と比較したときに、コストや時間がかかるといったデメリットがある。

【問題13】 インターネットマーケティングにおけるPR手法などに関する次の文章の空欄にあてはまる語句の組み合わせとして、適切なものはどれか。

昨今、企業サイトが検索エンジンの上位に表示されることが、その企業やサービスへの信頼性に繋がってきている。自社のWebサイトがどのようなキーワードで検索されたときに何位以内に表示されるかについてプランニングを行うことを、(　　A　　)と呼ぶ。

(　　A　　)の方法は、大きく分けて二つある。一つ目は広告を用いる方法である。二つ目は、検索エンジンが読み込むサイトのプログラムである(　　B　　)を検索エンジンが読みやすいように調整することで上位表示させる方法である。これがSEO対策と呼ばれるものである。

SEO対策を実施した場合、効果について定期的に検証し、改善を行なっていくことが重要である。具体的には、(　　C　　)を用いて、実際にどれくらいの数のユーザーが、どの検索キーワードからサイトに訪問しているのかを調査する方法がある。また、(　　D　　)に申し込むと自社のWebページに検索内容に応じた広告が自動的に表示され、その広告がクリックされると、Webサイトのオーナーが収益を獲得できるというサービスがある。

選択肢	A	B	C	D
ア	COI	HTML	Google AdSense	Google Search Console
イ	COI	CSS	Google Analytics	Google AdSense
ウ	SEM	CSS	Google AdSense	Google Search Console
エ	SEM	HTML	Google Analytics	Google AdSense

【問題14】 インターネットマーケティングにおける口コミ対策に関する次の記述のうち、適切なものはどれか。

ア．オンラインメディアセンターを設置することにより、その企業の商品のユーザー同士で意見の交換や疑問・回答のやり取りを行なうことが可能になる。
イ．既存のユーザーや芸能人に、インセンティブを設けて商品やサービスを紹介、宣伝してもらうことはあってはならない。
ウ．SNSは評価を製造するスペースであり、多くの企業がSNSに注目し、SNS内で自社商品のブームを起こそうと対策を行なっている。
エ．バイラルマーケティングとは、商品やサービスのポジティブな意見を意図的に拡散する手法である。

【問題 15】 Web サイトのユーザビリティとデザインなどに関する次の記述のうち、不適切なものはどれか。

ア．ISO 9241-11 では、ユーザビリティとは、有効性、効率性、満足度、利用状況と定義されている。このうち満足度は、ユーザーがサイトを使用するに際して、不快さを感じる場面がいかに少ないかで定義されている。

イ．カラーマネジメント（色彩計画）は、ユーザーの心理に対して影響が大きいので十分考慮する必要がある。

ウ．Web サイトを作成する上で最も重要となるのは、できるだけ長い時間、ユーザーをサイト内に留めておくことである。そのため、Web サイトのファーストビューはそれほど重要ではない。

エ．Web サイトのユーザビリティとして、重要なコンテンツはスクロールせずに閲覧できるよう設定することが望ましい。

【問題 16】 インターネットとマスメディアに関する次の文章の空欄にあてはまる語句の組み合わせとして、適切なものはどれか。

より多くの人に、特にイメージ的な情報を確実に伝えようとするならば、（　　A　　）を用いた PR や広告は有効である。インターネットマーケティングとマスメディアは、それぞれの相関関係を常に念頭に置きながら、戦略を考える必要がある。

その際、重要な考え方として、クロスメディアという考え方がある。クロスメディアでは、コンタクトポイントを中心に戦略を練っていくのがセオリーである。コンタクトポイントとは、消費者との接触ポイントを意味し、例えば（　　B　　）コンタクトポイントは、まだ商品のニーズすら感じていない消費者へのコンタクトを意味する。コンタクトツールのうち、（　　C　　）は購入後コンタクトポイントに該当する。

クロスマーケティングにおける Web サイトの役割を考える上で重要な視点は、クロージングとの（　　D　　）である。

選択肢	A	B	C	D
ア	マスメディア	購入前	小売り店舗	距離感
イ	インターネット	影響	小売り店舗	信頼感
ウ	インターネット	購入前	商品	信頼感
エ	マスメディア	影響	商品	距離感

【問題 17】 インターネット広告に関する次の記述のうち、不適切なものはどれか。

ア．インターネット広告を出稿するとき、広告の内容や分量、価格的な部分の調整まで行なわなければならないため、広告を出稿する側にもインターネットマーケティングの知識が求められる。
イ．プッシュ型広告には、プレスリリースが該当する。
ウ．クリック率を上げるために、ユーザーに強制的に広告を見せることはやむを得ないといえる。
エ．プル型広告には、バナー広告やテキスト広告が該当する。

【問題 18】 インターネット広告に関する次の記述のうち、適切なものの組み合わせはどれか。

1．リスティング広告は、広告として精度が高い。
2．リスティング広告の広告文は、広告を出してから一定期間内は変更できないため、広告を出す前によく吟味することが重要である。
3．Web 広告の一つに、コンテンツ連動型広告がある。
4．キーワードを選出する際にスモールキーワードを選択した場合、全体の検索数は減るが、低予算で他社との競合を避けながら、コンバージョンの可能性の高いユーザーに効率よくアプローチすることができる。

ア．1と3
イ．2と3
ウ．1と4
エ．2と4

【問題 19】 以下の文章はある広告の種類について述べたものである。該当する広告として、適切なものはどれか。

特定のソフトウェアの利用者に対して配信する広告である。利用者は広告を閲覧することによって、そのソフトウェアやそれに付随するサービスを無料で利用できる場合が多く、スマートフォンの普及とそれに伴うスマートフォンアプリ市場の拡大と共に、市場が拡大している。

ア．お財布携帯決済連動型広告
イ．iBeacon
ウ．アドネットワーク広告
エ．アプリケーション連動型広告

【問題 20】 インターネット販売に関する次の記述のうち、不適切なものはどれか。

ア．ネットショップもインターネットモールも、企業がインターネット上でECサイトを自社で運営し、消費者に商品を販売する形態である。
イ．EC市場の中で一番規模が大きいものはBtoBであり、主にeマーケットプレイスと電子調達の二つに分けられる。
ウ．BtoCの取引では、スマートフォンを使用した取引が拡大しており、今後もさらなる拡大が見込まれている。
エ．ダウンロードショップは、在庫リスクを持たずに運用できる場合が多く、また、商品の輸送といったフェーズがないため、輸送コストが発生せず、海外展開が容易といった大きな特徴がある。

【問題 21】 インターネット販売に関する次の文章の空欄にあてはまる語句の組み合わせとして、適切なものはどれか。

ISMの考え方によると「客単価」は、動線長、立寄率、買い上げ率、買い上げ個数、商品単価によって決定されている。これらの要素をECにあてはめると、動線長は（ A ）、買い上げ個数は（ B ）と表すことができる。

ISM的アプローチで考えると、自社のネットショップやインターネットモールが、どの段階で行き詰っているのかが見えてくる場合が多い。例えば、同じインターネットショップやインターネットモールの中で、ある商品は販売数自体が少ないのに、レコメンデーションを経由しての購入割合は非常に高いといった場合、ユーザーがレコメンデーション以外の方法でその商品に辿りつくことが困難になっている可能性ある。これは、ISM的視点で考えたときに、（ C ）といえる。

また、インターネットモールやネットショップをリアル店舗と比較すると、（ D ）が発生しやすいといった特徴がある。

選択肢	A	B	C	D
ア	サイト内の滞在時間	コンバージョン数	立寄率が低い	ついで買い
イ	サイト内の滞在時間	インプレッション数	動線長が短い	急ぎ買い
ウ	個別の商品やショップのページの閲覧回数	コンバージョン数	動線長が短い	ついで買い
エ	個別の商品やショップのページの閲覧回数	インプレッション数	立寄率が低い	急ぎ買い

【問題22】 サーバーログ型アクセス解析ツールの特徴に関する次の記述のうち、不適切なものはどれか。

ア．月別や日別など、過去に遡ってログを解析することができるため、一定の時間軸でのデータを得ることができる。
イ．ユーザーが「戻る」ボタンを使用した場合やサイトにどれくらい滞在していたかなど、サイト上でのユーザーの細かい行動に関しては、正確に計測することが困難な場合がある。
ウ．画像ファイルやPDFなど、幅広い解析を行なうことができる。
エ．Webサーバーに流れるトラフィックを直接測定・解析し、リアルタイムでの解析を行う。

【問題23】 効果測定に関する次の記述のうち、不適切なものはどれか。

ア．一つのプロジェクトで複数のKPIを設定した場合、そのうちのいくつかは数値化できない抽象的な努力目標を設定しておくのが望ましい。
イ．リファラーとは、あるWebページに訪れる直前にどのWebページを見ていたかという参照元のページを指す。
ウ．セッション数とは、ある一定期間内でのWebサイトへの訪問回数であり、例えば一定期間を30分とした場合、同じユーザーが30分後に再びWebサイトを訪問した場合には、2セッションとなる。
エ．KPIは、プロジェクトの最初に設定する。

【問題 24】 外注会社の管理や契約形態などに関する次の記述のうち、適切なものの組み合わせはどれか。

1．外注企業の業務の進行状況を管理する際、原則として定期報告書以外の書類を求めることはできない。
2．広告代理店と折衝するときに重要となるのは、中長期単位での総合的なプロモーション戦略に則った提案を求めることである。
3．SLA は、通常の契約書に反映させることが難しい内容を記載した、別添的な書類である。
4．請負契約では、完成物のイメージが注文者と請負人との間で異ならないように、最初に仕様内容や品質基準を確定しておく必要がある。

ア．1と2
イ．1と3と4
ウ．2と3と4
エ．すべて

【問題 25】 ソーシャルメディアポリシーに関する次の記述のうち、不適切なものはどれか。

ア．「マイノリティに対する配慮」「機密情報の漏えい防止」は、ソーシャルメディアポリシーを制定する上で取り入れるべき観点や価値観である。
イ．「適正取引に支障をきたす可能性がある発言の回避」は、ソーシャルメディアの運用とは関係なく、取り入れることでむしろ顧客満足（CS）の低下につながる可能性がある。
ウ．ソーシャルメディアポリシーを導入することによって実現させたい未来像は、ソーシャルメディアポリシーで制定するべき項目である。
エ．ソーシャルメディアについての問い合わせ先は、ソーシャルメディアポリシーで制定するべき項目である。

【問題 26】 プライバシーポリシーに関する次の記述のうち、適切なものはどれか。

ア．不正アクセスとは、社内の情報セキュリティへのアクセス権限を持つ者が不注意で情報を漏えいさせてしまうことであり、そのような事態を防止するためにも、プライバシーポリシーの制定は必要である。
イ．プライバシーポリシーを制定する際は、「社内で個人情報を扱う部署などの範囲」「個人情報の利用目的」を盛り込む必要がある。
ウ．今後は、個人情報を扱っていくサービスは下火になっていくと予想されているため、企業は最低限の個人情報の取り扱いに気をつければよい。
エ．一度決定したプライバシーポリシーは、変更してはならない。

【問題 27】 情報セキュリティポリシーに関する次の記述のうち、不適切なものはどれか。

ア．情報セキュリティを包括して行なう、情報セキュリティ委員長を代表取締役とする情報セキュリティ委員会などを設置し、そこを意思決定機関とすると、組織の透明性を担保できる。
イ．議事録や報告書などをしっかりと作成するなどして、活動の実績を対外的に示すことができるようにしておくことが重要である。
ウ．情報セキュリティポリシー制定の工程で最も重要なのが、情報セキュリティ委員会や外部委員会などの設置であり、次に重要なのはリスク分析である。
エ．情報セキュリティポリシーは、それぞれの企業にあったポリシーを制定する必要がある。

【問題 28】 不正競争防止法に関する次の記述のうち、適切なものの組み合わせはどれか。

1．クラッキングは、営業秘密の不正取得行為等には該当しない。
2．ドメイン名の不正取得等の行為とは、自己の利益を図ったり、他人に害を加える目的で、他人の氏名、商号、商標などと同一または類似のドメインを使用する権利を取得し、保有する行為やそのドメイン名を使用したりする行為をいう。
3．商品形態模範行為とは、最初に販売された日から３年以内の他人の商品の形態を模倣した商品を譲渡し、貸し渡し、譲渡もしくは貸渡しのために展示し、輸出し、輸入する行為をいう。
4．著名表示冒用行為とは、他人の商品、営業の表示として需要者の間に広く認識されているものと同一または類似の表示を使用し、その他人の商品や営業と混同を生じさせる行為をいう。

ア．1と2
イ．1と4
ウ．2と3
エ．3と4

【問題29】 個人情報保護法に関する次の記述のうち、適切なものの組み合わせはどれか。

1．オプトアウト手続により個人データを第三者提供しようとする者は、オプトアウト手続を行なっていること等を個人情報保護委員会へ届け出ることが必要である。
2．個人情報取扱事業者は、本人から苦情などの申し出があった場合は、適切かつ迅速な処理に努めなければならず、個人情報取扱事業者は苦情の窓口の設置、苦情処理手順の策定等必要な体制を整備しなければならない。
3．個人識別符号とは、特定の個人の身体の一部の特徴を電子計算機のために変換した文字、番号、記号その他符号、対象者ごとに異なるものとなるように役務の利用、商品の購入又は個人に発行されるカードその他書類に記載された符号をいう。
4．個人情報取扱事業者は、個人データの取り扱いを委託先に任せてはならない。

ア．1と2と3
イ．1と2と4
ウ．1と4
エ．2と4

【問題30】 インターネットマーケティングを行う上で関係する各種の法律やそれに関連する知識に関する次の記述のうち、適切なものの組み合わせはどれか。

1．電子署名法は、電子署名とその認証に関する規定を定めたもので、電子署名が実際の紙媒体などの署名や押印と同様の効力を有することで、電子商取引などの経済活動の適正化や活性化を図るものである。
2．電子契約法とは、インターネット上で権利侵害などのトラブルがあった際の罰則などについて定めたものである。
3．プロバイダ責任制限法によると、被害者が正当な理由がある場合は、情報発信者の情報開示を請求できる。
4．ウイルス作成罪は、ウイルスを作成・所持した時点で処罰の対象となる。

ア．1と3
イ．1と3と4
ウ．2と3
エ．2と4

【問題 31 ～ 35】　次の事例を読み、問題 31 ～ 35 に答えよ。

X社は、家電製品を扱う企業でありBtoC向けのECサイトを保有している。X社のマーケティングは基本的に自社のマーケティング部門が行なっている。

【問題 31】 次の文章は、マーケティング部門の新人研修における講師の説明である。下線部（A）～（D）のうち、インターネットマーケティング上、不適切なものはどれか。

マーケティングにおけるスタンダードな理論の一つに、4P理論と呼ばれるものがあります。これはマーケティングを製品戦略、価格、流通経路、販売促進の四つのステージに分類する考え方であり、インターネットマーケティングにおいても有効です。製品戦略のステージでは、まずどのような商品やサービスが消費者に求められているのかを調査することが重要です。（A）他社の類似商品の情報が、どのようなインターネット上の情報経路を経て流通しているかを調査することにより、後に自社商品の情報が流通するであろうインターネット上の経路を予測、把握することが可能になります。価格のステージでは、これまで企業が消費者に価格を提示し、次いで消費者がその価格を受け入れるかどうか判断するというステップが取られてきました。（B）インターネットマーケティングにおいては、企業が最初に提示する価格はそれほど重要ではなく、むしろ競合他社が価格を調整した場合に、速やかに自社の商品も価格調整を行なうことが重要です。流通経路は、インターネットの普及によって大きな影響を受けているステージです。（C）法人向けの倉庫貸し出しサービスや決算代行サービスなども台頭しており、企業にとっては、各種運送サービス、決済代行サービスを詳細にリサーチすることが重要です。販売促進のステージは、インターネットマーケティング特有の事柄が多数存在しています。例えば、（D）ある商品の情報について「どのような情報経路を辿る可能性が高いのか」、「どの様な情報経路を辿ると良い結果を生む可能性が高いのか」を把握した上で、最適な情報経路を確保するために広告などを行なうという思考が必要です。

ア．下線部（A）
イ．下線部（B）
ウ．下線部（C）
エ．下線部（D）

【問題32】 X社のマーケティング部門がサイトのKPIの調査を行なったところ、1人当たりの1回の購入における平均売上高が高いにもかかわらず、コンバージョン率が低いことが判明した。原因は、商品構成が偏っている可能性が考えられる。コンバージョンを改善するためにX社が行なうべき対策として、最も適切なものはどれか。

ア．マスメディアでの広告と組み合わせたプロモーションを実施すること
イ．オンラインセミナーを実施すること
ウ．ロングテール的アプローチを実施すること
エ．LPO対策を実施すること

【問題33】 X社のマーケティング部門はアクセスログの解析を行なった。アクセスログ解析の調査や分析に関する次の記述のうち、適切なものはどれか。

ア．自社サイト内におけるユーザーの行動パターンを解析することによって、典型的なユーザーの行動を把握することができる。また、検索エンジンのキーワードごとにユーザーの経路をリストアップすることによって、ユーザーに人気の経路を知ることができる。
イ．広告や他のサイトのリンクからアクセスが多いにも関わらず、検索エンジン、広告、他サイトからのアクセスが少ない場合、自社サイトのコンテンツに何らかの問題があり、ユーザーのニーズに応えられていない可能性がある。
ウ．新規ユーザーが多いにもかかわらずリピーターが少ない場合、SEO対策に問題がある可能性が高い。
エ．自社サイトのアクセス状況を知るために、ユーザーがいつサイトを訪問しているかをチェックする際、大まかな区切りとしては、日、週、月、年単位で割り出すのが望ましく、それより細かい単位で算出してもあまり意味はない。

【問題34】 X社は、SNSや広告を用いてより積極的に製品の宣伝活動を行なった。宣伝活動に関する次の記述のうち、不適切なものはどれか。

ア．X社がより積極的に踏み込んで口コミ発生を仕掛けていく場合、これはリレーションシップマーケティングに該当する。
イ．主にSNSでの情報発信によって世間に対して大きな影響を与える人物を、インフルエンサーという。
ウ．LINEは拡散力こそ高くないが、炎上リスクが他のSNSよりも相対的に低く、クーポン配信ができるため、BtoCにおいては手堅い広告手法である。
エ．外部の会社にPR活動を依頼した場合、X社に監視責任が発生する。

【問題35】 X社がサービスのレピュテーションチェックを行った際、ネガティブ情報を発見した。X社が取るべき対策として、最も適切なものはどれか。

ア．DBマーケティング
イ．プッシュダウン
ウ．One to Oneマーケティング
エ．ドアウェイページの活用

【問題36～37】　次の事例を読み、問題36～37に答えよ。

Y社はWebサイトの制作やインターネットマーケティングを請け負う会社である。このたびY社は、ある小売店からWebサイトの制作とSEO対策を引き受けることになった。

【問題36】 動的サイトと静的サイトに関する次の記述のうち、不適切なものはどれか。

ア．静的サイトは安価なサーバーでも開設できるといったメリットがある。
イ．静的サイトはCMSなどを利用して作成される場合が多い。
ウ．サーバーの負荷処理などのトラブル回避のために、サーバーや通信回線に費用をかける必要がある。
エ．掲示板やショッピングサイトなどの、ユーザーがフォームに入力した内容やデータベースから必要なデータを取得してページを作成するタイプのWebサイトは、動的サイトに分類される。

【問題 37】 Web サイトのコーディングや SEO 対策において重要となる、タグに関する次の記述のうち、適切なものはどれか。

ア．meta タグは検索エンジンやブラウザに対して、その Web ページが記載されている言語や何について記載されているかの情報を示すタグであり、メタ・キーワードとメタ・ディスクリプションがある。
イ．h1、h2、h3 は見出しを表すタグである。h1 が一番大きく表示されるため、デザイン的に配慮する必要があるが、SEO 対策では、どの順番から使用しても構わない。
ウ．title タグは、Web ページのタイトルを定義するタグで、SEO 対策上、最も重要となる。検索エンジンに読み込まれる必要があるので、同じようなキーワード（例えば、病院、医院、クリニック等）は、できるだけ詰め込むことがポイントである。
エ．a タグは、Web ブラウザで画像が表示できないときに、画像の代わりに表示されるテキストを指定するためのタグである。音声ブラウザを用いたとき、a タグで設定した代替テキストが読み上げられるようになる。

【問題 38 ～ 40】 次の事例を読み、問題 38 ～ 40 に答えよ。

Z 社はこのたび、新商品αをリリースした。新商品の販売促進のための専用の広告ページを Web サイト上に作成した。
広告ページには簡単なアンケートがあり、アンケートに答えて応募フォームから申し込むと抽選で新商品αをプレゼントするといったキャンペーンを行うことにした。

【問題 38】 申し込みフォームに関する次の記述のうち、最も適切なものはどれか。

ア．スマートフォンのような画面の小さい端末では、誤操作を避けるために、必ずチェックボックスやラジオボタンを実装する。
イ．セレクトメニューはできるだけ多く盛り込む。
ウ．マルチブラウザ対応は避ける。
エ．郵便番号の入力補完は必ず実装する。

【問題39】 Z社がとるべきインターネットマーケティングの施策として、不適切なものはどれか。

ア．Googleオプティマイズを用いて、異なるテキストや画像を用いた複数のパターンのWebサイトを用意し、A/Bテストを行なってコンバージョンの達成率を調べる。
イ．例えば、広告ページのURLが【http://www. campaign.co.jp/】だった場合、wwwありの【http://www. campaign.co.jp/】とwwwなしの【http://campaign.co.jp/】の2パターンを用意しておき、アクセス数の多かった方を正規のURLとして採用する。
ウ．SNSでキャンペーンが拡散しやすいように、サイト内にソーシャルボタンを設置する。
エ．アンケートで収集した情報について、今回のキャンペーンでしか利用する予定がなくとも、プライバシーポリシーなどでこれらの個人情報の利用目的に触れておく。

【問題40】 Z社は、広告ページの制作をQ社に依頼することにした。契約や外注管理等に関する次の記述のうち、適切なものはどれか。

ア．派遣契約により、制作チームを一括でZ社に派遣してもらう場合、派遣されたスタッフの指揮監督、命令権はQ社にある。
イ．Z社がQ社のプライバシーポリシーやセキュリティポリシーを調査、検討することは、コンプライアンス上あってはならない。
ウ．請負契約の際、仮に広告ページの制作が完了しなかった場合は、Z社が支払う金額はその時点まで行なわれたQ社の作業分である。
エ．準委任契約を行なった場合、業務は原則として受任者であるQ社が行なわなければならない。

正答・解説

【問題 1】　　正答　ウ

インターネットが持つ様々な効果を加味した行動理論の一つに（A：アイサス）モデルがある。これは、（B：Attention）から始まり、Shareで終わる心理過程を辿るモデルである。このモデルの特徴の1つに、Shareの段階で発信された情報が（B：Attention）や（C：Search）のステージにフィードバックされるというものがある。インターネットが持つ様々な効果を加味した行動理論のモデルには、他にも（D：AISCEAS）などがある。

以上のことから、正答はウとなる。

【問題 2】　　正答　イ

ア：適切。パソコンがスマートフォンやタブレット、携帯電話に比べて機能的に有利な点は、主に画面の大きさにあり、「じっくりと観察、検討することが求められる状況」や「容量の大きいデータをやり取りする状況」などのシーンで利用されるといった特徴がある。

イ：不適切。レスポンシブ対応とは、Webサイトにおいて、アクセスしてきたユーザーのデバイスを判断し、パソコン用とスマートフォン用を適宜表示させる仕様である。

ウ：適切。スマートフォンには様々な使用パターンがある。例えば、LINEや各種ゲームアプリをインストールしたり、アプリケーションをインストールしたスマートフォンを、QRコードリーダーやリモコンとして使用したりするといった用途である。

エ：適切。スマートフォンの普及により、携帯電話の利用率は年々下降しているが、高齢者など比較的インターネットリテラシーの低い人々には一定の需要がある。

以上のことから、正答はイとなる。

【問題 3】 正答　エ

ア：不適切。Safari（サファリ）とは、Web ブラウザの 1 つである。Web ブラウザとは、インターネット上で Web サイトを閲覧するためのソフトウェアである。

イ：不適切。Microsoft Visual Studio（マイクロソフト ビジュアル スタジオ）は、マイクロソフトが開発・販売している統合開発環境である。Microsoft Windows オペレーティングシステム、Windows サービス、アプリケーションソフトウェア、Web サイト、Web アプリ、Web サービスなどの開発に使用されており、画面デザインをするときに用いられるソフトウェアではない。

ウ：不適切。FTP とは、TCP/IP ネットワークでファイルを転送する際に用いられるプロトコルの一種である。

エ：適切。サイト作成のデザイン部分で用いられるソフトウェアは、主にグラフィック系のソフトウェアで、代表的なものとしては Illustrator（イラストレーター）、Photoshop（フォトショップ）などがある。

以上のことから、正答はエとなる。

【問題 4】 正答　イ

ア：適切。コーポレートサイトは、企業のホームページを指す。一般的には、会社概要、プレスリリース、製品情報、IR 情報などが基本情報として掲載される。現在のコーポレートサイトは、様々な利害関係人とのコミュニケーションを行なう場へと徐々に変化しており、情報収集の場も兼ねている。

イ：不適切。インターネット電話は、IP コントローラーのレベルだけで音声データをやり取りする仕組みである。一方、通常の電話は、IP コントローラーだけでなくアクセスコントローラーのレベルで通話制御をしており、インターネット電話の方がレイヤーが低いといえる。その結果、インターネット電話では優先制御が効かず、比較的呼び出しを取り逃しやすかったり音声が途切れやすかったりする。

ウ：適切。書きたいから書いているというスタンスのユーザーも数多く存在し、ユーザーの本音を収集することができる。

エ：適切。ショッピングモール型 EC サイトは、例えば楽天市場のように多くのショップに参加してもらう形式のサイトである。

以上のことから、正答はイとなる。

【問題 5】　正答　イ

ア：不適切。インターネットマーケティングでは、アプリケーションなどのプログラミングに関する知識が直接必要とされる場面はそれほど多くないが、例えば自社の制作部門や制作会社とやり取りをする際に、間接的に必要となってくる場合がある。

イ：適切。近年、セキュリティ対策が不足している企業への批判が高まっている。このような風潮の中でセキュリティ対策が充実していることは、ユーザーに大きく支持される要因になるといえる。

ウ：不適切。近年のインターネット上のサービスでは、情報セキュリティ対策が必須の要件となってきている。これは、たとえクラウド上でデータのやり取りを行なう際でも、例えばファイルにパスワードをかけるなどして、情報漏えいを防ぐ努力が必要とされる。

エ：不適切。検索エンジン対策を請け負うコンサルティング会社は非常に多く、中には費用が高額で結果が伴わないといった苦情も多く発生している。技術面の理解を深めることは、これらのコンサルティング会社の実力を見抜く上で重要である。

以上のことから、正答はイとなる。

【問題 6】　正答　ア

1：適切。プロトコルとは、コンピュータ同士が通信する際の様々な約束事のことである。当然同じプロトコルを使用しなければ通信は成り立たない。プロトコルにも種類があり、例えばインターネットへ接続する場合には、TCP/IP プロトコルが使われる。この共通したプロトコルを使用することにより、異なる OS 同士でも通信が可能になる。

2：適切。多数のクライアントパソコンの接続要求に応えなければならないサーバーコンピュータには、サーバー用途に開発された専用の OS がインストールされていることが一般的である。サーバーは不具合が生じるとそれだけで莫大な損失を生む可能性があり、サーバー用 OS には何よりも安定性や堅牢さが求められる。

3：適切。OSI は開放型システム間相互接続とも呼ばれる。

4：不適切。ルーターは受け取った「IP パケット」により転送先の判断および管理を行なっている。プラグインは、ソフトウェアに機能を追加するプログラムのことである。

以上のことから、適切なものは1と2と3であり、正答はアとなる。

【問題7】 　　正答　エ

ア：適切。ロボット型検索エンジンでは、クローラーやスパイダーと呼ばれるロボットがWebサイトを巡回している。

イ：適切。検索エンジンは、WWW上のあらゆる情報を収集・蓄積し、その情報に検索をかけるが、そこでの収集をクローリングという。また、クローリングされた情報を検索エンジンが分類することをインデキシングという。

ウ：適切。ディレクトリ型検索エンジンは手作業で収集・分類するタイプの検索エンジンである。ロボット型検索エンジンにはないディレクトリ型検索の特徴として、図書館や職業別電話帳のように、大分類・中分類・小分類といったカテゴリーで検索できることがあげられる。

エ：不適切。現在はロボット型検索エンジンが主流である。

以上のことから、正答はエとなる。

【問題8】 　　正答　ウ

1：不適切。Android向けアプリケーション開発に用いられるのは、Java、Kotlinなどである。

2：適切。PHPは、Webアプリケーションの開発に適しているプログラミング言語である。サーバーサイドでコードが実行される。HTML文書中にプログラムを埋め込む方式や、データベースとの連携に優れているといった特徴がある。

3：適切。バグとは、システムが設計書通りに動かないことを指す。このバグの修正作業をデバッグという。

4：不適切。デプロイとは、実際にシステムが動作するサーバー上にプログラムを配置し、外部システムとの連携のための環境設定を行なって、ユーザーの使用するシステムとして動作可能な状態にする作業である。

以上のことから、適切なものは2と3であり、正答はウとなる。

【問題9】 　　正答　ウ

ア：適切。「事業継続計画策定ガイドライン」は、仮にIT事故が生じた場合でも企業活動を継続できることを示すためのモデルである。具体的には、企業に存在するリスクの洗い出し、それに対する対策の検討、復旧の優先順位づけなど、事業継続計画の構築を検討する企業に対して具体的な構築手順を示している。

イ：適切。悪意ある攻撃者が、入力フォームに不正な値を入力することによって不正なSQL文を生成させ、データベースを操作することをSQLインジェクション攻撃という。SQLインジェクション攻撃のリスクとして、データベース内の顧客情報などの機密情報の閲覧・流出、データベース内の各種情報の改ざん・消去、不正ログイン、システムの乗っ取り、他社への攻撃の踏み台としての利用などがある。

ウ：不適切。ファイアウォールとは、企業内などのネットワークと外部のインターネットを分離するシステムである。インターネットと内部のネットワークの境界線上にファイアウォールを設置する事で外部からの不正アクセスを防ぐことができる。

エ：適切。認証局から発行してもらったサーバー証明書にも信頼度の「格」があり、より信頼度の高いものほど費用も高く、審査が厳格になる。信用度の高い証明書であるほど、ユーザーが今通信しているサーバーはその企業のものであると信用することができるので、ユーザーに「安心できる信頼のあるサイト」であることをアピールすることとなる。

以上のことから、正答はウとなる。

【問題10】 正答　エ

現在、インターネットマーケティングにおけるプロモーションの手法は多岐にわたっている。企業は自社にとって最も費用対効果の高いプロモーション手法を選択しなくてはならない。その際に重要なことは、リサーチ⇒オペレーション⇒バリデーションの循環で行なわれる、ROVサイクルの実施である。

ROVサイクルのうち、リサーチの段階では、以下の二つの評価・調査を実施する。

①インターネット上での（A：自社や自社商品）に対する評判や評価の調査。

②自社で運営する企業や商品に関するWebサイトには、現在どのような属性のユーザー（消費者）が、どのような経路や頻度で訪問しているのかの調査。

これらのリサーチによる結果をもとに、具体的なプロモーションの手法を企画、実施する。

ROVサイクルのうち、オペレーションの段階で行なわれるのは、各種プロモーション対策の実施である。ここで行なわれるプロモーション対策とは（B：広告とPR）である。

ROVサイクルのうち、バリデーションの段階で行なわれるのは、オペレーションで行なわれた各種プロモーション手法の効果の検証である。どのような属性のユーザーに対し、どの程度のスパンで、どのような効果があったのか検討する。

これら三つの工程の中で、オペレーションは主に（C：広告代理店）が得意としている。それに対して、リサーチやバリデーションは（D：インターネットマーケティングを専門に行なうコンサルティング会社）が得意としている。
以上のことから、正答はエとなる。

【問題 11】　　正答　イ

ア：適切。分析型（アナライズタイプ）には、2つの大きな特徴（メリット）がある。1つ目はユーザーの生の声に近い、実態に即したデータが得られる可能性が高いことによる情報の信頼性の高さである。2つ目は情報経路が把握できるので、プロモーション戦略上、貴重な情報を入手できるということである。
イ：不適切。オープンタイプは不特定多数の回答者を許容する方法であり、クローズタイプは特定多数の回答を集める手法である。
ウ：適切。分析型のインターネットリサーチのデメリットとして、インターネット上で意思表示しないユーザーの情報を把握するのが困難である点があげられるが、これはある意味インターネットリサーチ全般の宿命的なデメリットであるため、オフラインリサーチと組み合わせて調査する必要がある。
エ：適切。定性調査では、詳細な理由や根拠まで把握することができる反面、統計的な数値を得たり、一般化したりすることが困難であるといった特徴がある。
以上のことから、正答はイとなる。

【問題 12】　　正答　エ

ア：適切。会場集合調査は、会場手配の手間や来場者数を確保できるかどうかといったデメリットがある。
イ：適切。ホームユーステストは、一定期間使用しないと効果や効能が分からない商品やサービスが対象となる場合が多い。
ウ：適切。該当調査は、実施場所によっては対象とする回答者が十分集まらない場合もある。
エ：不適切。前半部分は正しい。電話調査は、調査員が直接電話をかける方法とコンピューターが自動でかけ、音声案内をする方法があり、訪問調査に比べればコストや時間を大きく節約することができる。
以上のことから、正答はエとなる。

【問題13】　正答　エ

昨今、企業サイトが検索エンジンの上位に表示されることが、その企業やサービスへの信頼性に繋がってきている。自社のWebサイトがどのようなキーワードで検索されたときに何位以内に表示されるかについてプランニングを行なうことを、（A：SEM）と呼ぶ。

（A：SEM）の方法は、大きく分けて2つある。1つ目は広告を用いる方法である。2つ目は、検索エンジンが読み込むサイトのプログラムである（B：HTML）を検索エンジンが読みやすいように調整することで上位表示させる方法である。これがSEO対策と呼ばれるものである。

SEO対策を実施した場合、効果について定期的に検証し、改善を行なっていくことが重要である。具体的には、（C：Google Analytics）を用いて、実際にどれくらいの数のユーザーが、どの検索キーワードからサイトに訪問しているのかを調査する方法がある。また、（D：Google AdSense）に申し込むと自社のWebページに検索内容に応じた広告が自動的に表示され、その広告がクリックされると、Webサイトのオーナーが収益を獲得できるというサービスがある。

以上のことから、正答はエとなる。

【問題14】　正答　ア

ア：適切。オンラインメディアセンターとは企業が管理するサイトで、「その企業の商品のユーザー同士で意見の交換や疑問・回答のやり取りを行なう」「コアユーザーや記者への情報提供を行なう」ためのものである。商品などの疑問点や不満点について、ユーザー同士や自社のカスタマー対応社員などによってインターネット上で解決してもらうことで、問題の自然な解決を図ることが可能になる。

イ：不適切。既存のユーザーや芸能人などにインセンティブを設けたり、その他の工夫を凝らして、商品やサービスを周囲に紹介、宣伝したりしてもらうマーケティング手法を、バイラルマーケティングと呼ぶ。

ウ：不適切。SNSは評価を製造するスペースではなく、ある程度固まった評価を爆発的に拡散させるためのスペースである。ここを間違えると、コストをかけてもなかなか成果が上がらないといった状況に陥る可能性がある。

エ：不適切。バイラルマーケティングとは、企業、商品、サービス、ブランドに関する「口コミ」を意図的に広めるPR手法である。

以上のことから、正答はアとなる。

【問題 15】　正答　ウ

ア：適切。ユーザビリティとは、Web サイトにおけるユーザーの使いやすさを指す。ISO 9241-11 では、ユーザビリティは、有効性、効率性、満足度、利用状況と定義されており、それぞれの内容をしっかりと把握しておくことが重要である。
イ：適切。Web サイトにおけるカラーマネジメントを考える上では、色相、明度、彩度の 3 属性（マンセル・カラー・システム）と Web セーフカラーについて理解しておく必要がある。
ウ：不適切。ユーザーが Web サイトを初めて訪問した際に、自分の求めるサイトかどうかの判断は、平均 6 ～ 8 秒で行なうといわれている。広告や PR にコストをかけてユーザーを誘導しても、この短時間でのアピールに失敗すると離脱される可能性が高い。
エ：適切。重要なコンテンツを、スクロールせずに閲覧できるよう設定することは、Web サイトのデザインを決定するのに重要である。

以上のことから、正答はウとなる。

【問題 16】　正答　エ

より多くの人に、特にイメージ的な情報を確実に伝えようとするならば、（A：マスメディア）を用いた PR や広告は有効である。インターネットマーケティングとマスメディアは、それぞれの相関関係を常に念頭に置きながら、戦略を考える必要がある。

その際、重要な考え方として、クロスメディアという考え方がある。クロスメディアでは、コンタクトポイントを中心に戦略を練っていくのがセオリーである。コンタクトポイントとは、消費者との接触ポイントを意味し、例えば（B：影響）コンタクトポイントは、まだ商品のニーズすら感じていない消費者へのコンタクトを意味する。コンタクトツールのうち、（C：商品）は購入後コンタクトポイントに該当する。

クロスマーケティングにおける Web サイトの役割を考える上で重要な視点は、クロージングとの（D：距離感）である。

以上のことから、正答はエとなる。

【問題17】　正答　ウ

ア：適切。広告の内容や分量、価格的な部分の調整などを広告代理店に任せることも可能ではあるが、広告効果の検証の段階でインターネットマーケティングの知識が必要となってくる。

イ：適切。プッシュ型広告は、攻めの広告とも呼ばれ、顧客に対してダイレクトに働きかけていく広告である。プッシュ型広告には、メールマガジン、RSS、プレスリリースなどが該当する。

ウ：不適切。テレビCMのように広告を強制的に閲覧させることは、ユーザーの反感を買うおそれがあるため注意が必要である。

エ：適切。プル型広告とは、待ちの広告ともいわれ、消費者の需要を喚起し、その需要を自社の利益へと誘導していく方法である。プル型広告には、バナー広告、テキスト広告、CGM、SNS、PPC（リスティング広告）などが該当する。

以上のことから、正答はウとなる。

【問題18】　正答　ウ

1：適切。一般に、ユーザーがあるキーワードについて検索を行なうということは、そのキーワードについて関心や興味、もしくは何らかの欲求を備えている可能性が高い。そのようなユーザーに直接アプローチできるリスティング広告は、必然的に広告効果が高く、言い換えれば精度が高いといえる。

2：不適切。リスティング広告の広告文は、いつでも変更することができる。

3：不適切。コンテンツ連動型広告は、Web広告ではなくリスティング広告に分類される。

4：適切。キーワードは、検索エンジンで検索される回数の多い順に、ビッグキーワード、ミドルキーワード、スモールキーワードに分類されることがある。ビッグキーワードは検索される回数も多く、通常はリスティング広告でも人気の高いキーワードであり、多くの場合、クリック単価も高額になる。予算に制限がある場合は、スモールキーワードから開始することが有効である。

以上のことから、適切なものは1と4であり、正答はウとなる。

【問題19】　正答　エ

ア：不適切。お財布携帯決済連動型広告とは、ユーザーの年齢や性別・地域などに合わせた広告を、お財布携帯で決済したタイミングで配信する広告である。

イ：不適切。iBeaconとは、アップルの商標であり、iOS7以降で搭載された低電力、低コストの通信プロトコルのことである。例えば、iBeaconを設置している店舗に接近したり入店したりするとスマートフォンが自動的に商品情報やクーポンを取得する、という使われ方がされる。

ウ：不適切。アドネットワーク広告とは、インターネット広告の1つで、広告媒体のWebサイトを多数集めて広告ネットワークを作り、それらの媒体にまとめて広告を配信する仕組みのことである。

エ：適切。本肢は、アプリケーション連動型広告の説明である。

以上のことから、正答はエとなる。

【問題20】　正答　ア

ア：不適切。インターネットモールは、運営企業が提供するECサイトに、個別の企業や個人が自分のショップを出店する形態である。ネットショップもインターネットモールも、ユーザー向けの小売りという面では同じだが、ECサイトを自社で運営するのか、他社が運営しているECサイトに参加するのかが異なる。

イ：適切。電子商取引では、BtoB（企業と企業の間で行なう形態）が最も規模が大きい。また、BtoBの電子商取引は、eマーケットプレイスと電子調達の二つに分けられるため、それぞれの特徴を把握するのが望ましい。

ウ：適切。パソコンを使用した取引に加え、スマートフォンを使用した取引も拡大しており、今後も拡大が見込まれている。

エ：適切。ダウンロードショップとは、各種コンテンツをダウンロード形式で販売する形態であり、厳密にはネットショップやインターネットモールの1つといえる。

以上のことから、正答はアとなる。

【問題21】　正答　ア

ISMの考え方によると「客単価」は、動線長、立寄率、買い上げ率、買い上げ個数、商品単価によって決定されている。これらの要素をECにあてはめると、動線長は（A：サイト内の滞在時間）、買い上げ個数は（B：コンバージョン数）と表すことができる。

ISM的アプローチで考えると、自社のネットショップやインターネットモールが、どの段階で行き詰っているのかが見えてくる場合が多い。例えば、同じインターネットショップやインターネットモールの中で、ある商品は販売数自体が少ないのに、レコメンデーションを経由しての購入割合は非常に高いといった場合、ユーザーがレコメンデーション以外の方法でその商品に辿りつくことが困難になっている可能性ある。これは、ISM的視点で考えたときに、（C：立寄率が低い）といえる。

また、インターネットモールやネットショップをリアル店舗と比較すると、（D：ついで買い）が発生しやすいといった特徴がある。

以上のことから、正答はアとなる。

【問題22】　正答　エ

ア：適切。サーバーログ型アクセス解析ツールの特徴である。
イ：適切。サーバーログ型アクセス解析ツールの特徴である。
ウ：適切。サーバーログ型アクセス解析ツールの特徴である。
エ：不適切。パケットキャプチャ型アクセス解析ツールの特徴である。

以上のことから、正答はエとなる。

【問題23】　正答　ア

ア：不適切。KPIには、数値化できないものは設定しない。KPIは抽象的では意味がなく、少しでも抽象的な表現は極力排除し、具体的に設定する必要がある。
イ：適切。リファラーを調べることにより、どのような人が自社のWebサイトに興味を持っているのか知ることができる。
ウ：適切。セッション数とは特定の期間内にWebサイトに訪問したユーザーの訪問回数を指す。ユーザーがWebサイト訪問してから離脱するまでを1セッションとして計測する。
エ：適切。最初にKPIを設定することで、プロジェクトを達成するためにどのような行動を起こせばよいのか、あるいは、現状を改善するためにはどのような行動を起こせばよいのかを理解した上でプロジェクトをスタートすることができる。

以上のことから、正答はアとなる。

【問題 24】　正答　ウ

1：不適切。外注企業の業務の進行状況を管理する際、実施回数、日時、内容が明確に決まっている定期報告書と、それらが決まっていない不定期報告書の２種類を用意しておくことが有効である。

2：適切。例えば、「今この媒体が安いから広告を出してみる」「とりあえずメジャーな媒体に載せる」といった場当たり的な対応では、いつまでも効果が出ない可能性がある。全体構造を述べず、個別の広告媒体のメリットの話ばかりする広告代理店は、単に媒体の販売をしているに過ぎない場合があるため注意が必要である。

3：適切。SLA（Service Level Agreement）とは、運用サービスのクオリティに関する取り決めで、運用についての具体的な内容や項目、それが達成できなかったときのペナルティなど、当事者同士で細かく規定を定めたものである。システム運用についての契約では、必要とされる運用上のクオリティを具体的に明記しておく必要がある。しかし、すべての項目を通常の契約書に反映させるのは難しいため、運用契約書の別添という形でSLAを作り、そこで正確な運用内容や今後の柔軟な対応について具体的に記載する。

4：適切。請負契約では「仕事を完成」することにより報酬が発生するため、仕様内容や品質基準はあらかじめ確定しておく必要がある。

以上のことから、適切なものは２と３と４であり、正答はウとなる。

【問題 25】　正答　イ

ア：適切。他にも、「他人のアイデア、知恵、知見に対する尊重」「他社や他人の名声に対する尊重」などがある。

イ：不適切。現在のインターネットの流れから、取り入れることによって企業に大きな繁栄をもたらすと思われる、時流に適した観点や価値観がある。多くは、CSR、特にISO 26000に由来する事柄である。

ウ：適切。原則として、盛り込む必要のある項目である。

エ：適切。原則として、盛り込む必要のある項目である。

以上のことから、正答はイとなる。

【問題 26】　　正答　イ

ア：不適切。不正アクセスとは、アクセス権限を持たない者が、サーバーや情報システムの内部へ侵入を行なう行為である。

イ：適切。プライバシーポリシーを制定する場合、特に問題のない限り、原則として、以下の項目を盛り込む必要がある。

・個人情報の利用目的
・アクセスログやクッキーといった、ユーザーを特定できる可能性のある情報の取り扱い
・情報の開示、訂正、利用停止などの求めに応じる手続き
・個人情報の滅失、毀損、漏えい及び不正アクセスなどの予防（セキュリティ対策）
・個人情報に関する法令およびその他の規範遵守
・個人情報保護方針および社内規程類の継続的改善
・社内で個人情報を扱う部署などの範囲
・問題が発生した場合などの対応と相談窓口

ウ：不適切。様々なサービスの台頭に伴い、今後はより大掛かりに個人情報が使用されていく可能性がでてくる。さらに、クラッキングなどの個人情報流出のリスクも増大しているため、企業はより厳しく個人情報の管理を求められている。

エ：不適切。プライバシーポリシーは、変更や改変が可能で、時流に沿って適切に運用していくことが望ましい。社外のコンサルタントなどを上手に活用して、個人情報をめぐるインターネット上のトレンドや最新の情報について常に収集する必要がある。

以上のことから、正答はイとなる。

【問題 27】　　正答　ウ

ア：適切。運用体制は、企業の規模・業種、業態に応じて様々な形態があるが、セキュリティ委員長を代表取締役とする情報セキュリティ委員会を設置したり、外部委員を設置したりする場合がある。いずれにせよ、しっかりとした運営体制を構築することが対外的にも対内的にも必須である。

イ：適切。情報セキュリティポリシーは、企業の技術面における信用の一端を担っている。本格的な運用体制を構築し、議事録や報告書などの運用の記録をしっかりと作成し保管しておくなど、いざというときに活動の実績を対外的に示すことができるようにしておくのが重要である。

ウ：不適切。情報セキュリティポリシー制定の工程で最も重要なのは、リスク分析である。

エ：適切。情報セキュリティポリシーの基本方針部分については、例えば、「趣旨、目的」「用語の定義」「適用範囲」「他の規定やポリシーとの相関関係」などがあるが、これらは一例であり、それぞれの企業にあったポリシーを制定する必要がある。

以上のことから、正答はウとなる。

【問題 28】　正答　ウ

1：不適切。営業秘密の不正取得行為等とは、窃盗、詐欺やクラッキングなどの不正な手段によって営業秘密を取得したり、不正取得行為によって取得された営業秘密を使用したり、開示したりする行為をいう。

2：適切。不正競争行為として、規定されている。

3：適切。不正競争行為として、規定されている。

4：不適切。本肢は周知表示混同惹起行為の説明である。著名表示冒用行為とは、他人の商品や営業の表示（商品表示）として著名なものを、自己の商品や営業の表示として使用する行為をいう。

以上のことから、適切なものは2と3であり、正答はウとなる。

【問題 29】　正答　ア

1：適切。オプトアウト手続は、いわゆる名簿業者による個人情報の不正流通対策として制定された。

2：適切。個人情報取扱事業者は、個人情報の適切な管理を求められる。

3：適切。個人識別符号には、マイナンバーやパスポート番号、運転免許証番号などが該当する。

4：不適切。個人情報取扱事業者は、個人データの取扱いの全部又は一部を委託する場合は、その取扱いを委託された個人データの安全管理が図られるよう、委託を受けた者に対する必要かつ適切な監督を行なう必要がある。

以上のことから、適切なものは1と2と3であり、正答はアとなる。

【問題 30】　正答　ア

1：適切。電子署名の認証業務のうち、一定の基準を満たすものは国の認定を受けることができる制度がある。

2：不適切。電子契約法は、電子消費者契約及び電子承諾通知に関する民法の特例に関する法律であり、インターネットでの通信販売等の取引におけるトラブルや悪質なワンクリック契約が急増していることを背景に制定された。

3：適切。正当な理由とは、①請求する者の権利が侵害されたことが明らかであること、②損害賠償請求権の行使のために必要である場合、その他開示を受けるべき正当な理由があること、のいずれにも該当する場合とされている。

4：不適切。処罰の対象となるのは、研究などの正当な理由がなく、かつ無断で他人のコンピューターにおいて実行させる目的でウイルスを作成・所持している場合である。

以上のことから、適切なものは1と3であり、正答はアとなる。

【問題 31】　正答　イ

ア：適切。ユーザーのニーズと効果的な販売促進方法を同時に把握することに繋がる。

イ：不適切。インターネットマーケティングにおいては、企業が最初に提示する価格が極めて重要である。最初の価格提示で失敗をし、一度離れてしまったユーザーに対しては、価格の再提示を行なう機会自体が消失してしまうリスクが生じ得るからである。

ウ：適切。自社にとって最も効果的なサービスを組み合わせて使用できるかがポイントとなる。

エ：適切。インターネットマーケティングは、情報経路を把握しやすいので、データに基づいたアプローチが可能である。

以上のことから、正答はイとなる。

【問題 32】　正答　ウ

ア：最も適切とはいえない。マスメディアでの広告は、短期的に広く訴求するプロモーションには向いているが、本事例では最適とはいえない。

イ：最も適切とはいえない。オンラインセミナーとは、Web 上で行なわれる各種セミナーのことである。本事例では最適とはいえない。

ウ：最も適切である。EC サイトを用いたビジネスでは、実店舗と違い、商品スペースを意識する必要はないため、求められる頻度が少ないニッチな商品も取り扱いが可能となる。様々なニーズの顧客の要望に応えることが可能となり、商品構成の偏りの解消にもつながる。

エ：最も適切とはいえない。LPO 対策とは、サイトの入口となるランディングページを最適化するための施策である。例えば、サイトへの訪問者数が多いのに直帰率が高い場合などには有効であるが、本事例では最適とはいえない。

以上のことから、正答はウとなる。

【問題 33】　正答　ア

ア：適切。例えば、利用者の経路ごとのコンバージョン率を調べ、経路別のコンバージョン率を把握することによって、より収益性の高い Web サイトを制作する際の指標となる。

イ：不適切。この場合、自社のコンテンツに問題があるのではなく、SEO 対策に問題がある場合が多く、その対策が必要となる。

ウ：不適切。この場合、SEO 対策に問題があるのではなく、自社サイトのコンテンツに何らかの問題があり、ユーザーのニーズに応えられていない可能性がある。

エ：不適切。日、週、月、年などの一定の期間に絞ってアクセス状況を調べたり朝、昼、夜といった時間帯に分けて状況を調べる方法がある。例えば週末に訪問者が多い場合、週末に合わせて自社サイト上でキャンペーンを行なうなどといった施策が可能である。

以上のことから、正答はアとなる。

【問題 34】　正答　ア

ア：不適切。企業がより積極的に踏み込んで口コミ発生を仕掛けていくのは、buzz マーケティングである。

イ：適切。インフルエンサーなどの有名人にインセンティブを設けて宣伝してもらう、バイラルマーケティングという手法がある。

ウ：適切。LINE は、ユーザー数、アクティブ率ともに国内トップであり、老若男女幅広い層が利用している。拡散力は他の SNS と比較したときにそれほど高くないが炎上リスクも低く、上手く活用できれば手堅く多くのユーザーにアプローチすることが可能である。

エ：適切。アウトソースによる責任逃れを防止する必要があるため、X 社は外部企業の行動を管理するべきである。

以上のことから、正答はアとなる。

【問題 35】　　正答　イ

ア：最も適切とはいえない。DB マーケティングとは、既存のユーザーの年齢、性別、居住地、購買嗜好などをデータベース化し、データベースからユーザーのニーズや嗜好を分析してアプローチする方法である。

イ：最も適切である。ポジティブな情報を掲載した Web サイトを数十個ほど作成し、SEO 対策などを用いて検索上位に表示させ、相対的にネガティブな情報が掲載された Web サイトの検索順位を下げる手法をプッシュダウンという。新規で作成するサイトの内容は、ブログ形式、キャンペーン形式、ニュースサイト形式などがある。

ウ：最も適切とはいえない。One to One マーケティングとは、既存のユーザーとの関係をより深め、個別のニーズに対応し、ユーザーのロイヤリティを高めることで利益を増加させる手法である。

エ：最も適切とはいえない。ドアウェイページとは特定のキーワードで検索結果に表示させ、来訪した人を他のページに誘導するために作られたページのことである。

以上のことから、正答はイとなる。

【問題 36】　　正答　イ

ア：適切。静的サイトは動的サイトと比較して動作が軽く、サーバーへの負荷も少ないため、安価なサーバーでも開設できる。

イ：不適切。CMS を用いて作成されるのは動的サイトである。CMS（Contents Management System）とは、Web サイトの制作に必要となるテキストや画像、デザインなどの各種コンテンツや設定情報などを一元管理し、Web 技術者以外が Web サイトの構築や編集を行えるようにするシステムである。

ウ：適切。動的サイトは、プログラムを介する関係で、サーバーの処理負荷が高く、重くてアクセスできないといったトラブルが発生する。そのため、トラブルなく運営するには、サーバーや通信回線に費用をかける必要がある。

エ：適切。動的サイトとは、訪問者に Web サーバー上で動作するプログラムにアクセスさせ、HTML ファイルの内容を変更して表示させる Web サイトである。動的サイトのプログラムには、asp、php、jsp、cgi などがあり、ユーザーがフォームに入力した内容やデータベースから必要なデータを取得してページを作成するため、掲示板やショッピングサイトなどを制作する場合に適している。

以上のことから、正答はイとなる。

【問題 37】　正答　ア

ア：適切。メタ・キーワードタグは検索エンジンでヒットしてほしいキーワードを挿入することができるタグである。メタ・ディスクリプションタグは、そのページの簡単な紹介を挿入できるタグである。

イ：不適切。h1、h2、h3 タグは、それぞれ見出しを表すためのタグである。階層構造になっており、h1 から h3 タグという順に使う必要がある。

ウ：不適切。title タグには、たくさんのキーワードをやみくもに入れればよいというわけではない。同じ単語や語句を何度も繰り返すと、キーワードスタッフィングとして、スパム認定される可能性がある。

エ：不適切。a タグは、アンカータグとも呼ばれ、リンク先を指定するタグである。

以上のことから、正答はアとなる。

【問題 38】　正答　エ

ア：最も適切とはいえない。チェックボックスやラジオボタンを必ず用いる必要はなく、画面デザインによってはユーザーに手入力してもらう必要がある。チェックボックスやラジオボタンを実装する際は、使いやすいかどうか事前に確かめておく必要がある。

イ：最も適切とはいえない。セレクトメニューの選択肢が多すぎると、ユーザーは面倒になってくる可能性がある。

ウ：最も適切とはいえない。マルチブラウザとは、クロスブラウザとほぼ同義で用いられている。Web サイトや Web アプリケーションなどが主要な複数の Web ブラウザに同じように対応していることであり、EFO 対策として適切である。

エ：最も適切である。ユーザーの各種申し込みフォームを使用しやすく入力しやすい形式にすることで、コンバージョン率を高めようとする手法を EFO 対策という。本肢は EFO 対策として適切である。

以上のことから、正答はエとなる。

【問題 39】　　正答　イ

ア：適切。A/Bテストとはインターネットマーケティングの施策の1つであり、Aパターンと B パターンの二つを比較し、どちらがコンバージョン達成に最適かを検証するものである。A/B テストでテストされる項目は、「レイアウト」「キャッチコピー」「価格」「ボタンの配置」「文言」「ターゲット」「ペルソナ」「商品写真などの素材」など様々である。

イ：不適切。www のあり・なしは、サービスのリリース前に統一しておくことが望ましい。検索エンジンは「www あり」と「www なし」のドメインをそれぞれ別のサイトとして認識するため、被リンクが分散したり、重複コンテンツとみなされたりする可能性があるためである。

ウ：適切。バックリンクを受けることは、SEO の外部対策として重要となる。外部対策の方法として、例えば、質の高いコンテンツを継続的に発信したり、ソーシャルボタンを設置して SNS 上で拡散しやすい仕組みづくりをしたりするといった方法がある。

エ：適切。今回のキャンペーンのみの利用であっても、個人情報を収集する際は、プライバシーポリシーなどに利用目的を明記する必要がある。

以上のことから、正答はイとなる。

【問題 40】　　正答　エ

ア：不適切。PM（プロジェクトマネージャー）から末端のプログラマーまで、開発チーム一式を派遣契約で派遣してもらう場合、指揮監督、命令権は使用者（この場合はZ社）にある。

イ：不適切。外注企業の不用意な行為により、思わぬ不利益を被る場合がある。プライバシーポリシーやセキュリティポリシーを調査、検討することはリスクの軽減、排除につながる。

ウ：不適切。請負契約の場合、業務が完成しない場合は、原則として発注者に支払義務は生じない。

エ：適切。準委任契約は両当事者の信頼をもとに成立しているので、受任者が直接業務に従事するのが原則である。

以上のことから、正答はエとなる。

INDEX 索引

か行

さ行

た行

な行

は行

ま行

や行

ら行

わ行

STAFF
編集　小宮 雄介
　　　片元 諭
編集協力　堀越 美紀子
　　　　　小田 麻矢
DTP 制作　SeaGrape
表紙デザイン　大嶋 二郎（株式会社デジカル）
編集長　玉巻 秀雄

本書のご感想をぜひお寄せください

https://book.impress.co.jp/books/1122101117

読者登録サービス CLUB IMPRESS

アンケート回答者の中から、抽選で**図書カード（1,000円分）**などを毎月プレゼント。
当選者の発表は賞品の発送をもって代えさせていただきます。
※プレゼントの賞品は変更になる場合があります。

■商品に関する問い合わせ先

このたびは弊社商品をご購入いただきありがとうございます。本書の内容などに関するお問い合わせは、下記のURLまたは二次元バーコードにある問い合わせフォームからお送りください。

https://book.impress.co.jp/info/

上記フォームがご利用いただけない場合のメールでの問い合わせ先
info@impress.co.jp

※お問い合わせの際は、書名、ISBN、お名前、お電話番号、メールアドレス に加えて、「該当するページ」と「具体的なご質問内容」「お使いの動作環境」を必ずご明記ください。なお、本書の範囲を超えるご質問にはお答えできないのでご了承ください。

- 電話やFAX でのご質問には対応しておりません。また、封書でのお問い合わせは回答までに日数をいただく場合があります。あらかじめご了承ください。
- インプレスブックスの本書情報ページ https://book.impress.co.jp/books/1122101117 では、本書のサポート情報や正誤表・訂正情報などを提供しています。あわせてご確認ください。
- 本書の奥付に記載されている初版発行日から4年が経過した場合、もしくは本書で紹介している製品やサービスについて提供会社によるサポートが終了した場合はご質問にお答えできない場合があります。

■落丁・乱丁本などの問い合わせ先

FAX 03-6837-5023
service@impress.co.jp
※古書店で購入された商品はお取り替えできません。

ネットマーケティング検定公式テキスト
インターネットマーケティング 基礎編 第4版

2023年 3月11日 初版発行
2023年12月 1日 第1版第2刷発行

著 者 株式会社ワールドエンブレム 藤井裕之
監 修 サーティファイWeb利用・技術認定委員会
発行人 小川 亨
編集人 高橋隆志
発行所 株式会社インプレス
〒101-0051 東京都千代田区神田神保町一丁目105番地
ホームページ https://book.impress.co.jp/

印刷所 日経印刷株式会社

ISBN978-4-295-01608-3 C3055

Printed in Japan